高等院校计算机教材系列

数据结构
C++语言描述

苏仕华 刘燕君 刘振安　编著
中国科学技术大学

机械工业出版社
China Machine Press

图书在版编目（CIP）数据

数据结构：C++语言描述 /苏仕华，刘燕君，刘振安编著 .—北京：机械工业出版社，2014.1
（高等院校计算机教材系列）

ISBN 978-7-111-44926-3

Ⅰ. 数…　Ⅱ.①苏…　②刘…　③刘…　Ⅲ.①数据结构－高等学校－教材　②C 语言－程序设计－高等学校－教材　Ⅳ.①TP311.12　②TP312

中国版本图书馆 CIP 数据核字（2013）第 284094 号

　　本书使用模板描述算法，实现参数化类型，使得对算法的描述更接近自然语言和更容易理解。另外，书中还精选了典型例题、实验和习题，并有配套的课程设计，帮助学生进一步加深对算法的理解。同时，为了方便读者考研，本书还在附录部分给出了考研指导，并提供了一些复习方法、考试技巧以及真题练习和参考答案，指导读者复习并深入掌握相关知识。

　　本书取材新颖、结构合理、概念清楚、语言简洁、通俗易懂、实用性强，重在培养学生对各种基本算法的理解和应用技能，特别适合作为高等院校相关专业的教材，也可以作为培训班教材、自学教材及工程技术人员的参考书。

机械工业出版社（北京市西城区百万庄大街 22 号　　邮政编码　100037）

责任编辑：刘立卿

北京诚信伟业印刷有限公司印刷

2014 年 1 月第 1 版第 1 次印刷

185mm×260mm·17.5 印张

标准书号：ISBN 978-7-111-44926-3

定　　价：35.00 元

前　言

数据结构不仅是计算机软件和计算机应用专业的核心课程，也是很多电子信息类专业举足轻重的基础课程，它已经成为很多专业的考研内容，所以学好本课程至关重要。

数据结构课程早期使用 Basic 语言描述，后来使用 Pascal 语言描述，Pascal 语言曾经占据很长时间。如今由于 C 语言和 C++语言的迅猛发展，又开拓了新的描述方法。

本书作者一直从事数据结构的教学，编写过使用不同语言的数据结构教材，而且在教学中不断探索，一直想找到更好的描述方法——希望不受数据类型的限制，能更方便地描述数据结构。但 C 语言限定不同数据类型的数据不能混用，所以在使用 C 语言描述算法时，必须针对具体的数据类型（如整数、实数和字符等），这就给算法描述带来很多不便。C++语言虽然有类，但类也与数据类型有关。而 C++语言提供的模板则很好地解决了这一难题。

使用模板描述算法，既接近自然语言，又不需要考虑具体的数据类型，从而可以把精力集中在对算法的描述上。因此本教材尝试使用模板描述算法，并希望能起到抛砖引玉的作用。本教材有如下几个特点：

- 使用模板描述算法，实现参数化类型，使得对算法的描述更接近自然语言，更容易理解。
- 使用类类型来定义和处理数据，实现数据共享，简化算法设计。
- 例题典型，且配有实验和习题，有助于对课文的理解。
- 全书的例题均配有验证程序，并提供全部源程序及 PPT，以方便学习和教学。
- 为帮助学生学习，编写了与教材配套的课程设计。课程设计的章与教材对应，并给出该章学习的重点和难点，配有典型例题、实验解答和课程设计题目。
- 为帮助学生考研，专门在附录部分提供了考研指导帮助复习。

本书编写采取分工负责、集体讨论的方式。苏仕华执笔第 1、6、8、10 章及附录，刘燕君执笔第 3、4、5、7、9 章，刘振安执笔第 2、11 章并负责统稿。编写本书时，正值刘燕君老师去亚洲大学做博士后研究工作，得到导师逢甲大学张真诚教授及亚洲大学资讯学院黄明祥院长的支持，他才得以完成所承担的写作任务，在此表示衷心感谢。中国科学技术大学软件学院院长陈国良院士及南京大学计算机系陈本林教授在百忙之中审阅了书稿并提出一些宝贵意见，特此感谢。写作中还参考了大量资料，这些资料有的列入参考文献中，还有些没有列入，在此对这些作者表示感谢。

由于我们才疏学浅，本书中的不妥之处在所难免，敬请读者不吝赐教，给予指正为盼。

联系方式：zaliu@ ustc. edu. cn。

作者

2013 年 8 月于中国科学技术大学

目　录

第1章 数据结构概论

数据结构是计算机软件和计算机应用专业的核心课程。为方便数据结构课程的学习，本章首先介绍数据结构的基本概念和常用术语，以及算法描述和分析的基础知识。

1.1 引言

自 1946 年世界上第一台计算机问世以来，计算机科学和技术都得到了飞速的发展，与此同时，计算机的应用也从最初的科学计算逐步发展渗透到人类社会的各个领域。计算机的处理对象不仅仅是简单的数字，现已发展到包括字符、表格、图形、图像、声音等各种非数值数据。因此，要开发出一种结构合理、性能良好的软件，编写一个"好"的程序，不仅需要至少掌握一种合适的计算机高级语言及其相应的软件开发工具，还必须会分析待处理对象的特性以及对象之间存在的关系，这就是"数据结构"这门学科形成和发展的背景。

例如，从一个实际问题的提出到使用计算机解出答案，一般需要经过以下典型步骤：

①给出一个实际问题。

②根据问题抽象出数学模型。

③给出求解数学模型的算法。

④根据算法进行编程和调试。

⑤可能还要根据实际情况调整算法。

⑥给出答案。

因此，要设计出一个"好"的程序，必须有一个"好"的算法，而好的算法必须建立在研究数据的特性以及数据之间存在的关系基础上。

数据结构是计算机软件和计算机应用专业的核心课程，在众多的计算机系统软件和应用软件中要用到各种数据结构。因此，仅掌握几种计算机语言是难以应付众多复杂的课题的，要想有效地使用计算机，还必须学习数据结构的有关知识。

到底什么是数据结构呢？先看一个例子。以计算机管理图书目录的问题为例，当读者想借阅一本书，书库中是否有这本书，或不知道图书馆中有哪些书时，就需要到图书馆去查阅如表 1-1 所示的目录卡片。

表 1-1 图书目录卡片

登录号	书 名	作 者	出版社	出版时间	分类号
01771778	数据结构	刘晓阳	高等教育	2000.08	73.961162
01509429	操作系统	许海平	中国科学	1999.12	73.752196
00592056	数据库原理	孙华英	人民邮电	2001.05	73.323265
01267435	软件工程	陈大鹏	清华大学	1998.11	73.561238

卡片有的是按书名编排的，有的则是按作者或分类号等编排的。若计算机处理上述检索问题，列在每一张卡片上的一本书的书目信息一般包括登录号、书名、作者、分类号、出版社和出版时间等项，其中登录号是唯一的。可按登录号、书名、作者等建立相应的索引表。这些表

构成的文件就是图书目录检索的数学模型。计算机的主要操作就是按某个特定要求（如书名、作者）对书目文档进行查询。诸如此类的还有查号系统、仓库系统管理、账务处理等。这些都是最简单的线性关系，所对应的数学模型称为线性数据结构。

再例如家族的血统关系、博弈树问题（人－机下棋）、计算机的文件系统等都是树形结构；城市之间的交通网络、多岔路口交通灯的管理问题等都是图结构。它们都是非线性结构。

从上面的例子可见，描述这类非数值计算问题的数学模型不再是数学方程，而是诸如表、树和图之类的数据结构。因此，简单地说，**数据结构**是研究非数值计算问题，涉及程序设计中的计算机的操作对象和操作方法以及操作对象之间的关系。

具体地说，数据结构指的是数据元素之间的逻辑结构、存储结构及其数据的抽象运算，即按某种逻辑关系组织起来的一批数据，按一定的存储表示方式把它们存储在计算机的存储器中，并在这些数据上定义一个运算的集合。

1.2　基本概念和常用术语

1. 数据结构研究的内容

（1）数据

数据是描述客观事物的数值、字符以及能输入计算机中并被计算机处理的符号的集合。对计算机科学而言，数据是抽象化了的数据，包括数字、字符、图形、图像、声音等。

（2）数据元素

数据元素是数据的基本单位。如前例目录卡片中的一张卡片（表格中的一行）、树中的一个结点、图的顶点等都是数据元素。有时一个数据元素可由若干个数据项（也称为字段、域、属性）组成，数据项是具有独立含义的最小标识单位，如目录卡片中的登录号、书名、作者等。

（3）数据对象

数据对象是具有相同特性的数据元素的集合，是数据的一个子集。

（4）结构

结构指的是数据元素之间的相互关系，即数据的组织形式。

（5）结点

结构中的数据元素称为结点。

（6）数据结构

对数据结构的概念，至今还没有一个标准的定义，所以只能从研究的领域来理解数据结构。数据结构是指带有结构的数据元素的集合，描述的是数据之间的相互关系，即数据的组织形式。数据结构一般包括以下三个方面的内容：

①数据元素之间的逻辑关系，也称为数据的逻辑结构。

②数据元素及其关系在计算机存储器内的表示，称为数据的存储结构。

③数据的运算，即对数据施加的操作。

2. 数据的逻辑结构

数据的逻辑结构是从逻辑关系上描述数据的，它与数据元素的存储结构无关，是独立于计算机的。因此，数据的逻辑结构可以看做是从具体问题抽象出来的数学模型。例如，表1-1中所表示的图书目录卡片，表中数据元素之间的逻辑关系就是一种相邻关系：对表中任一个结点，与它相邻且在它前面的结点称为**直接前驱**，这种直接前驱最多只有一个；与表中任一结点相邻且在其后面的结点称为**直接后继**，直接后继也最多只有一个。表中只有第一个结点没有直接前驱，称为**开始结点**；也只有最后一个结点没有直接后继，称为**终端结点**。例如，表1-1中的"操作系统"所在结点的直接前驱结点和直接后继结点分别是"数据结构"和"数据库原理"所在的结点，这种结点之间的关系就构成了图书目录卡片表的逻辑结构。

数据的逻辑结构有如下两大类。

（1）线性结构

线性结构的特征是：有且仅有一个开始结点和一个终端结点，并且所有结点都最多只有一个直接前驱和一个直接后继。线性表是一个典型的线性结构。本书第3~5章都是介绍线性结构的。

（2）非线性结构

非线性结构的特征是：一个结点可能有多个直接前驱和直接后继，如广义表、树和图。本书第6~8章讨论的数据结构都是非线性结构。

3. 数据的存储结构

数据的存储结构是逻辑结构用计算机语言的实现（亦称为映像），它是依赖于计算机语言的。

数据的存储结构可以用以下4种基本的存储方法实现。

（1）顺序存储方法

顺序存储方法是把逻辑上相邻的结点存储在物理位置相邻的存储单元里。由此得到的存储结构称为顺序存储结构。这通常是借助于程序设计语言的数据类型描述的。该方法主要应用于线性数据结构，非线性数据结构也可通过某种线性化的方法来实现顺序存储。

（2）链式存储方法

链式存储方法是用一组不一定连续的存储单元存储逻辑上相邻的结点，结点间的逻辑关系是由附加的指针域来表示的。由此得到的存储表示称为链式存储结构。

（3）索引存储方法

索引存储方法通常是在存储结点信息的同时，还建立附加的索引表。表中索引项的一般形式是含有关键字和地址，关键字是能唯一标识一个结点的数据项。

（4）散列存储方法

散列存储方法的基本思想是根据结点的关键字直接计算出该结点的存储地址。

同一种逻辑结构采用不同的存储方法，可以得到不同的存储结构。选择何种存储结构来表示相应的逻辑结构，要视具体的应用系统要求而定，而主要考虑的还是运算方便及算法的时间和空间上的要求。

无论怎样定义数据结构，都应该将数据的逻辑结构、数据的存储结构及数据的运算这三方面看成一个整体。因此，存储结构是数据结构不可缺少的一个方面。

4. 数据的运算

数据的运算是定义在数据的逻辑结构上的，每种逻辑结构都有一个运算的集合，最常用的运算有检索、插入、删除、更新和排序等。

数据运算是数据结构不可分割的一个方面，在给定了数据的逻辑结构和存储结构之后，按定义的运算集合及其运算性质的不同，可能导致完全不同的数据结构。例如，若对线性表的插入、删除运算限制在表的一端进行，则该线性表称为栈；若对线性表的插入运算限制在表的一端，而删除运算限制在表的另一端，则该线性表称为队列。

5. 数据类型

数据类型（data type）是与数据结构密切相关的一个概念。所谓数据类型是一个值的集合和定义在这个值集上的一组操作的总称。在使用高级程序设计语言编写的程序中，每个变量、常量或表达式都有一个它所属的数据类型。类型规定了在程序执行期间变量或表达式可能的取值范围以及在这些值上所允许的操作运算。例如，C++语言中的整数类型，就给出了一个整型量的取值范围（依赖于不同的机器或编译系统），定义了对整型量可施加的加、减、乘、除和取模等算术运算。

在高级程序设计语言中，按"值"的不同特性，可将数据类型分为两类：一类是其值不可分解，称为**原子类型**（或非结构类型），例如 C++语言中的基本类型（整型、实型、字符型）以及指针类型和空类型等简单类型；另一类则是**结构类型**，其值可由若干个分量（或成分）按某种结构组成，它的分量可以是非结构型的，也可以是结构型的，例如 C++语言中的数组、结构等类型。通常数据类型可以看做程序设计语言中已实现的数据结构。

6. 抽象数据类型

抽象数据类型（Abstract Data Type，ADT）是 20 世纪 70 年代提出的一种概念，它是抽象数据的组织和与之相关的操作。一个 ADT 可以看做定义了相关操作运算的一个数学模型。例如，集合与集合的并、交、差运算就可以定义为一个抽象数据类型。

抽象数据类型可以看做描述问题的模型，它独立于具体实现，其特点是将数据定义和数据操作封装在一起，使得用户程序只能通过在 ADT 中定义的某种操作来访问其中的数据，从而实现了信息的隐藏。这种抽象数据类型类似于 C++中的类定义。

作为一个例子，看一个"圆"数据类型的描述。我们知道，要表示一个圆，一般应包括圆心的位置和半径的大小。如果只关心圆的面积，那么这个抽象数据类型中就只需要有表示半径的数据。假设要设计一个圆（Circle）的抽象数据类型，它包括计算面积（Area）、周长（Circumference）的操作，Circle 的抽象数据类型描述如下。

```
ADT Circle {
    Data
    非负实数表示圆的半径
    Operations
        Constructor
            输入的初值：非负实数
            处理：给半径赋初值
        Area
            输入：无
            处理：计算圆面积
            输出：圆的面积
        Circumference
            输入：无
            处理：计算圆周长
            输出：圆周长
} //ADT Circle
```

由于本书是以 C++语言为基础来描述算法的，而 C++语言中提供"类"这一数据类型，所以可以实现抽象数据类型，因此也将采用 ADT 的形式来描述数据结构。

其实，读者只需要记住，ADT 实际上等价于定义的数据的逻辑结构以及在逻辑结构上定义的抽象操作。

1.3 算法的描述和分析

研究数据结构的目的在于更好地进行程序设计，而程序设计离不开数据的运算，通常将这种运算的过程（或解题的方法）称为算法。

假设有 3 个坐标点 $a(x1, y1)$、$b(x2, y2)$、$c(x3, y3)$，现在要用计算机求解它们所构成的三角形的面积。这时需要使用求解三角形面积的相关计算公式（抽象出数学模型），然后再根据公式逐步求解计算。假设选取如下公式：

$$Area = \sqrt{s(s - ab)(s - ac)(s - bc)}$$

来计算三角形的面积，则对应边长和半周长 s 的计算公式为：

$$ab = \sqrt{(x1 - x2)^2 + (y1 - y2)^2}$$

$$ac = \sqrt{(x1 - x3)^2 + (y1 - y3)^2}$$

$$bc = \sqrt{(x2 - x3)^2 + (y2 - y3)^2}$$

$$s = \frac{ab + ac + bc}{2}$$

有了这些公式（模型）之后，就可以给出求解问题的过程（又叫解题的方法或步骤），这就是所谓的算法。该问题的算法描述如下。

①输入三角形的 3 个坐标点 a、b 和 c；

②计算三条边长及半周长；

③计算三角形的面积 Area；

④输出三角形的面积。

然后再根据算法的描述，编写相应的程序代码并上机调试运行，直至得出正确结果。

从这个例子可以看出，算法是对问题求解步骤的一种描述。

1.3.1 算法描述

数据的运算是通过算法描述的。通俗地说：一个算法就是一种解题的方法。更严格地说，算法是由若干条指令组成的有穷序列，其中每条指令表示一个或多个操作。它必须满足以下五个准则。

①**输入**。算法开始前必须对算法中用到的变量初始化。一个算法的输入可以包含零个或多个数据。

②**输出**。算法至少有一个或多个输出。

③**有穷性**。算法中每一条指令的执行次数是有限的，即算法必须在执行有限步之后结束。

④**确定性**。算法中每一条指令的含义都必须明确，无二义性。

⑤**可行性**。算法是可行的，即算法中描述的操作都可以通过有限次的基本运算来实现。

因此，一个程序如果对任何输入都不会陷入无限循环，则它就是一个算法。

算法的含义与程序十分相似，但二者是有区别的。例如，一个程序就不一定满足有穷性。

一个算法可用自然语言、数学语言或约定的符号语言来描述，如类 Pascal 语言、类 C 语言和 C++ 语言等描述方法。目前流行的是使用类 C 语言和 C++ 语言描述算法。类 C 语言类似于 C 语言，但不完全是 C 语言。类 C 语言借助于 C 语言的语法结构，附之以自然语言的叙述，使得用它编写的算法既具有良好的结构，又不拘泥于具体程序语言的某些细节。虽然类 C 语言使得算法易读易写，但 C 语言没有类，所以还必须自己用 C 语言去实现，这也给学习带来不便。

C++语言不仅支持类，而且具有类模板，这就使描述更加接近自然语言。本书采用 C++语言描述算法，第 2 章将介绍本书使用的类和类模板的基础知识，这里不再赘述。

1.3.2　算法分析

求解一个问题可能有多种不同的算法，而算法的好坏直接影响程序的执行效率，而且不同的算法之间的运行效率相差巨大。

【例 1.1】　鸡兔同笼问题。

大约在 1500 年前，《孙子算经》中记载了一个有趣的问题。书中是这样叙述的："今有鸡兔同笼，上有三十五头，下有九十四足，问鸡兔各几何？"

解答思路是这样的：假如砍去每只鸡、每只兔一半的脚，则每只鸡就变成了"独脚鸡"，每只兔就变成了"双脚兔"。

由此可知：

①鸡和兔的脚的总数就由 94 只变成了 47 只（一只兔子 2 只脚，一只鸡 1 只脚）。

②假设笼子里只有一只兔子，这个兔子有 2 只脚和 1 个头，即脚的数目比头的数目多 1。现在脚的总只数是 47，总头数是 35，47 − 35 = 12。即脚的总数与总头数之差就是兔子的只数。

③知道兔子的只数，则鸡的只数为 35 − 12 = 23（只）。

这一思路新颖而奇特，其"砍足法"也令古今中外数学家赞叹不已。这种思维方法叫化归法。化归法就是在解决问题时，先不对问题采取直接的分析，而是将题中的条件或问题进行变形，使之转化，直到最终把它归成某个已经解决的问题。

下面使用计算机来求解鸡兔同笼问题。

设鸡为 i 只，兔为 j 只。则有：

$$\begin{cases} i + j = 35 \\ 2i + 4j = 94 \end{cases}$$

使用 i 和 j 分别表示两层循环，逐次枚举试验，当满足上述条件时，就可求出鸡有 i 只，兔有 j 只。下面是按此思想编写的 C++程序，sum 表示执行循环的总次数。

```cpp
// 鸡兔同笼—J11.cpp
void main()
{
    int sum = 0;
    for( int i = 1; i < 35; i ++)
    {
        sum ++;
        for(int j = 1; j < 35; j ++)
        {
            sum ++;
            if((i + j == 35) && (2*i + 4*j == 94))
                    cout << "鸡有" << i << "只,兔有" << j << "只" << endl;
        }
    }
    cout << "一共循环" << sum << "次。" << endl;
}
```

程序运行结果如下：

```
鸡有 23 只,兔有 12 只。
一共循环 1190 次。
```

其实，第二个循环执行 1156 次。由此可见，这个循环次数很大，应该减少第二个循环的次数。如果将它改为"$j=35-i$"，则会降为 595 次。

通过分析鸡兔的如下关系，可以改进程序的效率：

①两只鸡和一只兔子的脚数相等，所以鸡头的数量不会超过三分之二，即 $i<25$，$j<13$。

②给定一个 i，j 的初始应该是 $35-i$。

```cpp
// 改进的算法
void main()
{
    int sum = 0;
    for( int i = 1; i < 24; i ++)
    {
        sum ++;
        for( int j = 35 - i; j < 13; j ++)
        {
            sum ++;
            if((i + j == 35) && (2 * i + 4 * j == 94))
                        cout << "鸡有" << i << "只,兔有" << j << "只" << endl;
        }
    }
    cout << "一共循环" << sum << "次。" << endl;
}
```

程序运行结果如下：

```
鸡有 23 只,兔有 12 只。
一共循环 24 次。
```

其实，要等到 $j=35-i<13$ 时，才进入第二个循环，而且仅执行 1 次。

求解一个问题可能有多种不同的算法，那么如何来评价这些算法的优劣好坏并从中选择好的算法呢？显然，算法的"正确性"是首先要考虑的。所谓一个算法的正确性，是指对于一切合法的输入数据，该算法经过有限时间的执行都能得到正确的结果。但是，不仅要考虑算法的正确性，还要考虑其他因素。一般主要考虑如下几点：

①执行算法所耗费的时间，即时间复杂性。

②执行算法所耗费的存储空间，主要是辅助空间，即空间复杂性。

③算法应易于理解、易于编程、易于调试等，即可读性和可操作性。

在这几点当中，最主要的还是时间复杂性。一个算法所耗费的时间，应是该算法中每条语句的执行时间之和。每条语句的执行次数又称为**频度**，所以每条语句的执行时间就是该语句的执行次数与该语句执行一次所需时间的乘积。

由于不同的计算机一条语句执行一次所需要的时间千差万别，无法用一个统一的标准来计算，因此，一个算法的时间耗费往往就用该算法中所有语句的频度之和来表示。

【例 1.2】 求两个 n 阶矩阵的乘积 $C=A \times B$。

下面是该算法的基本操作部分，为了便于分析，用序号标注语句（后面不再说明）。

```cpp
for(i = 1; i <= n; i ++)                              // ①
    for(j = 1; j <= n; j ++){                         // ②
        c[i][j] = 0;                                  // ③
        for(k = 1; k <= n; k ++)                      // ④
        c[i][j] = c[i][j] + a[i][k] * b[k][j];}       // ⑤
```

语句①的循环控制变量 i 要增加到 $n+1$，测试 $i=n+1$ 成立时，循环才会终止，因此它的频度为 $n+1$，但它的循环体却只能执行 n 次。语句②作为①的循环内语句应执行 n 次，但语句②本身要执行 $n+1$ 次，所以②的频度为 $n(n+1)$，同理可得③、④、⑤的频度分别为 n^2、$n^2(n+1)$、n^3。

该算法中所有语句的频度之和，即运行时间为

$$T(n) = 2n^3 + 3n^2 + 2n + 1$$

当 n 足够大时，$T(n)$ 与 n^3 之比是一个不等于零的常数，则称 $T(n)$ 和 n^3 是同阶的，记为 $T(n) = O(n^3)$。一般情况下，算法中基本操作重复执行的次数是问题规模的某个函数 $f(n)$，因此，算法的时间度量记作

$$T(n) = O(f(n))$$

也称为该算法的渐近时间复杂度，简称时间复杂度。$f(n)$ 一般为算法中频度最大的语句频度。

对于较复杂的算法，可以将它分成几个容易估算的部分，然后利用"O"的求和原则和乘法原则计算整个算法的时间复杂度。

①大"O"下的求和准则。若算法的两部分的时间复杂度为

$$T_1(n) = O(f(n))$$

和

$$T_2(n) = O(g(n))$$

则 $T_1 + T_2 = O(max(f(n),\ g(n)))$。

又若

$$T_1(m) = O(f(m))$$

和

$$T_2(n) = O(g(n))$$

则 $T_1 + T_2 = O(f(m) + g(n))$。

②大"O"下的乘法准则。若算法的两部分的时间复杂度为

$$T_1(n) = O(f(n))$$

和

$$T_2(n) = O(g(n))$$

则 $T_1 \cdot T_2 = O(f(n) \cdot g(n))$。

【例 1.3】 分析计算下面程序段的时间复杂度。

```
s = 0;                                              // ①
    for (i = 1; i <= n; i ++)                        // ②
        for (j = 1; j <= n; j ++)                    // ③
            s = s + 1;                               // ④
```

【分析】 按常规方法求算法时间复杂度，该算法的①行频度为 1；②、③、④行的频度分别为 $n+1$、$n(n+1)$、n^2，因此算法中所有频度之和为

$$T(n) = n^2 + (n+1) + n(n+1) + 1 = 2n^2 + 2n + 2$$

即 $f(n) = n^2$，所以，该算法的时间复杂度为 $T(n) = O(f(n)) = O(n^2)$。

因为执行一条赋值语句与 n 无关，时间复杂度为 $O(1)$，因此 $T_4(n) = O(1)$，对于第③条语句，$T_3(n) = O(n)$，如果利用上面的求和准则，有 $T_4(n) + T_3(n) = O(n)$，第②条语句 $T_2(n) = O(n)$，而②与③、④是循环嵌套，故有 $T_2(n) * (T_3(n) + T_4(n)) = O(n^2)$，对第①条语句，$T_1(n) = O(1)$，它与其他语句之间的关系是顺序执行，所以该程序段的算法时间复杂

度是

$$T_1(n) + T_2(n) * (T_3(n) + T_4(n)) = O(n^2)$$

这与前面用常规方法求的结果是完全一样的。

【例1.4】 求下面程序段的算法时间复杂度。

```
x = 0;
for (i = 2; i <= n; i ++)
    for (j = 2; j <= i - 1; j ++)
        x = x + 1;
```

【分析】 由于算法的时间复杂度考虑的只是对于问题规模 n 的增长率,则在难以精确计算基本操作执行次数(或语句频度)的情况下,只需要求出它关于 n 的增长率或阶即可。因此,上述语句"x = x + 1;"执行次数关于 n 的增长率为 n^2,它是语句频度表达式 $(n-1)(n-2)/2$ 中增长最快的项,所以该程序段的算法时间复杂度为 $O(n^2)$。

如果一个算法的执行时间是一个与问题规模 n 无关的常数,即使是一个较大的常数,该算法的时间复杂度都为常数阶,记作 $T(n) = O(1)$。例如:

```
x = 90; y = 100;
while (y > 0)
    if (x > 100) {
        x = x - 5; y --;
    }
```

该算法语句的频度之和就是一个常数,因此,其时间复杂度为 $O(1)$。

算法的时间复杂度通常具有 $O(1)$、$O(n)$、$O(\log_2 n)$、$O(n * \log_2 n)$、$O(n^2)$、$O(n^3)$、$O(2^n)$ 和 $O(n!)$ 等形式,按数量级递增排列,依次为常数阶 $O(1)$、对数阶 $O(\log_2 n)$、线性阶 $O(n)$、线性对数阶 $O(n * \log_2 n)$、平方阶 $O(n^2)$、立方阶 $O(n^3)$、指数阶 $O(2^n)$ 和阶乘 $O(n!)$。

类似于时间复杂度,一个算法的**空间复杂度** $S(n)$ 定义为该算法所耗费的存储空间,它是对一个算法在运行过程中临时占用存储空间大小的度量。空间复杂度是问题规模 n 的函数。

一个算法在计算机存储器上所占用的存储空间,包括存储算法本身所占用的存储空间,以及算法的输入输出数据所占用的存储空间和算法在运行过程中临时占用的存储空间等三个方面。

实验1　求解鸡兔同笼问题

本实验的目的是熟悉编程环境,其具体要求如下:

①熟悉 Microsoft Visual C ++ 6.0 编程环境和文件建立方法。

②在 Microsoft Visual C ++ 6.0 环境中,用 C ++ 的类来编写并运行鸡兔同笼程序。

③要求建立工程 shiyan1,类定义在 shiyan1. h 中,主程序定义在 shiyan1. cpp 中。

习题1

一、单项选择题

(1) 数据的存储结构有_____种基本的存储方法。

　　A. 2　　　　　　　　B. 3　　　　　　　　C. 4　　　　　　　　D. 5

(2) 数据的逻辑结构有_____类。

A. 1   B. 2   C. 3   D. 4

二、填空题

(1) 数据的基本单位是_____。

(2) 具有相同特性的数据元素的集合称为_____。

(3) 数据的运算是通过_____描述的。

(4) 结构中的_____元素称为_____结点。对表中任一个结点，与它相邻且在其前面的结点称为_____；与它相邻且在其后面的结点称为_____。

(5) 表中只有第一个结点没有直接前驱，称之为_____；只有最后一个结点没有直接后继，称之为_____。

第2章 类和类模板基础

在应用程序开发过程中，通常需要做到两点：一是高效地描述数据；二是设计一个好的算法，该算法最终可用程序来实现。要高效地描述数据，必须具备数据结构的专门知识；而要想设计一个好的算法，则需要算法设计方面的专门知识。

在着手研究数据结构和算法设计之前，需要能够熟练地运用 C++ 编程并分析程序。因为本书假设读者学过 C++，而且学习 C++ 的难点还是如何使用类来解决实际问题，所以本节主要介绍如何使用类和类模板来描述算法，以便有利于数据结构课程的学习。

2.1 使用类和对象

平面上的坐标点可以用类来描述。现在就围绕这个实际的例子，简单复习使用类解决问题的方法。

2.1.1 使用对象和指针

【例2.1】 描述坐标点的 Point 类。

```cpp
#include <iostream>                              // 库函数的头文件
#include <cmath>                                 // 库函数的头文件
using namespace std;                             // 使用命名空间

class Point{                                     // 类名 Point
  private:                                        // 声明为私有访问权限
    double x,y;                                   // 私有数据成员
  public:                                         // 声明为公有访问权限
    Point(double =0, double =0);                 // 声明具有默认参数的构造函数
    Point(Point&);                               // 声明复制构造函数
    void Display()                               // 无返回值的内联函数
    {cout <<"x =" <<x <<",y =" <<y <<endl;}
    double Distance(Point&);                     // 函数原型声明,传递引用
    ~Point(){cout <<"析构"; Display();}          // 析构函数
};
// 定义 Point 类的构造函数
Point::Point(double a, double b):x(a),y(b){}
// 定义 Point 类的复制构造函数
Point::Point(Point&a){x =a.x;y =a.y;}
// 定义 Distance 函数
double Point::Distance(Point&a)
{return sqrt((x-a.x)*(x-a.x)+(y-a.y)*(y-a.y));}
// 定义使用类的主函数
void main()
{
    Point b(4.8,9.8),c(6.8,11.8),d(9.8,9.8);     // 定义类的对象
    Point a(c),*p =&d;                           // 使用复制构造函数和对象的指针
    Point &e =a;                                 // 定义引用
```

```
    cout << "e 与 b 之距为:" << a.Distance(b) << endl;          // 使用对象调用成员函数
    cout << "d 与 b 之距为:" << p -> Distance(b) << endl;        // 使用指针调用成员函数
}
```

运行结果为：

```
e 与 b 之距:2.82843
d 与 b 之距:5
析构 x = 6.8,y = 11.8
析构 x = 9.8,y = 9.8
析构 x = 6.8,y = 11.8
析构 x = 4.8,y = 9.8
```

1. 使用命名空间和头文件

命名空间（namespace）是一种将程序库名称封装起来的方法，标准类库的变量与函数都属于命名空间 std。若要在程序中使用 cin 和 cout 这两个 iostream 类的对象，不仅要包含 iostream 头文件，还得让命名空间 std 内的名称曝光，所以一般的程序都要具有如下两条语句：

```
#include <iostream>                                        // 包含头文件
using namespace std;                                       // 使用命名空间
```

C++的新标准引用标准类库的头文件时不需要使用后缀 ".h"，当使用其他头文件时，有的不需要使用后缀 ".h"，如 <string>，但有的仍然需要使用后缀形式，如 <math.h>。本程序使用 <cmath>。

2. 成员函数的重载

C++允许为同一个函数定义几个版本，这称为函数重载。函数重载使一个函数名具有多种功能，即具有"多种形态"，称这种性质为多态性。类 Point 声明了两个同名字的成员函数 Point，因为这些被重载的函数存在着一些不同之处，所以编译系统能根据这些不同来选择对应的函数，实现相应的功能。读者可以参考相应的参考书（如刘振安等编著的《面向对象程序设计 C++版》，机械工业出版社，2006）。

3. 使用类的对象及指针

Point 类所说明的数据成员描述了对象的内部数据结构，对数据成员的访问通过类的成员函数来进行。使用 Point 在程序中声明变量，具有 Point 类的类型的变量被称为 Point 的对象，类的对象可以使用类的数据和成员函数。类 Point 不仅可以声明对象，还可以声明对象的引用和对象的指针，语法与基本数据类型一样。

```
Point  d (9.8,9.8);                                        // 定义类的对象
Point  *p = &d;                                            // 定义类的指针
Point  a (d);                                              // 使用对象 d 定义对象 a
Point  &e = a;                                             // 定义 e 为 Point 类型对象 a 的引用
```

对象和引用都使用运算符 "." 访问对象的成员，指针则使用 " -> " 运算符。例如：

```
cout << "两点之距为:" << a.Distance(b) << endl;              // 类的对象使用成员函数
cout << "两点之距为:" << p -> Distance(b) << endl;           // 类的指针使用成员函数
```

4. 函数的引用调用

C++语言支持引用。因为指针是通过"间接引用地址"实现存取对象的，所以语法比较难懂，也很容易出错。以对象 x = 56 为例，如果给对象 x 再起一个名字 a，a 与 x 的地址一样，则 x 和 a 同步变化。这就像一个作家，本来的名字叫"张三"，起个笔名叫"雨季"，则"雨季"即"张三"，"张三"即"雨季"。也就是说，给整数对象 x 起个"别名"，问题是如何起

这个别名。既然这个别名与原来对象的地址有关，那就选定命名时使用的地址符号"&"，再选用数据类型与之配合，声明方式为：

```
数据类型 & 别名 = 对象名;
```

图 2-1 是引用示意图。使用引用语句"int & a = x;"之前，对象 x 必须事先初始化。

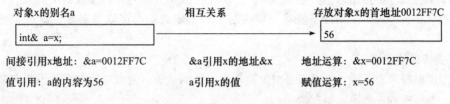

对象x的别名a	相互关系	存放对象x的首地址0012FF7C
int& a=x;		56

间接引用x地址：&a=0012FF7C   &a引用x的地址&x   地址运算：&x=0012FF7C

值引用：a的内容为56   a引用x的值   赋值运算：x=56

图 2-1　引用示意图

使用语句"int x = 56;"定义对象 x 之后，就可以使用如下语句演示引用的性质：

```
int & a = x;                    // 定义 a 是 x 的引用,a 和 x 的地址一样
int&r = a;                      // 定义 r 是 a 的引用,r 和 a 的地址一样,即和 x 的地址一样
r = 25;                         // 改变 r,则 a 和 x 也同步变化
```

2.1.2　new 和 delete 运算符

在使用指针时，如果不使用对象地址初始化指针，可以自己给它分配地址。对于指向存储基本类型数据的指针，申请可以存储 size 个该数据类型的对象的方式为：

```
new 类型名[size]
```

运算符 new 用于建立生存期可控的对象并返回这个对象的指针。由于类名被视为一个类型名，因此，使用 new 建立动态对象的语法和建立动态变量的情况类似，其不同点是 new 与构造函数一同起作用。

使用 new 建立的动态对象在不用时必须用 delete 删除，以便释放所占空间。格式为：

```
delete 指针名
```

运算符 delete 与析构函数一起工作。当使用运算符 delete 删除一个动态对象时，它首先为这个动态对象调用析构函数，然后再释放这个动态对象占用的内存，这与使用 new 建立动态对象的过程正好相反。

【例 2.2】　在主函数中使用 new 和 delete 运算符的例子。

```
void main()
{
    Point * b = new Point(4.8,9.8), *c = new Point(6.8,11.8),d(9.8,9.8);
                                        // 定义类的对象
    Point a(*c),*p = &d;                // 使用复制构造函数和指针
    Point &e = *b;                      // 定义引用
    cout << "a 与 b 之距为:" << a.Distance(*b) << endl;   // 对象调用成员函数
    cout << "d 与 b 之距为:" << p -> Distance(*b) << endl; // 指针调用成员函数
    cout << "b 与 d 之距为:" << e.Distance(d) << endl;     // 对象的引用调用成员函数
    delete b; delete c;
}
```

2.2 类模板

在 C ++ 语言中，可以设计类模板来表达具有相同处理方法的数据对象。

如果将类看做包含某些数据类型及其操作的框架，可把支持该类操作的不同数据类型抽象成允许单个类处理的通用数据类型 T。其实，这种类型并不是类，而仅仅是类的描述，常称之为类模板。在编译时，由编译系统将类模板与某种特定数据类型联系起来，就产生一个真实的类。

1. 类模板的定义

可用类模板来定义类，类模板是对象特性更一般的抽象。简言之，一个类模板就是一个抽象的类。类模板的一般定义形式为：

```
template <模板参数表> class <类名>
{ <类说明> }
```

其中，template 是关键字，<模板参数表>中可以有多个参数，多个模板参数之间用逗号分隔。模板参数的形式可以是

```
class <标识符>
```

或

```
<类型表达式> <标识符>
```

常用的是前一种形式，该形式中的 <标识符> 标识类说明中参数化的类型名。class <类名> 在这里的含义是"任意内部类型或用户定义类型"。对于函数模板及类模板来说，模板层次结构的大部分内容都是一样的，然而在模板说明之后，对类而言便显示出了根本性的差异。为了创建类模板，在模板参数表之后，应有类说明。在类中可以像使用其他类型（如 int 或 double）那样使用模板参数。例如，可以把模板参数用做数据成员，返回类型的成员函数或成员函数的参数。下面是定义坐标点的类模板：

```
template <class T>          // 带参数 T 的模板说明
class Point{
    T x,y;                  // 数据成员
  public:
    Point(T=0 , T=0);       // 类构造函数
    Point(Point&);          // 类的复制构造函数
    T Distance(Point&);     // 返回类型为 T 的成员函数
};
```

类模板 Point 说明了两个私有数据成员，即类型都为 T 的数据成员 x 和 y，一旦使用模板类时，它就可以保存被指定类型的两个值。

2. 类模板的使用

类模板也称参数化类型。初始化类模板时，传给它具体的数据类型，就产生了模板类。使用模板类时，编译系统自动产生处理具体数据类型的所有成员（数据成员和成员函数）。如使用上述模板定义对象 iobj，并以 int 替换参数 T：

```
Point <int>  iobj(3,4);
```

其中，<int>告诉编译系统从模板产生一个类，并用 int 替换所有的参数 T，所产生的类的名字变成 Point <int>，定义的对象名为 iobj。两个整型值 3 和 4 传递给对象的构造函数以初始化

该对象的私有数据对象，产生整数坐标点 iobj(3，4)。

要特别注意，类模板所产生的类的全名应为 Point ＜ int ＞，包括尖括号和 int 数据类型。可以从这个模板再产生一个实例：

```
Point <double> dobj(7.8,9.8);
```

对象 dobj 能保存两个 double 值，这是因为又产生一个实例 Point ＜ double ＞，它是与前者毫无关系的类，相同之处只是都产生于同一个类模板。只要赋给类模板一种实际的数据类型，就会产生新的类，而且以特定类型替代模板参数。下面用平面坐标来说明类模板的应用。

【例 2.3】 描述坐标点的 Point 类模板。

```
#include <iostream>
#include <cmath>
using namespace std;
// 声明 Point 类模板
template <class T>
class Point{
    T x,y;
  public:
    Point(T=0 , T=0);
    Point(Point&);
    T Distance(Point&);
};
// 实现 Point 类模板
template <class T>
Point <T>::Point(T a, T b):x(a),y(b)
{ }
template <class T>
Point <T>::Point(Point&a)
{x=a.x;y=a.y;}
template <class T>
T Point <T>::Distance(Point&a)
{ return sqrt((x-a.x)* (x-a.x) +(y-a.y)* (y-a.y));}
// 主程序
void main()
{
    Point <int >a1(3,4),a2(5,6);                // 定义两个整数坐标点
    cout <<"两个整数坐标点之距为:"<<a1.Distance(a2) <<endl;
    Point <double >b(7.8,9.8),c(34.5,67.8);     // 定义两个实数坐标点
    cout <<"两个实数坐标点之距为:"<<c.Distance(b) <<endl;
}
```

程序运行结果为：

```
两个整数坐标点之距为:2
两个实数坐标点之距为:63.8505
```

2.3 友元函数和友元类

因为除了成员函数外，其他函数无法使用类的私有成员，当两个概念上相近的类要求其中一个可以自由访问另一个类的任何成员时，就会带来一些困难或麻烦。例如，一个链表的实现需使用一个类代表单个结点，用另一个类处理链表本身。链表数据成员由表成员函数管理存取，但无法访问结点类的成员。友元解决了这类难题。友元可以存取私有成员、公有成员和保

护成员。其实，友元可以是一个类或函数，图 2-2 是其示意图。

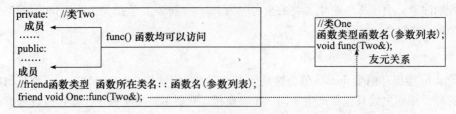

图 2-2 友元函数图解示意图

由此可见，友元函数是类的外部函数，它是声明或定义在类中的，虽然不是 friend 所在类的成员函数，但允许这个函数访问 friend 所在类的所有对象的私有成员、公有成员和保护成员。如图 2-2 所示，类 One 的成员函数 func() 被说明为类 Two 的友元，从而使函数 func() 可以访问类 Two 的所有成员。

1. 类本身的友元函数

图 2-2 的特殊情况是为本类声明一个友元函数。这时，虽然在类中说明它，但它并不是类的成员函数，所以可以在类外面像普通函数那样定义这个函数。

【例 2.4】 使用友元函数计算两点距离。

```cpp
#include <iostream>
using namespace std;
#include <cmath>
class Point {
        int x,y;
    public:
        Point( double a, double b ) { x = a, y = b; }
        double Getx() { return x; }
        double Gety() { return y; }
        friend double distances( Point&, Point& ); // 声明友元函数
};
double distances( Point& a, Point& b )              // 像普通函数一样定义友元函数
{
    double dx = a.x - b.x;                          // 可以访问对象 a 的成员
    double dy = a.y - b.y;                          // 可以访问对象 b 的成员
    return sqrt( dx*dx + dy*dy );
}
void main()
{
    Point p1(3.5, 5.5), p2(4.5, 6.5);
    cout << "两点之距是 " << distances( p1, p2 ) <<endl;
}
```

使用 distances 函数求距离要比例 2.1 的方式容易理解。函数 distances 被说明为类 Point 的友元，由于友元不是 Point 类的成员，所以没有 this 指针，在访问该类的对象的成员时，必须使用对象名，而不能直接使用 Point 类的成员名。由上面可见，友元函数其实就是一个一般的函数，仅有的不同点是：**它在类中说明，可以访问该类所有对象的私有成员。**

友元说明可以出现于类的私有或公有部分，这没有什么差别。因为友元说明也必须出现于类中，所以程序员应将友元看做类的接口的一部分。使用友元函数的主要目的是提高程序的效率。友元函数由于可以直接访问对象的私有成员，因而省去了调用类的成员函数的开销。它的

另一个优点是：类的设计者不必在考虑好该类的各种可能使用情况之后才设计这个类，类的使用者可以根据需要，通过使用友元增加类的接口。但使用友元的主要问题是：它允许友元函数访问对象的私有成员，这破坏了封装和数据隐藏，导致程序的可维护性变差，因此在使用友元时必须权衡得失。

2. 将成员函数用做友元

一个类的成员函数（包括构造函数和析构函数）可以通过使用 friend 说明为另一个类的友元，这是图 2-2 的标准情况。将类 One 的成员函数 func() 说明为类 Two 的友元，因为 func() 是属于类 One 的，所以要使用限定符说明它的出处，即 One::func(Two&)。One 的对象就可以通过友元函数 func(Two&) 访问类 Two 的所有成员。因为是访问类 Two，应使用 Two 对象的引用作为传递参数。

【例 2.5】 类 One 的对象通过友元函数访问类 Two 的对象的私有数据。

```cpp
#include <iostream>
using namespace std;
class Two;                              // 先声明类 Two 以便类 One 引用 Two&
class One {
    public:
      One(int a){x=a;}
      int Getx(){return x;}
      void func(Two&);                  // 声明本类的成员函数,参数为 Two 类的引用
    private:
      int x;
};
class Two {
    public:
        Two(int b){y=b;}
        int Gety(){return y;}
        friend void One::func(Two&);    // 声明类 One 的函数为友元函数
    private:
        int y;
};
void One::func(Two& r)                  // 定义类 One 的函数成员
{   r.y=x;  }                           // 修改类 Two 的数据成员
void main()
{
      One Obj1(5);
      Two Obj2(8);
      cout<<Obj1.Getx()<<"  "<<Obj2.Gety()<<endl;
      Obj1.func(Obj2);
      cout<<Obj1.Getx()<<"  "<<Obj2.Gety()<<endl;
}
```

类 Two 通过 friend 将类 One 的成员函数 func 声明为友元函数，所以 One 的对象可以通过 func 访问 Two 对象的私有成员，具体使用方式由函数 func 的定义决定。显然，友元函数 func 不是类 Two 的成员函数，它由类 One 定义。它不用对象名即可自由存取它所在类 One 的成员，而使用对象名可以存取 Two 类的成员（r.y=x 说明这一点）。

程序输出结果为：

```
5  8
5  5
```

3. 友元类

可以将一个类说明为另一个类的友元。这时，整个类的成员函数均具有友元函数的性能，声明友元关系简化为"friend class 类名;"，图2-2中简化为"friend class One;"。这样，类 One 的所有成员函数都是类 Two 的友元。

【例2.6】 类 One 的对象可以通过任意一个成员函数访问类 Two 的对象的私有数据。

```
#include <iostream>
using namespace std;
class Two {
    public:
      friend class One;            // 声明 One 为 Two 的友元
    private:
      int y;
};
class One {                        // 类 One 的成员函数均是类 Two 的友元
    public:
      One(int a,Two&r, int b)
      {x=a; r.y=b;}                // 使用构造函数为类 Two 的对象赋值
      void Display( Two& );        // 成员函数可以访问类 Two 的成员
    private:
      int x;
};
void One::Display(Two&r)          // 定义 One 的成员函数 Display
{cout <<x <<" " <<r.y <<endl;}    // 使用自己的及友元类对象的私有数据
void main( )
{
    Two Obj2;
    One Obj1(23,Obj2,55);
    Obj1.Display(Obj2);           // 输出 23 55
}
```

本例演示了类 One 的成员函数可以访问类 Two 对象的私有成员，还演示了使用构造函数同时产生两个类的对象并初始化对象的例子。Display 函数则显示两个类对象的数据。

需要注意的是，友元关系是不传递的，即当说明类 A 是类 B 的友元，类 B 又是类 C 的友元时，类 A 却不一定是类 C 的友元。这种友元关系也不具有交换性，即当说明类 A 是类 B 的友元时，类 B 不一定是类 A 的友元。

当一个类要与另一个类协同工作时，使一个类成为另一个类的友元是很有用的。

2.4 使用组合

在一个已有类的基础上，既可以通过派生构成新的类，也可以把它作为另一个类的组成部分（称为包含或者组合）来构成新类。

本书不使用继承，但是使用组合。下面是一个使用组合和友元的综合实例。

【例2.7】 编写一个程序，定义点类 Point 和线段类 Line，类 Line 使用类 Point 的两个对象计算两点之间的长度，类 Line 还可以通过交互输入两个坐标求出这个线段的长度。

```
#include <iostream>
#include <cmath>
using namespace std;
class Point{
    double x,y;
```

```
public:
    Point(double = 0, double = 0);
    Point(Point&);
    void Display(){cout << "x = " << x << ",y = " << y << endl;}

    friend class Line;          // 声明友元类,注意它的使用方法
    double Distance(Point&,Point&);
    ~Point(){cout << "析构 Point x = "; Display();}
};
// 实现 Point 类
Point::Point(double a, double b):x(a),y(b){}
Point::Point(Point&a)
{x = a.x;y = a.y;}
double Point::Distance(Point&a,Point&b)
{ return sqrt((a.x - b.x) * (a.x - b.x) + (a.y - b.y) * (a.y - b.y));}

class Line{
    Point a,b;                  // 点的对象作为数据成员
    Point * p;                  // 声明点类的指针
  public:
    Line(){};
    Line(Point&,Point&);
    void Creat();
    double Distance(Line&);
    ~Line(){cout << "析构 line" << endl;};
};
// 实现 Line 类
Line::Line(Point &a1,Point &a2):a(a1),b(a2){}
double Line::Distance(Line&s)
{
    double x = s.a.x - s.b.x;
    double y = s.a.y - s.b.y;
    return sqrt(x* x + y* y);
}
void Line::Creat()
{
    double d;
    p = new Point[2];           // 申请动态内存
    cout << "输入两个点的坐标:";
    cin >> p -> x >> p -> y >> (p +1) -> x >> (p +1) -> y;
    d = sqrt((p -> x - (p +1) -> x)* (p -> x - (p +1) -> x) + (p -> y - (p +1) -> y)* (p -> y - (p +1) -> y));
    cout << "线段的长度为:" << d << endl;
    delete []p;                 // 释放不再使用的内存
}

void main()
{
    Point b(7.8,9.8),c(34.5,67.8);
    Point a(c);
    cout << "两点之距为:" << a.Distance(a,b) << endl;
    Line s(a,b);
    cout << "线段的长度为:" << s.Distance(s) << endl;
    Line L;
    L.Creat();
}
```

　　这个程序的目的主要是演示如何使用类及友元函数。请注意一些成员函数的定义方法以及表现出来的特性。下面是使用类模板的例子，注意对比这两个程序，尤其是友元函数的使用方法。

【例2.8】　在组合中使用类模板和友元的例子。

```
#include <iostream>
#include <cmath>
using namespace std;
template <class T>                    // 声明 Line 类模板
class Line;
// Point 类模板
template <class T>
class Point{
    T x,y;
  public:
    Point(T=0 , T=0);
    Point(Point&);
    void Display(){cout << "x=" << x << ",y=" << y << endl;}
    T Distance(Point&);
    friend class Line <T>;            // 声明友元类模板,注意它的声明格式
};
// 实现 Point
template <class T>
Point <T>::Point(T a, T b):x(a),y(b) {}
template <class T>
Point <T>::Point(Point&a){x=a.x;y=a.y;}
template <class T>
T Point <T>::Distance(Point&a)
{return sqrt((x-a.x)*(x-a.x) + (y-a.y)*(y-a.y));}
// 声明 Line 类模板
template <class T>
class Line{
    Point <T>a,b,* p;
  public:
    Line(Point <T>&,Point <T>&);
    Line(Line&);
    T Distance(Line&);               // 重载
    void Creat();                    // 无返回值的成员函数
};
// 实现 Line 类
template <class T>
Line <T>::Line(Point <T>&a1,Point <T>&a2):a(a1),b(a2){}
template <class T>
Line <T>::Line(Line <T>&s):a(s.a),b(s.b){}
template <class T>
T Line <T>::Distance(Line&s)
{
    s.a.Display();
    s.b.Display();
    T x=s.a.x-s.b.x;
    T y=s.a.y-s.b.y;
    return sqrt(x* x+y* y);
}
```

```
template < class T >
void Line < T > ::Creat()
{
      double d;
      p = new Point < T > [2];              // 申请动态内存
      cout << "输入两个点的坐标:";
      cin >> p -> x >> p -> y
         >> (p +1) -> x >> (p +1) -> y;
      d = sqrt((p -> x - (p +1) -> x) * (p -> x - (p +1) -> x)
         + (p -> y - (p +1) -> y) * (p -> y - (p +1) -> y));
      cout << "线段的长度为:" << d << endl;
      delete []p;                           // 释放不再使用的内存
}

// 主函数
void main()
{
      Point < double > b(7.8,9.8),c(34.5,67.8);
      Point < double > a(c);
      cout << "两点之距为:" << a.Distance(b) << endl;
      Line < double > s(a,b);
      Line < double > s1(s);
      cout << "线段长度为:" << s1.Distance(s1) << endl;
      s.Creat();                            // 改变坐标点的实验
}
```

程序运行示例如下:

```
两点之距为:63.8505
x = 34.5,y = 67.8
x = 7.8,y = 9.8
线段长度为:63.8505
输入两个点的坐标:1.1 1.2 2.1 2.2
线段的长度为:1.41421
```

在很多情况下，常常用结构组织数据，然后把它作为类的数据成员。

2.5　应用实例

学习 C++ 语言的困难之处是如何为要解决的问题设计类。本节用两个具体的例子说明使用类和类模板求解一元二次方程，通过这个例子，可以看出使用模板的优点。这就是为什么本书选用模板的原因之一。

2.5.1　使用类求解一元二次方程

通过求解一元二次方程的根，练习如何首先抽象出求解问题的类，然后构造出一个对象，让这个对象来解决实际问题。

要解答这个问题，首先要从解一元二次方程出发，抽象出一个代表一元二次方程的类。为了使用这个类，必须根据要解决的问题，为这个类设计合适的数据成员和成员函数。

1. 设计代表方程的类

因为目的是为了编制一个求方程 $ax^2 + bx + c = 0$ 根的程序，所以首先要为这个类起个名字。假设这个类的名字为 FindRoot，并将方程的系数作为 FindRoot 类的属性。假设将系数设计成

float 型。

为了方便，除了将方程系数设为属性之外，还将方程的根 x1 和 x2 以及用来作为判定条件的 $d(d = b*b - 4*a*c)$ 均设计成类的属性，并且将方程的两个根设为 double 型，将 d 设为 float 型。

成员函数 Find 用来求方程的根，Display 函数则用来输出结果。因为它们都需要用到属性 d，所以可以在构造函数中求出 d 的值，其他成员函数则可以直接使用这个属性，不必再去计算 d 的值。图 2-3 是其类图。假设一个对象为 obj，图 2-4 是一个典型的 obj 的对象图，图中表明该方程为 $x^2 - 3x + 2 = 0$，$d = 1$，$x1 = 2$，$x2 = 1$。

求 d 需要使用库函数 sqrt，sqrt 在头文件 cmath 中定义，只要包含它即可。

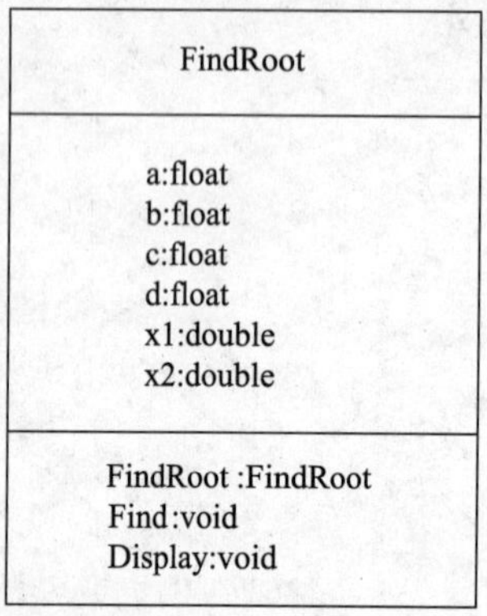

FindRoot
a:float b:float c:float d:float x1:double x2:double
FindRoot :FindRoot Find:void Display:void

图 2-3 类图示意图

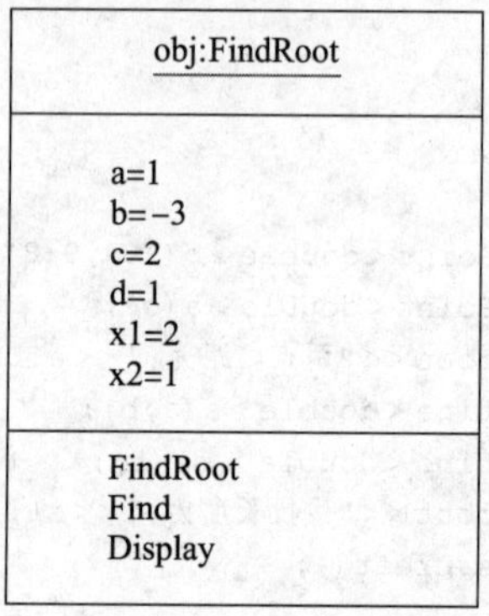

obj:FindRoot
a=1 b=−3 c=2 d=1 x1=2 x2=1
FindRoot Find Display

图 2-4　obj 对象图

2. 设计构造函数

```
FindRoot:: FindRoot(float x, float y, float z)
{
    a=x; b=y; c=z;
    d=b*b-4*a*c;
}
```

3. 设计求根成员函数 Find

可以根据 d 大于、等于或小于零来决定求解方法。

```
if ( d > 0 ) {              // 有两个不相等的实数解 }
else if ( d == 0 ) {        // 有两个相等的实数解 }
else {                      // 有两个不相等的虚数解 }
```

一旦满足判定条件，进行相应求解并退出程序。下面程序中使用 "return;" 语句实现。

```
void FindRoot::Find()
{
    if ( d > 0 ) {
        x1 = (-b + sqrt ( d ) )/( 2*a );
        x2 = (-b - sqrt ( d ) )/( 2*a );
        return;
    }else if ( d == 0 ) {
        x1 = x2 = (-b )/( 2*a );
        return;
    }else {
        x1 = ( -b )/( 2*a );
```

```
        x2 = sqrt ( -d ) / (2*a);
    }
}
```

4. 设计输出结果成员函数 Display

也根据 d 的情况显示不同结果，并使用 "return;" 语句直接退出。

```
void FindRoot::Display()
{
    if ( d > 0 ) {
        cout << "X1 = " << x1 << "\nX2 = " << x2 << endl;
        return;
    }
    else if ( d == 0) {
        cout << "x1 = x2 = " << x1 << endl;
        return;
    }else{
        cout << "X1 = " << x1 << " + " << x2 << "i" << endl;
        cout << "X2 = " << x1 << " - " << x2 << "i" << endl;
    }
}
```

5. 设计主函数对方程求解

主函数求解思想如下：为了解方程，需要在主函数中准备一元二次方程的系数 a、b、c，然后使用这个系数作为构造函数的参数创建一个对象 obj。obj 具有解方程的必要属性：a, b, c, d。obj 使用自己的成员函数 Find 求解，利用成员函数 Display 输出计算结果。

①首先使用接收的系数创建该类的一个对象 obj。即

```
FindRoot obj(a,b,c,);
```

②构造函数自动计算 d 值。

③对象 obj 调用成员函数 Find 求出方程的根。即

```
obj.Find();
```

将求出的根存入属性中。

④对象 obj 调用成员函数 Display 输出自己的根。即

```
obj.Display();
```

为了能连续求解，使用 for 循环语句。如果要停止计算，使系数 $a = 0$ 即可。

6. 完整的文件

```
#include <iostream>
#include <cmath>
using namespace std;
// * * * * * * * * * * * * * * * * * * * * * * * *
// *  声明 FindRoot 类        *
// * * * * * * * * * * * * * * * * * * * * * * * *
class FindRoot{
    private:
        float a,b,c,d;
        double x1,x2;
    public:
        FindRoot(float x, float y, float z);
```

```cpp
          void Find();
          void Display();
};
// ***************************
// *  实现 FindRoot 类         *
// ***************************
// 构造函数
FindRoot:: FindRoot(float x, float y, float z)
{
   a = x; b = y; c = z;
   d = b*b - 4*a*c;
}
// 实现成员函数 Find
void FindRoot::Find()
{
   if ( d > 0 ) {
        x1 = (-b + sqrt( d ))/(2*a);
        x2 = (-b - sqrt( d ))/(2*a);
        return;
   } else if ( d == 0 ) {
        x1 = x2 = (-b)/(2*a);
        return;
   } else {
        x1 = (-b)/(2*a);
        x2 = sqrt( -d )/(2*a);
   }
}
// 实现成员函数 Display
void FindRoot::Display()
{
   if ( d > 0 ) {
        cout << "X1 = " << x1 << "\nX2 = " << x2 << endl;
        return;
   }
   else if ( d == 0 ) {
        cout << "x1 = x2 = " << x1 << endl;
        return;
   }else {
      cout << "X1 = " << x1 << " + " << x2 << "i" << endl;
      cout << "X2 = " << x1 << " - " << x2 << "i" << endl;
   }
}
void main()
{
     float a, b, c;
     cout << "这是一个求方程 ax2 + bx + c = 0 的根的程序。" << endl;
     for(;;)
     {
       cout << "输入方程系数 a:";
       cin >> a;
       if (a == 0)                    // 系数 a 为零,则退出计算程序
       {
          getchar();                  // 为了消除回车的影响
          return;
```

```
        }
        cout <<"输入方程系数 b:";
        cin >>b;
        cout <<"输入方程系数 c:";
        cin >>c;
        FindRoot obj(a,b,c);        // 建立对象 obj
        obj.Find();                 // 求解
        obj.Display();              // 输出计算结果
    }
}
```

7. 运行示例
程序编译通过，运行示例如下：

```
这是一个求方程 ax2 +bx +c =0 的根的程序。
输入方程系数 a:1
输入方程系数 b: -2
输入方程系数 c:1
x1 =x2 =1
输入方程系数 a:1
输入方程系数 b: -3
输入方程系数 c:2
X1 =2
X2 =1
输入方程系数 a:1
输入方程系数 b:3
输入方程系数 c:5
X1 = -1.5 +1.65831i
X2 = -1.5 -1.65831i
输入方程系数 a:0
```

2.5.2 使用类模板和头文件求解一元二次方程

为了不受数据类型的限制，可以使用类模板。虽然类模板的设计思想与类相同，但一般是将类模板定义在头文件中，使用源程序包含这个头文件。即程序结构为一个头文件和一个源程序文件。

1. 设计头文件
类模板的特殊之处是必须定义在头文件中，以便其他 C ++ 的源文件调用它。产生头文件的方法请参阅刘振安等编著的，机械工业出版社 2009 年出版的《C ++ 程序设计课程设计（第 2 版）》。

```
// Find.h
#include <iostream >
#include <cmath >
using namespace std;
// * * * * * * * * * * * * * * * * * * * * * * * *
// *  声明 FindRoot 类        *
// * * * * * * * * * * * * * * * * * * * * * * * *
template <class T >
class FindRoot{
  private:
      T a,b,c,d;
```

```
        T x1,x2;
    public:
        FindRoot(T x, T y, T z);
        void Find();
        void Display();
};
// ***************************
// *   实现 FindRoot 类          *
// ***************************
// 构造函数
template < class T >
FindRoot < T >:: FindRoot(T x, T y, T z)
{
    a = x; b = y; c = z;
    d = b* b - 4 * a* c;
}
// 实现成员函数 Find
template < class T >
void FindRoot < T >::Find()
{
    if ( d > 0 ) {
        x1 = (-b + sqrt ( d ))/(2*a);
        x2 = (-b - sqrt ( d ))/(2*a);
        return;
    } else if ( d == 0 ) {
        x1 = x2 = (-b)/(2*a);
        return;
    } else {
        x1 = (-b)/(2*a);
        x2 = sqrt ( -d )/(2*a);
    }
}
// 实现成员函数 Display
template < class T >
void FindRoot < T >::Display()
{
    if ( d > 0 ) {
        cout << "X1 = " << x1 << "\nX2 = " << x2 << endl;
        return;
    }
    else if ( d == 0 ) {
        cout << "x1 = x2 = " << x1 << endl;
        return;
    }else{
        cout << "X1 = " << x1 << " + " << x2 << "i" << endl;
        cout << "X2 = " << x1 << " - " << x2 << "i" << endl;
    }
}
```

2. 源程序文件

```
// Find.cpp
#include "Find.h"                          // 包含头文件
void main()
{
```

```
float a, b, c;
cout << "这是一个求方程 ax2 + bx + c = 0 的根的程序。" << endl;
for(;;)
{
    cout << "输入方程系数 a:";
    cin >> a;
    if (a == 0)                    // 系数 a 为零,则退出计算程序
    {
        getchar();                 // 为了消除回车的影响
        return;
    }
    cout << "输入方程系数 b:";
    cin >> b;
cout << "输入方程系数 c:";
cin >> c;
FindRoot < float > obj(a,b,c);     // 建立对象 obj
obj.Find();                        // 求解
obj.Display();                     // 输出计算结果
}
}
```

使用相同系数时运行结果也相同,这里不再给出。

2.6 使用模板描述算法的优点和注意事项

通过上节的例子可以看到使用模板的便利之处,但在使用时要注意如下几个问题。

1. 不必考虑具体的数据类型

在使用 C 语言描述算法时,必须针对具体的数据类型。也就是说诸如整数、实数和字符等基本数据类型,不能混用。C++ 语言虽然有类,但类也与数据类型有关。而 C++ 语言提供的模板则解决了这一难题。

C++ 语言的类模板也称参数化类型。初始化类模板时,传给它具体的数据类型就产生了模板类。如求平面上两个整数点的距离和求两个实数点的距离的算法是一样的,只是在使用模板定义对象时,以不同的数据类型替换参数 T 而已。

因为使用模板不用再去考虑具体的数据类型,所以可以把精力集中在对算法的描述上。

2. 更好地实现数据共享

使用类类型来定义和处理数据,除了具有面向对象的数据封装性、隐藏性和继承性三大特性之外,还有一个非常重要的特点就是数据共享性。例如,在 2.5.2 节中使用类模板求解一元二次方程的根,其中 Find 和 Display 函数在一般情况下都需要有返回值的语句或通过参数传递返回值,但在函数说明为类的成员函数后,调用和被调用函数之间的数据是共享的,可以直接使用类中的数据成员,所以它们就不需要传递参数了。

3. 算法在头文件中实现

为了提供被其他文件调用的功能,要求在头文件中实现模板的算法,所以本书在描述算法时,将同时给出头文件的名称以方便读者查阅。一般都是先给出算法的模板声明,然后给出具体的实现。读者一定要记住,它们都在同一个头文件中。

因为不涉及主程序,所以以更简单明了。

4. 如何验证算法的正确性

因为算法是在头文件中,所以必须编制相应的主程序以验证算法的正确性。主程序除了必

须使用

```
#include <iostream>
using namespace std;
```

两条语句之外, 还必须使用 include 包含语句将实现算法的头文件包含进去, 但这里必须使用双引号。假设算法的头文件是 suanfa.h, 正确的格式为:

```
#include "suanfa.h"
```

希望读者在第 3 章中熟悉这些知识。

5. 掌握在工程文件中添加源文件和头文件的方法

为了验证程序, 当然要在编程环境中编写上述文件, 这就需要掌握在工程文件中正确地添加 C++ 语言的源文件和头文件, 以及在头文件中编写算法, 在源文件中编写主程序。具体方法参见参考资料, 这里不再赘述。

实验 2　多文件编程

实验题目: 改进的约瑟夫环游戏

传说有 30 个旅客同乘一条船, 因为严重超载, 加上风浪大作, 危险万分。因此船长告诉乘客, 只有将全船一半的旅客投入海中, 其余人才能幸免于难。无奈, 大家只得同意这种办法, 并议定 30 个人围成一圈, 由第一个人数起, 依次报数, 数到第 9 人, 便把他投入大海中, 然后再从他的下一个人数起, 数到第 9 人, 再将他扔进大海, 如此循环地进行, 直到剩下 15 个乘客为止。问哪些位置是将被扔下大海的位置。

由这个传说产生了约瑟夫环的游戏。这里对约瑟夫环做了一点修改, 假设有人数为 n 的一个小组, 他们按顺时针方向围坐一圈。一开始任选一个正整数作为报数上限值 m, 从第一个人开始按顺时针方向自 1 开始顺序报数, 报到 m 时停止报数。报数 m 的人出列, 然后从他原来所在位置的顺时针方向的下一个人开始重新从 1 报数, 报到 m 时停止报数并出列。如此下去, 直至所有人全部出列为止。要求按他们出列的顺序输出他们原来的代号和名字。

实验要求如下:

①建立工程 Joseph 和文件 SeqList.h、SeqList.cpp、find.cpp、game.cpp。

②定义一个 SeqList 类, 使用 Joseph 函数求解, 使用 Display 函数输出结果。

③要求使用动态内存来接收输入, 并且参加游戏的人数和间隔均可变。

④在 SeqList.h 文件中声明 SeqList 类, 以及 Joseph 和 Display 的函数原型。

⑤在 SeqList.cpp 文件中使用内联函数定义这个类。

⑥在 find.cpp 中定义 Joseph 和 Display 函数。

⑦在 game.cpp 中定义主程序。

习题 2

一、单项选择题

(1) 在下面的叙述中, 正确的是_____。

　　A. 友元关系不可以传递

　　B. 友元关系可以传递但不具有交换性

　　C. 友元关系具有交换性

　　D. 友元关系既不可以传递, 也不具有交换性

（2）在下面的对 C++ 程序的叙述中，错误的是_____。

A. 只能有一个主程序

B. 可以不含有自定义的头文件

C. 只能有一个源文件

C. 可以有多个自定义的头文件和多个源文件

二、填空题

（1）在 C++ 语言中，可以设计_____来表达具有相同处理方法的数据对象。

（2）template 是用来定义_____的关键字。

（3）可以把一个已有的类作为另一个类的组成部分，这种构成新类的方法称为_____或者_____。

（4）如果想使整个类的成员函数均具有友元函数的性能，方法是_____。

第3章 线 性 表

本章主要介绍线性表的顺序存储结构和链式存储结构及其基本运算的算法，并通过实例提高设计算法解决简单应用问题的能力，以便为后续章节的学习打下良好的基础。

本章的内容既是学习数据结构的开篇，也是全书的学习重点，所以必须熟练地掌握本章的分析方法。

3.1 线性表的类型定义

学习线性结构首先要了解线性表的逻辑结构特征，即数据元素之间存在的线性关系。本节介绍线性表的逻辑定义和抽象数据类型。

3.1.1 线性表的逻辑定义

线性表（Linear_List）是最简单和最常用的一种数据结构，它是由 n 个数据元素（结点）a_1，a_2，$\cdots$，a_n 组成的有限序列。其中，数据元素的个数 n 定义为表的长度。当 n 为零时称为空表，非空的线性表通常记为：

$$(a_1,a_2,\cdots,a_{i-1},a_i,a_{i+1},\cdots,a_n)$$

数据元素 $a_i(1\leqslant i\leqslant n)$ 是一个抽象的符号，它可以是一个数或者一个符号，还可以为较复杂的记录，如一个学生、一本书等信息都是一个数据元素（简称为元素）。数据元素可以由若干个**数据项**组成。例如，学生的基本情况如表 3-1 所示。

表 3-1 学生基本情况表

学号	姓 名	性别	年龄	籍 贯
Pb0812008	赵学民	男	21	内蒙古
Pb0805021	王一品	男	19	上 海
Pb0801103	陈达晴	女	20	天 津
Pb0823096	杨 洋	男	18	广 东
⋮	⋮	⋮	⋮	⋮

表中每个学生的情况为一个数据元素（记录），它由学号、姓名、性别、年龄和籍贯 5 个数据项组成。

从线性表的定义可以看出它的逻辑特征，即对于一个非空的线性表有如下特征。

①有且仅有一个称为开始元素的 a_1，它没有直接前驱元素，仅有一个直接后继元素 a_2。

②有且仅有一个称为终端元素的 a_n，它没有后继元素。

③其余元素 $a_i(2\leqslant i\leqslant n-1)$ 称为内部元素，它们都有且仅有一个直接前驱 a_{i-1} 和一个直接后继 a_{i+1}。

线性表中元素之间的逻辑关系就是上述的相邻关系，又称为线性关系，因此，线性表是一种典型的线性结构。

3.1.2 线性表的抽象数据类型

线性表是一种相当灵活的数据结构，它的长度可根据需要增大或缩小，对线性表的数据元素不仅可以进行访问，还可以进行插入和删除等操作。因此，可以用一个抽象数据类型（Abstract Data Type，ADT）来描述线性表，下面给出实例及相关操作的描述。

ADT LinearList {

    数据对象及关系

        0 个或多个元素的有序集合

    基本运算

        CreateList()，创建一个空的线性表；

        Destroy()，删除表；

        ListEmpty()，如果表为空，则返回 true，否则返回 false；

        ListLength()，返回线性表中元素个数，即表长；

        GetElem(i, x)，取表中第 i 个元素值，若 $1 \leqslant i \leqslant$ ListLength()，则将第 i 个元素值存
                      入 x 中，否则返回 false；

        LocateElem(x)，在表中查找第一个值为 x 的元素，若存在，则返回其在表中的位
                      置，否则，返回 0 值；

        InsertElem(i, x)，在表 L 的第 i 结点之前插入一个值为 x 的新元素，表长加 1，返回
                      修改后的线性表；

        DeleteElem(i, x)，删除表中第 i 个元素，并将其保存到 x 中，表长减 1，返回修改
                      后的线性表。

} //ADT LinearList

因为对不同问题的线性表，所需要的运算可能不同，所以上述类型中描述的运算并不是全部，而仅仅是线性表的基本运算。虽然实际问题中会涉及其他更为复杂的运算，但都可以使用基本运算的组合来实现。

3.2　线性表的顺序存储及基本运算

3.2.1　线性表的顺序存储

线性表的顺序存储指的是将线性表的数据元素按其逻辑次序依次存入一组地址连续的存储单元里，用这种方法存储的线性表简称为**顺序表**。

假设线性表中所有元素的类型是相同的，且每个元素需占用 d 个存储单元，其中第一个单元的存储位置（地址）就是第 1 个元素的存储位置。那么，线性表中第 $i+1$ 个元素的存储位置 $\text{LOC}(a_{i+1})$ 和第 i 个元素的存储位置 $\text{LOC}(a_i)$ 之间的关系为 $\text{LOC}(a_{i+1}) = \text{LOC}(a_i) + d$。

一般来说，线性表的第 i 个元素 a_i 的存储位置为

$$\text{LOC}(a_i) = \text{LOC}(a_1) + (i-1) * d$$

其中 $\text{LOC}(a_1)$ 是线性表的第一个元素 a_1 的存储位置，通常称之为**基地址**。

线性表的这种机内表示称为线性表的**顺序存储结构**。它的特点是：元素在表中的相邻关系，在计算机内存储时仍保持着这种相邻关系。每个元素 a_i 的存储地址是该元素在表中的位置 i 的线性函数，只要知道基地址和每个元素占用的单元数（结点的大小），就可求出任一结点的存储地址。因此，只要确定了线性表的起始位置，线性表中任意一个结点都可随机存取，所以顺序表是一种随机存取结构。

由于高级程序设计语言中的数组类型具有随机存取的特性，因此，通常用一个数组来描述

顺序表。另外，除了存储线性表的元素外，还需要一个变量 length 来标识线性表的当前长度。当表为空时，length 值为 0。假定所要定义的表类及所有成员函数的定义实现存储在头文件 list.h 中，则顺序表相应的 C++ 类定义如下：

```cpp
// list.h
template < class T >
class SeqList {
    public :
        friend void Converts(SeqList <T> &L);        // 线性表逆置友元函数
        SeqList(int MaxListSize =100);               // 构造函数，默认表长为 100
        ~SeqList( ){delete[ ] data;}                 // 析构函数
        bool ListEmpty( ){return length == 0;}
        int ListLength( ){return length;}
        bool GetElem(int i,T &x);                    // 第 i 个元素值存入 x 中
        int LocateElem(T x);                         // 返回 x 所在位置
        void InsertElem(int i, T x);                 // 在第 i 个元素之前插入 x
        void DeleteElem(int i,T &x);                 // 删除第 i 个元素，将值存到 x
        void PrintList ( );                          // 输出表的内容
    private:
        int length;
        int MaxSize;
        T *data;                                     // T 类型的指针
};
```

在上述定义中，由于表元素的数据类型随着应用的变化而变化，所以定义的是一个模板类，在该模板类中，用户指定元素的数据类型为 T，在应用时以实际类型替代即可。其中数据成员 length、MaxSize 和 data 均为私有成员，其他都是公有成员。

如第 2 章所述，使用类类型来定义和处理数据，除了具有面向对象的数据封装性、隐藏性和继承性三大特性之外，还有一个非常重要的特点就数据共享性。例如，InsertElem 和 DeleteElem 函数，在一般情况下，函数中都需要有返回值的语句或通过参数传递返回值，因为对表中数据进行了改变，在函数说明为类的成员函数后，返回值的操作就不需要了。再比如成员函数 PrintList 和 ListLength，本应该将要打印输出的表的名称和长度作为函数参数，但作为类成员函数，调用和被调用函数之间数据是共享的，可以直接使用类中的数据成员，所以它们就不需要传递参数了。读者应注意到在后面章节中也是如此，均不再加以解释。另外，线性表元素存储空间的大小 MaxSize 应慎重选择其值，使得它既能满足表元素个数动态增加的需求，又不至于定义过大而浪费存储空间。

顺序表在内存中的存储表示如图 3-1 所示，图中的存储地址 b 为基地址 LOC(a_1)。因为 C++ 语言的数组下标是从 0 开始的，因此使用时要特别注意。假设 L 是 SeqList 类型的顺序表，则开始结点 a_1 存放在 data[0] 中，终端结点 a_n 存放在 data[$n-1$] 中。

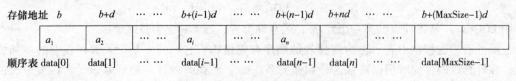

存储地址	b	$b+d$	……	$b+(i-1)d$	……	$b+(n-1)d$	$b+nd$	……	$b+(MaxSize-1)d$
	a_1	a_2	… …	a_i	… …	a_n		… …	
顺序表	data[0]	data[1]	……	data[$i-1$]	… …	data[$n-1$]	data[n]		data[MaxSize-1]

图 3-1   线性表的顺序存储表示

3.2.2   顺序表上基本运算的实现

在定义了顺序表的类类型之后，就可以讨论线性表的基本运算在该存储结构上如何实现

了。有些运算是很容易实现的，例如，创建表和删除表的操作分别被作为类的构造函数和析构函数加以实现，其他操作就是对类中成员函数的实现（定义）。

1. 构造函数的定义

```
template < class T >
SeqList < T > ::SeqList(int MaxListSize)
{
    MaxSize = MaxListSize;
    data = new T[MaxSize];              // 申请一块动态连续内存区
    length = 0;
}
```

例如，语句"SeqList a，b(50)；"的作用是两次自动调用构造函数创建顺序表对象 a 和 b，其中表 a 的长度为默认值 100，而表 b 的长度则是给定的 50。

在类中定义的析构函数在当前函数（创建对象）结束时自动被调用，以便用 delete 运算符，释放由构造函数分配给数组 data 的空间。在类中还给出了函数 ListEmpty 和 ListLength 的定义代码，它们的时间复杂度为 $O(1)$。

2. 取第 i 个元素

```
template < class T >
bool SeqList < T > ::GetElem(int i,T &x)
{   // 取第 i 个元素值存入 x 中
    if(i < 1 || i > length)
        return false;
    x = data[i - 1];
    return true;
}
```

3. 查找值为 x 的元素

```
template < class T >
int SeqList < T > ::LocateElem(T x)
{   // 返回 x 在表中的位置,如果 x 不在表中,则返回 0
    for(int i = 0;i < length;i ++)
      if(data[i] == x)
        return ++i;                      // 注意 C ++ 语言的特征,x 在表的第 i +1 个位置
    return 0;
}
```

以上给出的两个函数 GetElem 和 LocateElem 都非常简单，它们的时间复杂度分别是 $O(1)$ 和 $O(\text{length})$。

4. 插入运算

线性表的插入运算是指在线性表的第 $i-1$ 个结点和第 i 个元素之间插入一个新元素 x，就是使长度为 n 的线性表

$$(a_1, a_2, \cdots, a_{i-1}, a_i, \cdots, a_n)$$

变为长度为 $n+1$ 的线性表

$$(a_1, a_2, \cdots, a_{i-1}, x, a_i, \cdots, a_n)$$

由于线性表逻辑上相邻的元素在物理结构上也是相邻的，因此在插入一个新元素之后，线性表的逻辑关系发生了变化，其物理存储关系也要发生相应的变化，除非 $i = n+1$，否则必须将原线性表的第 i，$i+1$，$\cdots$，n 个元素分别向后移动 1 个位置，空出第 i 个位置以便插入新元

素 x。其插入过程中顺序表 L.data$[i]$ 的变化情况如表 3-2 所示。表中第一行表示原表元素的存储表示，第二行是后移之后的存储表示，而第三行则是插入 x 后的元素存储表示。

表 3-2　在顺序表中插入元素 x，data[ ] 的变化情况

a_1	a_2	……	a_{i-1}	a_i	a_{i+1}	……	a_n	a_{n+1}	……
a_1	a_2	……	a_{i-1}	a_i	a_i	……	a_{n-1}	a_n	……
a_1	a_2	……	a_{i-1}	x	a_i	……	a_{n-1}	a_n	……
表下标 0	1	……	$i-2$	$i-1$	i		$n-1$	n	…… ListSize -1

具体插入算法描述如下：

```
template < class T >
void SeqList < T > ::InsertElem(int i,T x)
{   // 在表第 i 个元素之前插入 x
    if(i < 1 || i > length + 1){
        cout << "position error" << endl;
        return;                       // 给定的位置不合理,退出程序
    }
    for(int j = length - 1; j > = i - 1; j--)
        data[j + 1] = data[j];        // 从最后一个元素开始逐一后移
    data[i - 1] = x;                  // 插入新元素 x
    length ++;                        // 实际表长加 1
}
```

从上述的算法以及插入过程图中可以看出，一般情况下，在第 $i(1 \leqslant i \leqslant n)$ 个元素之前插入一个新元素时，需要进行 $n-i+1$ 次移动。而该算法的执行时间主要花在 for 循环的元素后移上，因此，该算法的时间复杂度不仅依赖于表的长度 n，而且还与元素的插入位置 i 有关。当 $i = n+1$ 时，for 循环一次也不执行，无须移动元素，属于最好情况，其时间复杂度为 $O(1)$；当 $i = 1$，循环需要执行 n 次，即需要移动表中所有元素，属于最坏情况，算法时间复杂度为 $O(n)$。由于插入元素可在表的任何位置上进行，因此需要分析讨论算法的平均移动次数。

假设在第 i 个元素之前插入一个元素的概率是 p_i，则在长度为 n 的线性表中插入一个结点需要移动元素的次数的期望值（平均次数）为：

$$E_{is}(n) = \sum_{i=1}^{n+1} p_i(n-i+1)$$

不失一般性，假定在线性表的任何位置上插入元素的机会是相等的，即是等概率的，则有

$$p_1 = p_2 = \cdots = p_{n+1} = 1/(n+1)$$

因此，在等概率情况下插入，需要移动元素的平均次数为：

$$E_{is}(n) = \sum_{i=1}^{n+1} p_i(n-i+1) = \frac{1}{n+1} \sum_{i=1}^{n+1}(n-i+1) = \frac{n}{2}$$

$E_{is}(n)$ 恰好是表长的一半，当表长 n 较大时，该算法的效率是相当低的。因为 $E_{is}(n)$ 是取决于问题规模 n 的，它是线性阶的，因此该算法的平均时间复杂度是 $O(n)$。

例如，假定一个有序表 $A = (23, 31, 46, 54, 58, 67, 72, 88)$，表长 $n = 8$。当向其中插入 56 时，此时的 i 等于 5，因此应插到第 $i-1$ 个位置上，从而需要将第 $i-1$ 个元素及之后的所有元素都向后移动一位，将第 $i-1$ 个元素位置空出来，插入新元素。用下划线标注插入的元素，插入后的有序表为 $(23, 31, 46, 54, \underline{56}, 58, 67, 72, 88)$。按上述移动次数的计算公式，可知本插入操作需要移动 $n-i+1 = 8-5+1 = 4$ 次。

5. 删除运算

线性表的删除运算指的是将表中第 $i(1 \leqslant i \leqslant n)$ 个元素删除，使长度为 n 的线性表

$$(a_1, a_2, \cdots, a_{i-1}, a_i, a_{i+1}, \cdots, a_n)$$

变为长度为 $n-1$ 的线性表

$$(a_1, a_2, \cdots, a_{i-1}, a_{i+1}, \cdots, a_n)$$

删除运算使线性表的逻辑结构和存储结构都发生了相应的变化。与插入运算相反，插入是向后移动元素，而删除运算则是向前移动元素，除非 $i=n$ 时直接删除终端元素，不需移动元素。其删除过程中顺序表的变化情况如表 3-3 所示。表中第一行是原表存储结构，第二行则是删除第 i 个元素后的顺序表的存储情况。

表 3-3　顺序表 data[ ] 中删除第 i 个元素的变化情况

a_1	a_2	……	a_{i-1}	a_i	a_{i+1}	……	a_{n-1}	a_n	……	
a_1	a_2	……	a_{i-1}	a_{i+1}	a_{i+2}	……	a_n		……	
表下标0	1	……	$i-2$	$i-1$	i		$n-2$	$n-1$	…… ListSize -1	

由此，很容易写出删除第 i 个元素的算法：

```cpp
template<class T>
void SeqList<T>::DeleteElem(int i, T &x)
{    // 在顺序表中删除第 i 个元素,并返回被删除元素
    if(i<1||i>length){
        cout<<"position error"<<endl;
        return;                    // 给定的位置不合理,退出程序
    }
    x=data[i-1];                   // 返回被删除的元素
    for(int j=i;j<length;j++)
        data[j-1]=data[j];         // 元素前移
    length--;                      // 实际表长减1
}
```

该算法的时间复杂度分析与插入算法类似，删除一个元素也需要移动元素，移动的次数取决于表长 n 和位置 i。当 $i=1$ 时，则前移 $n-1$ 次，当 $i=n$ 时不需要移动，因此算法的时间复杂度为 $O(n)$；由于算法中删除第 i 个元素是将从第 $i+1$ 至第 n 个元素依次向前移动一个位置，共需要移动 $n-i$ 个元素。同插入类似，假设在顺序表上删除任何位置上的元素的机会相等，q_i 为删除第 i 个元素的概率，则删除一个元素的平均移动次数为：

$$E_{de}(n) = \sum_{i=1}^{n} q_i(n-i) = \frac{1}{n} \sum_{i=1}^{n} (n-i) = \frac{n-1}{2}$$

由此可以看出，在顺序表上做删除运算，平均移动元素次数约为表长的一半，因此，该算法的平均时间复杂度为 $O(n)$。

6. 顺序表的输出

表的输出非常简单，其算法如下：

```cpp
template<class T>
void SeqList<T>::PrintList()
{
    for(int i=0;i<length;i++)
        cout<<data[i]<<"  ";
    cout<<endl;
}
```

7. 顺序表的逆置

类中声明的友元函数 Converts 实现将一个已知长度为 n 的线性表逆置。设线性表为 $(a_1,$

a_2，$\cdots$，a_n），逆置之后为（a_n，a_{n-1}，$\cdots$，a_1），并且表以顺序存储方式存储。实现其算法的基本思想是：先以表长的一半为循环控制次数，将表中最后一个元素同顺数第一个元素交换，将倒数第二个元素同顺数第二个元素交换，依此类推，直至交换完为止，因此可设计算法如下：

```cpp
template < class T >
void Converts (SeqList < T > &L)
{    int x;
     int i,k;
     k = L. length/2;
     for(i = 0;i < k;i ++){
         x = L. data[i];
         L. data[i] = L. data[L. length - i - 1];
         L. data[L. length - i - 1] = x;
     }
}
```

这个算法只需要进行数据元素的交换操作，其主要时间花在 for 循环上，因此整个算法的时间复杂度显然为 $O(n)$。因为友元函数不属于类，所以既可在头文件中定义，也可在程序中定义。为了直接提供给用户使用，这里定义在头文件里，所以在主函数里直接使用这个函数名即可完成调用。由此可见，利用友元函数可以实现其他算法。

3.2.3　顺序表运算应用实例

因为假定前面所定义的表类及所有成员函数的定义实现存储在头文件 list.h 中，所以要正确包含这个头文件。

【例 3.1】　编程完成如下操作：创建一个大小为 6 的整数表 L；输出该表的长度（为 0），判断表是否为空；先插入第一个元素 3，然后再插入第二、第三个和第四个元素 6、9 和 12，输出表；取出第二个元素并输出，删除第一个元素并输出；输出表长及表中所有元素。

```cpp
// j31.cpp
#include < iostream >                   // 系统头文件
using namespace std;                    // 使用命名空间
#include "List. h"                      // 自定义的头文件
void main (void){
    SeqList < int > L(6);               // 创建整数表
    cout << "length = " << L. ListLength () << endl;
    cout << "IsEmpty = " << L. ListEmpty () << endl;
    L. InsertElem (1,3); L. InsertElem (2,6);
    L. InsertElem (3,9); L. InsertElem (4,12);
    L. PrintList ();
    cout << "length = " << L. ListLength () << endl;
    int x;
    L. GetElem (2,x);
    cout << "GetElem x = " << x << endl;
    L. DeleteElem (1,x);
    cout << "DelElem x = " << x << endl;
    cout << "length = " << L. ListLength () << endl;
    L. PrintList ();
    L. InsertElem (300,15);
    cout << "length = " << L. ListLength () << endl;
    L. DeleteElem ( - 5,x);
```

```
            cout << "length = " << L. ListLength () << endl;
            L. PrintList ();
    }
```

该程序的运行结果如下：

```
Length = 0
isEmpty = 1
3  6  9  12
Length = 4
GetElem x = 6
DelElem x = 3
Length = 3
6  9  12
position error
length = 3
position error
length = 3
6  9  12
```

如果使用如下主程序，则生成字符类型的线性表并输出 a c d f。

```
void main (void) {
    SeqList < char > L (6);              // 创建字符表
    L. InsertElem (1, 'a'); L. InsertElem (2, 'c');
    L. InsertElem (3, 'd'); L. InsertElem (4, 'f');
    L. PrintList ();
}
```

由此可看出使用类模板的方便之处。

【例 3.2】 已知一长度为 n 的线性表，将该线性表逆置。

【分析】 在主函数里直接使用友元函数 Converts 的函数名即可完成调用，例如在例 3.1 的末尾增加如下语句：

```
Converts (L); L. PrintList ();
```

即可得到逆置之后的输出为 "12 9 6"。

3.2.4 线性顺序表元素为结构的实例

在例 3.1 中演示了使用模板的优越性，模板既适合整数线性顺序表，也适合字符线性顺序表。其实，线性顺序表的元素也可以是结构类型。因为本书不使用运算符重载，所以下面的例 3.3 仅仅是从演示的角度来说明这个问题。

【例 3.3】 使用结构作为线性顺序表元素并演示插入和输出的例子。

因为不使用运算符重载，所以简单地设计如下头文件：

```
// Lists.h
struct st {
    char s;
    int num;
};


template < class T >
class SeqList {
```

```cpp
public :
    SeqList(int MaxListSize =100);          // 构造函数,默认表长为100
    ~SeqList(){delete[] data;}              // 析构函数
    bool ListEmpty(){return length == 0;}
    int ListLength(){return length;}
    void InsertElem(int i, T x);            // 在第 i 个元素之前插入 x
    void PrintList();                       // 输出表的内容
private:
    int length;
    int MaxSize;
    T *data;
};
template < class T >
SeqList < T > ::SeqList(int MaxListSize)
{
    MaxSize =MaxListSize;
    data =new T[MaxSize];
    length =0;
}


template < class T >
void SeqList < T >::InsertElem(int i,T x)
{   // 在表的第 i 个元素之前插入 x
    if(i <1 ||i >length +1){
        cout << "position error" <<endl;
        return;                             // 如果所给位置越界则退出插入操作
    }
    for(int j =length -1;j > =i -1;j --)
        data[j +1] =data[j];                // 从最后一个元素开始逐一后移
    data[i -1].num =x.num;                  // 插入新元素 x
    data[i -1].s =x.s;                      // 插入新元素 x
    length ++;                              // 实际表长加1
}


template < class T >
void SeqList < T >::PrintList()
{   // 输出表的内容
    for(int i =0;i < length;i ++)
        cout <<data[i].s <<"  " <<data[i].num <<endl;
}
// 主程序 j33.cpp
#include < iostream >
using namespace std;
#include "Lists.h"
void main(void)
{
    st a,b,c;
    a.s ='a'; a.num =97;
    b.s ='b'; b.num =98;
    c.s ='c'; c.num =99;
    SeqList < struct st > L(3);             // 创建结构表
    cout << "length = " <<L.ListLength() <<endl;
    cout << "IsEmpty = " <<L.ListEmpty() <<endl;
    L.InsertElem(1, a);  L.InsertElem(2,b);
```

```
    L.InsertElem(3,c);   L.PrintList();
    cout << "length = " << L.ListLength() << endl;
    cout << "IsEmpty = " << L.ListEmpty() << endl;
}
```

程序输出结果如下：

```
length = 0
IsEmpty = 1
a  97
b  98
c  99
length = 3
IsEmpty = 0
```

3.3 线性表的链式存储结构

线性表顺序存储结构的特点是在逻辑关系上相邻的两个元素在物理位置上也是相邻的，因此，可以随机存取表中任一元素。但是，当经常需要做插入和删除运算时，则需要移动大量的元素，而且表长是固定的，不能动态地改变，这容易造成存储空间的上溢或下溢。而采用链式存储结构时，就可以避免这些移动和空间的溢出。因为当用链式存储结构存储线性表的数据元素时，存储空间可以是连续的，也可以是不连续的，所以链表中的结点是不可以随机存取的。链式存储是最常用的存储方式之一，它不仅可以用来表示线性表，而且还可以用来表示各种非线性的数据结构，在后面的章节中将反复使用这种存储方式。

3.3.1 线性链表

在使用链式存储结构表示每个数据元素 a_i 时，除了存储 a_i 本身的信息之外，还需要存储一个指示其后继元素 a_{i+1} 存储位置的指针，由这两个部分组成元素 a_i 的存储映像，通常称为**结点**。它包括两个域：其中存储数据元素的域称为**数据域**，存储直接后继存储地址的域称为**指针域**。利用这种存储方式表示的线性表称为**线性链表**，链表中一个结点的存储结构为

data	next

由 n 个结点链成的一个链表，称为线性表（a_1，a_2，$\cdots$，a_n）的链式存储结构。由于这种链表的每个结点中只包含一个指针域，因此又称为**单链表**。单链表的抽象表示如图 3-2 所示。

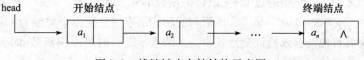

图 3-2　线性链表存储结构示意图

显然，单链表中每个结点的存储地址是存放在其直接前驱结点的指针域（next）中，而开始结点无直接前驱，因此设立头指针 head 指向开始结点，又由于终端结点无后继结点，所以终端结点的指针域为空，即 NULL（在此及后面的图示中经常用"∧"表示）。

由此可见，一个单链表可由头指针唯一确定。为了学习方便，将单链表的运算分为基本运算和扩充运算。为了满足基本运算，可将线性链表的结点类定义如下：

```
// 使用头文件 LList.h
```

```
template < class T >
class LinkList;                                      // 链表类的声明
template < class T >
class ListNode {                                     // 结点类定义
    public:
        friend class LinkList < T >;                 // 声明友元类
    private:
        T data;                                      // 结点数据域
        ListNode < T > * next;                       // 结点指针域
};
```

为了使得链表类 LinkList 中的所有成员函数都能访问结点类中的私有成员，需要在结点类 ListNode 的定义中将 LinkList 说明为友元类，又因为链表类是后定义先使用，所以在前面要给出 LinkList 类的声明。

为了把一个线性表表示成一个链表以及对链表的相关操作，将链表类定义如下：

```
// 也在头文件 LList. h 中定义
template < class T >
class LinkList {
    public :
        LinkList( ) { head = NULL;}                  // 默认构造函数
        ~LinkList( ){ };                             // 析构函数可有可无
        bool ListEmpty( ) {retuen head == NULL;}     // 判断表空
        int ListLength( );                           // 计算表长
        void CreateListF( );                         // 头插法建立链表
        void CreateListR( );                         // 尾插法建立链表
        void CreateList( );                          // 建立带头结点的链表
        bool GetElem(int i,T &x);                    // 第 i 个元素值存入 x 中
        int LocateElem(T x);                         // 返回 x 在表中的位置
        void InsertNode(int i,T x);                  // 在第 i 个元素之后插入 x
        void DeleteNode(int i,T &x);                 // 删除第 i 个结点,值存到 x
        void PrintList( );                           // 输出链表
    private :
        ListNode < T > * head;                       // 指向开始结点(即表头结点)的指针
};
```

在线性表的链式存储结构中，特别值得注意的是指针变量和指针指向的变量（结点变量）这两个概念。指针变量的值要么为空（NULL），不指向任何结点；要么其值为非空，即它的值是一个结点的存储地址。指针变量所指向的结点地址并没有具体说明，而是在程序执行过程中需要存放结点时才产生，它是通过 C++ 语言的函数 new 来实现的。例如，给指针变量 p 分配一个结点的地址 "p = new ListNode;"，该语句的功能是申请分配一个类型为 ListNode 的结点的地址空间，并将其首地址存入指针变量 p 中。当结点不需要时可以用函数 delete p 释放结点存储空间，这时 p 为空值（NULL）。

链表中的结点变量是通过指针变量来访问的。因为在 C++ 语言中是用 p-> 来表示 p 所指向的变量，又由于结点类型是一个结构类型，因此可用 p-> data 和 p-> next 分别表示结点的数据域变量和指针域变量。注意，当 p 为空值时，它不指向任何结点，此时不能通过 p 来访问结点，否则会引起程序错误。

3.3.2　单链表上的基本运算

本节将讨论线性表在单链表存储结构上的几种基本运算。因为许多运算都必须在链表存在

的情况下进行，因此，首先讨论如何建立单链表。

1．建立单链表

动态建立单链表的常用方法有两种：头插法和尾插法。

（1）头插法建表

该方法是从一个空表开始，重复读入数据，生成新结点，将读入的数据存放到新结点的数据域中，然后将新结点插到当前链表的表头上，直到读入结束标志符为止。假设线性表中结点的数据域为字符型，其具体算法如下：

```cpp
template < class T >
void  LinkList < T >::CreateListF()
{   ListNode < T > * p = head,*s;
     T ch;
     ch = getchar();
     while(ch! ='\n'){           // 读入字符不是结束标志符时做循环
        s = new ListNode < T >;  // 申请新结点
        s ->data = ch;           // 数据域赋值
        s ->next = p;            // 指针域赋值
        p = s;                   // 头指针指向新结点
        ch = getchar();          // 读入下一个字符
     }                           // 回车符结束操作
     head = p;                   // 修改链表头指针
}
```

例如，在空链表 head 中依次插入数据域分别为 a、b、c 的结点之后，将数据域为 x 的新结点 *p 插到当前链表表头，其指针的修改变化情况如图 3-3 所示，其中"*p"表示指针 p 所指向的结点。

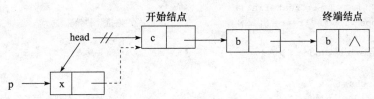

图 3-3　新结点 *p 插到单链表的表头

（2）尾插法建表

头插法建立链表是将新结点插入在表头，算法比较简单，但建立的链表中结点的次序和输入时的顺序相反，理解时不大直观。如若需要和输入次序一致，可使用尾插法建立链表。该方法是将新结点插入在当前链表的表尾，因此需要增设一个尾指针 rear，使其始终指向链表的尾结点。例如，在 head 中依次插入数据域分别为 a、b、c 的结点之后，将数据域为 x 的新结点 *s 插到当前链表表尾，其指针的修改情况如图 3-4 所示。

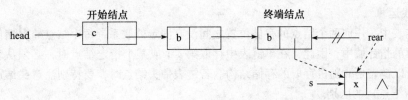

图 3-4　新结点 *s 插到单链表的表尾

假设线性表中结点的数据域为字符型，其具体算法如下：

```
template <class T >
void  LinkList <T >::CreateListR()
{   ListNode <T > *s,*rear =NULL;                    // 尾指针初始化
    T ch;
    ch =getchar();
    while(ch! ='\n'){                                // 读入字符不是结束标志符时做循环
        s = new ListNode <T >;                       // 申请新结点
        s ->data =ch;                                // 数据域赋值
        if(head ==NULL) head =s;
        else   rear ->next =s;
        rear =s;
        ch =getchar();                               // 读入下一个字符
    }
    rear ->next =NULL;                               // 表尾结点指针域置空值
}
```

为了简化算法及操作方便，可在链表的开始结点之前附加一个结点，并称其为**头结点**，带头结点的单链表结构如图 3-5 所示。

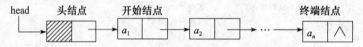

图 3-5 带头结点的线性链表存储结构示意图

在引入头结点之后，尾插法建立单链表的算法可简化为：

```
template <class T >
void  LinkList <T >::CreateList()
{   ListNode <T > *s,*rear =NULL;                    // 尾指针初始化
    T ch;
    head =new ListNode <T >;                         // 申请头结点
    rear =head;
    ch =getchar();
    while(ch! ='\n'){                                // 读入字符不是结束标志符时做循环
        s = new ListNode <T >;                       // 申请新结点
        s ->data =ch;                                // 数据域赋值
        rear ->next =s;
        rear =s;
        ch =getchar();                               // 读入下一个字符
    }
    rear ->next =NULL;                               // 表尾结点指针域置空值
}
```

注意，在此以后的有关链表的操作中，若没做特别的说明，都默认链表是带头结点的。

2. 查找运算

在单链表中，任何两个结点的存储位置之间没有固定的联系，每个结点的存储位置包含在其直接前驱的指针域中，因此，在单链表中存取第 i 个或某个指定结点时，必须从表头结点开始搜索，所以链表是非随机存取的存储结构。若链表带头结点时，要特别注意**头结点**和**表头结点**（即开始结点）的区别。

（1）按结点序号查找

在单链表中要查找第 i 个结点，就必须从链表的第 1 个结点（开始结点，序号为 1）开始，

序号为 0 的是头结点，p 指向当前结点，j 为计数器，其初始值为 1，当 p 扫描下一个结点时，计数器加 1。当 $j=i$ 时，指针 p 所指向的结点就是要找的结点。其算法如下：

```
template < class T >
bool LinkList < T > ::GetElem(int i, T &x)
{   int j = 1;
    ListNode < T > * p = head -> next;
    while(j < i && p){                      // 考虑越界
    p = p -> next;   j ++;
    }
    if(p){                                  // 判断是否取到数据
        x = p -> data;                      // 将数据赋给 x
        return true;                        // 返回已查到标记
    }
    return false;                           // 返回未查到标记
}
```

该算法的基本操作是比较 j 和 i 以及后移指针，循环中的语句频度与被查结点 i 在链表中的位置有关，若 $1 \leqslant i \leqslant n$，则频度为 $i-1$，否则频度为 n，所以，在等概率情况下，平均时间复杂度为：

$$\frac{1}{n+1} \sum_{i=0}^{n} i = \frac{n}{2} = O(n)$$

算法是布尔函数，所以只是输出是否查到的信息。假设创建的线性表对象为 L，查找序号为 i，结点值存入对象 x。如果要查找并输出序号结点的值，可以使用如下简单的方法：

```
if(L.GetElem(i,x))
    cout << "这个位置的元素是" << x << "。\n";
else cout << "没有这个序号。\n";
```

（2）按结点值查找

在单链表中按值查找结点，就是从链表的开始结点出发，顺着链表逐个将结点的值和给定值 x 进行比较，若遇到有相等的，则返回该结点在表中的序号，否则返回 -1。按值查找算法要比按序号查找更为简单，其算法如下：

```
template < class T >
int LinkList < T > ::LocateElem(T x)
{   ListNode < T > * p = head -> next;
    int num = 0;
    while(p && p -> data! = x){
        num ++;   p = p -> next;
    }
    if(p) return ++num;
    else return -1;                         // 没找到
};
```

该算法的时间主要花在查找操作上，循环最坏情况下执行 n 次，因此，其算法时间复杂度为 $O(n)$。

3. 插入运算

从前面顺序表的插入运算可知，插入运算是将值为 x 的新结点插到表的第 i 个结点的位置上，即插到 a_{i-1} 与 a_i 之间。然而，链表和顺序表的插入运算是不同的，顺序表在插入时要移动大量的结点，而链表在做插入时不需要移动结点，但需要通过移动指针来进行位置查找。

算法思想：先使 p 指向 a_{i-1} 的位置，然后生成一个数据域值为 x 的新结点 $*s$，再进行插入操作，其插入过程如图 3-6 所示。

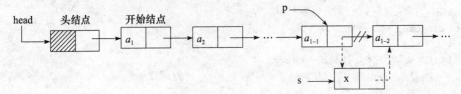

图 3-6 在 p 指向结点之后插入一个新结点 $*s$ 示意图

其插入操作的算法描述如下：

```
template < class T >
void LinkList < T >::InsertNode(int i,T x)
{   // 在以 head 为头指针的带头结点的单链表中,在第 i 个结点的位置上插入一个数据域值为 x 的新结点
    if(i < 0 ||i > ListLength()) {
        cout <<"position error\n";
        return;                          // 序号越界则退出操作
    }
    ListNode < T > *p = head,*s;
    for(int j = 0;j < i;j ++)            // 注意是从 0 开始
        p = p -> next;
    s = new ListNode < T >;
    s -> data = x;
    s -> next = p -> next;
    p -> next = s;
}
```

插入算法不需要移动表结点，但为了使 p 指向第 $i-1$ 个结点，仍然需要从表头开始进行查找，因此，该插入算法的时间复杂度也是 $O(n)$。

4. 删除运算

删除运算就是将链表的第 i 个结点从表中删去。由于第 i 个结点的存储地址是存储在第 $i-1$ 个结点的指针域 next 中，因此要先使 p 指向第 $i-1$ 个结点，然后使得 p -> next 指向第 $i+1$ 个结点，再将第 i 个结点释放掉。此操作过程如图 3-7 所示。其算法如下：

```
template < class T >
void LinkList < T >::DeleteNode(int i,T &x)
{   // 在以 head 为头指针的带头结点的单链表中删除第 i 个结点
    if(i < 1 ||i > ListLength()) {
        cout <<"position error\n";
        return;                          // 位置越界,退出操作
    }
    ListNode < T > *p = head,*s;
    s = p;
    for(int j = 0;j < i;j ++){
        s = p;                           // s 总是指向当前刚访问过的结点
        p = p -> next;
    }
    x = p -> data;  s -> next = p -> next;
    delete p;
}
```

从上述算法可以看到，删除算法与插入算法的时间复杂度一样，都是 $O(n)$。

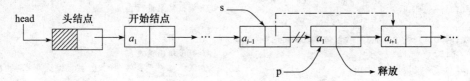

图 3-7　删除第 i 个结点示意图

5. 遍历输出链表

链表的遍历非常简单，就是从表头开始，逐一向后访问每个结点，其算法如下：

```
template < class T >
void LinkList < T > ::PrintList()
{   ListNode < T > *p = head -> next;
    while(p) {
        cout << p -> data << "   ";
        p = p -> next;
    }
    cout << endl;
}
```

在有了上述类定义和各成员函数的实现之后，就可以进行各种关于链表的运算了。

【例3.4】　演示单链表操作的例子。

因为类定义和成员函数的实现等都存储在头文件 LList. h 中，所以将其包含，然后编制如下主函数实现单链表操作。

```
#include < iostream.h >
#include < stdio.h >
#include < LList.h >                        // 包含自定义头文件

void main()
{
    LinkList < char > L;                    // 创建字符型空链表 L
    char ch = 'e';                          // 演示插入的字符
    int k;
    L.CreateList();                         // 建立字符链表,演示程序输入 abcdefgh
    L.PrintList();                          // 遍历输出链表
    if(L.GetElem(8,ch))                     // 取第 8 个元素值存入 ch 并根据结果进行相应处理
        cout << "这个位置的元素是" << ch << "。\n";
    else cout << "没有这个序号。\n";
        k = L.LocateElem(ch);               // 查找 ch 元素在表中的序号
    if(k == -1)                             // 根据结果进行相应处理
        cout << "没有元素" << ch << "。\n";
    else cout << "元素" << ch << "的位置是" << k << "。\n";

    L.InsertNode(5,'t');
    cout << "在位置 5 插入 t 之后的内容如下:\n";
    L.PrintList();
    cout << "删除位置 5 之后的内容如下:\n";
    L.DeleteNode(5,ch);
    L.PrintList();
        cout << "被删除的元素是" << ch << "。\n";
    ch = 'm';
        k = L.LocateElem(ch);               // 查找 ch 元素在表中的序号
```

```
    if(k == -1)                                    // 根据结果进行相应处理
        cout <<"没有元素" <<ch <<"。\n";
    else cout <<"元素" <<ch <<"的位置是" <<k <<"。\n";
      L.PrintList();                               // 遍历输出链表
    if(L.GetElem(4,ch))                            // 取第 4 个元素值存入 ch 并根据结果进行相应处理
        cout <<"这个位置的元素是" <<ch <<"。\n";
    else cout <<"没有这个序号" <<endl;
    L.InsertNode(15,'w');                          // 演示插入范围越界
}
```

程序编译运行后输入字符串 abcdefgh，运行示范如下：

<u>abcdefgh</u>
a b c d e f g h
这个位置的元素是 h。
元素 h 的位置是 8。
在位置 5 插入 t 之后的内容如下：
a b c d e t f g h
删除位置 5 之后的内容如下：
a b c d t f g h
被删除的元素是 e。
没有元素 m。
a b c d t f g h
这个位置的元素是 d。
position error

注意：用下划线表示键盘输入，输入以 Enter 键结束，以后不再说明。

3.3.3　单链表上的其他典型运算

单链表上一般有 3 种典型运算：分解、合并及组成单循环链表。为了满足这些运算，可以在类的声明中增加相应的友元函数 split、MergeList 和 InsertList，使它们访问类中私有成员，直接完成相应操作。下面是在头文件 LList. h 中增加它们的简单示意。

```
// LList.h
class ListNode {                                   // 结点类定义
    public:
            friend class LinkList <T >;
            friend void InsertList(LinkList <T > &L,int x);
            friend void split(LinkList <T > L,LinkList <T > &A,LinkList <T > &B);
            friend void MergeList(LinkList <T > La,LinkList <T > Lb,LinkList <T > &Lc);
            ……
};
template < class T >
class LinkList {
    public :
            friend void InsertList(LinkList <T > &L,int x);
            friend void split(LinkList <T > L,LinkList <T > &A,LinkList <T > &B);
            friend void MergeList(LinkList <T > La,LinkList <T > Lb,LinkList <T > &Lc);
            ……
};
```

本节介绍这三个友元函数的实现方法，用户则可直接使用函数名完成调用。

1. 将一个单链表分解成两个单链表

本程序是将一个单链表 L 分解成两个单链表 A 和 B，使得 A 链表中含有原链表中序号为奇

数的元素，而 B 链表中含有原链表中序号为偶数的元素，并保持原来的相对顺序。

根据要求，需要遍历整个链表 L，当遇到序号为奇数的结点时，将其链接到 A 表上，序号为偶数结点时，将其链接到 B 表中，一直到遍历结束。其实现算法如下：

```
template<class T>
void split(LinkList<T> L,LinkList<T> &A,LinkList<T> &B)
{   // 按序号奇偶分解单链表
    ListNode<T> *p,*a,*b;
    p=L.head->next;                      // p 指向表头结点
    A.head=a=L.head;                     // a 指向 A 表的当前结点
    B.head=b=new ListNode<T>;           // 申请 B 表头结点,b 指向 B 的当前结点
    while(p!=NULL){
        a->next=p;                       // 序号为奇数的结点链接到 A 表上
        a=p;                             // a 总是指向 A 链表的最后一个结点
        p=p->next;
        if(p){
            b->next=p;                   // 序号为偶数的结点链接到 B 表上
            b=p;                         // b 总是指向 B 链表的最后一个结点
            p=p->next;
        }
    }
    a->next=b->next=NULL;
}
```

这个算法要从头至为尾扫描整个链表，所以它的时间复杂度是 $O(n)$。

【例 3.5】 演示分解的主程序。

```
#include<iostream>
using namespace std;
#include "LList.h"

void main()
{
    LinkList<char> L,A,B;
    L.CreateList();
    L.PrintList();
    split(L,A,B);
    A.PrintList();
    B.PrintList();
}
```

程序运行示范如下：

```
abcdefghi
a b c d e f g h i
a c e g i
b d f h
```

2. 将这两个单链表合并为一个有序链表

假设头指针为 La 和 Lb 的单链表（带头结点）分别为线性表 A 和 B 的存储结构，两个链表都是按结点数据值递增有序的。设立三个指针 pa、pb 和 pc，其中 pa 和 pb 分别指向 La 表和 Lb 表中当前待比较插入的结点，而 pc 则指向 Lc 表当前的最后一个结点，若 pa->data≤pb->data，则将 pa 所指向的结点链接到 pc 所指的结点之后，否则将 pb 所指向的结点链接到 pc 所指的结点之

后。其实现算法如下：

```
template < class T >
void MergeList(LinkList < T > La,LinkList < T > Lb,LinkList < T > &Lc)
{    // 归并两个有序链表 La 和 Lb 为有序链表 Lc
    ListNode < T > *pa,*pb,*pc;
    pa = La.head -> next; pb = Lb.head -> next; // pa 和 pb 分别指向两个链表的开始结点
    Lc.head = pc = La.head;                      // 用 La 的头结点作为 Lc 的头结点
    while(pa&&pb){
      if(pa -> data <= pb -> data){
          pc -> next = pa;pc = pa; pa = pa -> next;
      }
      else {
          pc -> next = pb; pc = pb; pb = pb -> next;
      }
    }
    pc -> next = pa ? pa : pb;                   // 插入链表剩余部分
    delete  Lb.head;                             // 释放 Lb 的头结点
}
```

该算法要从头至为尾扫描两个链表，用一个循环，所以它的时间复杂度是 $O(n)$。

【例 3.6】　演示合并的主程序。

在上例的主程序中增加以下语句：

```
MergeList(A,B,L);
L.PrintList();"
```

则又将分解后的 A 和 B 重新组合成链表 L 并输出 "a b c d e f g h i"。

3. 单循环链表

单循环链表是链式存储结构的另一种形式。其特点是单链表中最后一个结点（终端结点）的指针域不为空，而是指向链表的头结点，使整个链表构成一个环。因此，从表中任一结点开始都可以访问表中其他结点。这种结构形式的链表称为**单循环链表**。类似地，还可以有多重链的循环链表。

在单循环链表中，为了使空表和非空表的处理一致，需要设置头结点。非空的单循环链表如图 3-8 所示。

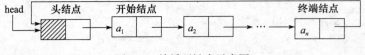

图 3-8　单循环链表示意图

单循环链表的结点类型与单链表完全相同，在操作上也与单链表基本一致，差别仅在于算法中循环的结束判断条件不再是 p 或 p -> next 是否为空，而是它们是否等于头指针。

在用头指针表示的单循环链表中，查找任何结点都必须从开始结点查起，而在实际应用中，表的操作常常会在表尾或表头进行，此时若用尾指针表示单循环链表，可使某些操作简化。仅设尾指针的单循环链表如图 3-9 所示。

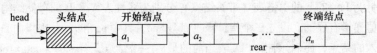

图 3-9　仅设尾指针的单循环链表示意图

下面例子实现的"InsertList"函数是针对结点数据域为整型的情况,且按从大到小顺序排列的头结点指针为 L 的非空单循环链表,插入一个结点 s(其数据域为 x)至单循环链表的适当位置,使之保持链表的有序性。

【分析】 要解决这个算法问题,首先就是要解决"查找插入位置"问题,查找就要循环,而单循环链表的循环是判断结点的指针域是否等于头指针。另外,由于链表是递减有序的,在查找插入位置时,循环条件要加上结点值是否大于要插入的结点值,所以,若用 q 指向表中当前结点,那么循环条件应该是"q –> data > x && q! = L",还要使用一个指针 p 指向插入位置的前驱结点。因此,实现本功能的算法如下:

```
template < class T >
void InsertList(LinkList < T > &L, int x)
{
    ListNode < T > *s,*p,*q;
    s = new ListNode < T >;                    // 申请结点存储空间
    s -> data = x;
    p = L.head;
    q = p -> next;                             // q 指向开始结点
    while(q -> data > x && q! = NULL){         // 查找插入位置
        p = q;                                 // p 指向 q 的前驱结点
        q = q -> next;                         // q 指向当前结点
    }
    p -> next = s;                             // 插入 s 结点
    s -> next = q;
}
```

该算法在最好情况下,也就是插入在第一个结点前面,循环一次也不执行;在最坏情况下,即插在最后一个结点之后,循环执行 n 次。因此,该算法的时间复杂度为 $O(n)$。

【例 3.7】 演示插入单循环链表的主程序。

```
#include < iostream >
using namespace std;
#include "LList.h"

void main()
{
    LinkList < char > L;
    L.CreateList();
    L.PrintList();
    InsertList(L,'6');  InsertList(L, '8');
    L.PrintList();
}
```

运行示范如下:

```
9754321
9 7 5 4 3 2 1
9 8 7 6 5 4 3 2 1
```

3.3.4 双向链表

1. 双向链表的类定义

以上讨论的单链表和单循环链表的结点中只设一个指向其直接后继的指针域,因此,从某个结点出发只能顺着指针向后访问其他结点。若需要查找结点的直接前驱，则需要从头指针开始查找某结点的直接前驱结点。如若希望从表中快速确定一个结点的直接前驱，只要在单链表的结点类型中增加一个指向其直接前驱的指针域 prior 即可。这样形成的链表中有两条不同方向的链，因此称为**双向链表**。双向链表及其结点类类型定义如下：

```cpp
// DList.h
template < class T >
class DLinkList;
template < class T >
class DLNode {                                      // 结点类定义
    public:
        friend class DLinkList < T >;
    private:
        T data;                                     // 结点数据域
        DLNode < T > *prior, *next;                 // 两个结点指针域
};
template < class T >
class DLinkList {
    public :
        DLinkList( ) ;                              // 构造函数初始化双向链表
        bool ListEmpty( ){retuen head -> prior == head -> next;}
                                                    // 判断链表是否为空
        int  ListLength( );
        bool GetElem(int i,T &x);                   // 第 i 个元素值存入 x 中
        DLNode < T > *LocateElem(T x);              // 返回 x 在表中的序号
        void InsertNode(int i, T x);                // 在第 i 个结点之前插入 x
        void InsertNode1(DLNode < T > *p, T x);     // 在 p 指向的结点之前插入 x
        void DeleteNode(int i,T &x);                // 删除第 i 个结点,值存到 x
        void DeleteNode1(DLNode < T > *p,T &x);     // 删除 p 指向的结点,值存到 x
        void PrintDList( );                         // 输出链表
    private :
        DLNode < T > *head;                         // 链表头指针
};
```

同单链表类的定义类似，类中说明了双向链表的各种操作成员函数。双向链表一般也是由头指针 head 唯一确定，为了某些操作运算的方便，双向链表也增设了一个头结点，若将尾结点和头结点链接起来就构成了循环链表，称为**双循环链表**。我们通常所讨论的往往是这种双循环链表，其结点结构、空双循环链表和非空双循环链表分别如图 3-10a、b 和 c 所示。

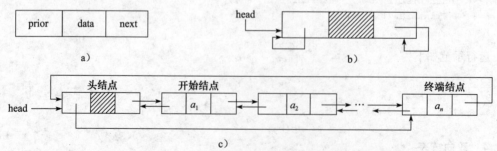

图 3-10 双循环链表示意图

2. 双循环链表的操作

由于在类定义中只给出了各种双向链表运算函数的说明，而这些函数还必须在类体外加以定义（即实现）。因此，要实现对双循环链表的操作，必须按如下方式定义相关的成员函数。

（1）双循环链表初始化（构造函数）

初始化功能是由类中的构造函数实现的，只要申请一个结点空间，使其前驱和后继指针都指向头结点即可。所以构造函数定义如下：

```
template < class T >
DLinkList < T > ::DLinkList()
{    head = new DLNode < T >;
     head -> prior = head -> next = head;
}
```

（2）双循环链表的插入和删除

由例3.6可知，在单链表上给定结点前插入一个新结点，必须使用一个指针指向给定结点的直接前驱，由于单链表是单向的，因此需要从表头开始向后搜索链表才能找到已知结点的直接前驱。同理，在单链表上删除给定结点的运算也存在这样的问题。而双向链表既有向前链接的链，也有向后链接的链，所以在链表上进行结点的插入和删除操作时就显得十分方便。例如，在双向链表的给定结点前插入一结点的操作过程如图3-11所示。

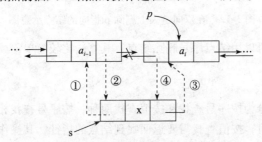

图3-11　在双向链表上 p 指向的结点之前插入新结点 ∗s 示意图

设 p 为给定结点的指针，x 为待插入结点的值，其实现算法如下：

```
template < class T >
void DLinkList < T > ::InsertNode1(DLNode < T > *p,T x)
{    // 将值为 x 的新结点插到带头结点的双向链表中指定结点 p 之前
     DLNode < T > *s = new DLNode < T >;                    // 申请新结点
     s -> data = x;     s -> prior = p -> prior;
     s -> next = p;    p -> prior -> next = s;
     p -> prior = s;
}
```

如果使用结点序号进行插入操作，其算法如下：

```
template < class T >
void DLinkList < T > ::InsertNode(int i,T x)
{    // 在第 i 个结点之前插入值为 x 的结点
     DLNode < T > *p, *s = new DLNode < T >;                // 申请新结点
     s -> data = x;    p = head; int j = 0;
     while(p && j < i){
          j ++;   p = p -> next;
     }
     s -> prior = p;s -> next = head;
```

```
      p -> next = s;
}
```

因为不再需要用循环找到指向删除结点的前驱结点的指针，所以在双向链表上删除指定结点 p 的算法更为简单，其删除操作过程如图 3-12 所示，其删除操作实现如下：

```
template < class T >
void DLinkList < T > ::DeleteNode1 (DLNode < T > *p,T &x)
{   // 删除带头结点的双向链表中的指定结点 p
    p -> prior -> next = p -> next;
    p -> next -> prior = p -> prior;
    x = p -> data;       delete p;
}
```

注意：与单链表的插入和删除操作不同的是，在双向链表中进行结点插入和删除时，必须同时修改两个方向上的指针。

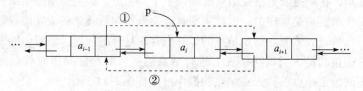

图 3-12   在双向链表上删除 p 指向的结点示意图

同单链表一样，还可以用结点序号删除结点，其算法比较简单，读者可以自己去实现，这里不再描述。

（3）双向链表的查找

双向链表的查找也分为按序号查找和按值查找两种，按序号查找相对简单些，只需要用一个计数器计数和判断即可，按值查找需要返回找到结点的指针，其操作实现如下。

```
template < class T >
DLNode < T > *DLinkList < T > ::LocateElem (T x)
{   // 按值查找
    DLNode < T > *p = head -> next;
    while (p! = head && p -> data! = x)
        p = p -> next;
    return p;
}
```

（4）双向链表的遍历输出

```
template < class T >
void DLinkList < T > ::PrintDList ( )
{   DLNode < T > *p = head -> next;
    while (p! = head) {
        cout << p -> data << "  ";
        p = p -> next;
    }
    cout << endl;
}
```

【例 3.8】   编程实现双循环链表的建立、插入、删除、查找及输出等操作。

假设在前面定义的双向链表类及相关成员函数的实现都存储在头文件 DList.h 中，则编写实现题目要求的主函数程序如下：

```
#include<iostream.h>
#include<DList.h>
void main()
{    DLNode<int> *p;  int k,j;
     DLinkList<int> DL;                      // 创建一个空的双循环链表
     for(k=0,j=2;k<5;k++,j=j+2)
          DL.InsertNode(k,j);                // 建立5个元素(2,4,6,8,10)的双循环链表
     DL.PrintDList();                        // 显示输出链表
     p=DL.LocateElem(8);                     // 查找元素值为8的结点
     DL.InsertNode1(p,7);                    // 在p指向的结点之前插入值为7的结点
     DL.PrintDList();                        // 遍历输出链表
     p=DL.LocateElem(6);                     // 查找元素值为6的结点
     DL.DeleteNode(p,k);                     // 删除第3个结点
     DL.PrintDList();                        // 遍历输出链表
     p=DL.LocateElem(10);                    // 结点值为10的结点地址赋给p
     DL.DeleteNode1(p,k);                    // 删除p指向的结点
     DL.PrintDList();                        // 遍历输出链表
}
```

编译执行上述程序，输出结果如下：

```
2  4  6  8  10
2  4  6  7  8  10          // 插入7之后的表
2  4  7  8  10             // 删除第3个结点后的表
2  4  7  8                 // 删除p指向的结点，即值为10的结点
```

3.4　顺序表和链表的比较

前两节用了较大的篇幅介绍线性表的两种存储结构：顺序存储结构（顺序表）和链式存储结构（链表）。这两种存储表示各有特点：顺序表结构可以随机存取表中任一元素，它的存储位置可用一个简单的公式来表示，然而，在做插入和删除操作时，需要移动大量元素；而链式存储结构则可克服在做插入和删除操作时移动大量元素的问题，但它却失去了随机访问的特点。那么在实际应用中，究竟选择哪种存储结构呢？这就要根据具体问题的要求和性质来决定。通常从两方面性能来比较。

1. 时间性能

在实际问题中，对线性表的操作如果经常是查找运算，那么以顺序存储结构为宜。因为顺序存储是一种随机存取结构，可以随机访问任一结点，访问每个结点的时间代价是一样的，即每个结点的存取时间复杂度均为 $O(1)$。而链式存储结构必须从表头开始沿链逐一访问各结点，其时间复杂度为 $O(n)$。

如果经常进行的运算是插入和删除运算，则以链式存储结构为宜。因为顺序存储结构做插入和删除操作需要移动大量结点，而链式存储结构只需要修改相应的指针。

2. 空间性能

顺序表的存储空间是静态分配的，在应用程序执行之前必须给定空间大小。若线性表的长度变化较大，则其存储空间很难预先确定，设置过大将产生空间浪费，设定过小会使空间溢出，因此，对数据量大小能事先知道的应用问题，适合使用顺序存储结构。而链式存储是动态分配存储空间，只要内存有空闲空间，就不会产生溢出，因此，对数据量变化较大的动态问题，适合使用链式存储结构。

对于线性表结点的存储密度问题，也是选择存储结构的一个重要依据。所谓**存储密度**，就是结点空间的利用率，它的计算公式为：

存储密度 =（结点数据域所占空间）/（整个结点所占空间）

一般来说，结点存储密度越大，存储空间的利用率就越高。显然，顺序表结点的存储密度是 1，而链表结点的存储密度肯定小于 1。例如，若单链表结点数据域为整型数，指针所占的存储空间和整型数相同，则其结点的存储密度为 50%。因此，若不考虑顺序表的空闲区，则顺序表的存储空间利用率为 100%，远高于单链表的结点存储密度 50%。

不过需要引起注意的是，C++ 提供的矢量数组，其长度不是固定不变的，可以在使用中根据需要扩充长度，这为顺序存储结构扩充了空间。

实验3　实现一元多项式的加法运算

一元多项式的运算包括加、减和乘法，而多项式的减法和乘法都可以用加法来实现，因此，本实验主要练习实现最基本的运算，即一个多项式的加法运算。

习题3

一、问答题

（1）什么是线性表？线性表的逻辑特征是什么？

（2）顺序表的特点是什么？顺序表上插入和删除一个结点的平均移动次数各是多少？

（3）链表中，头指针、头结点、开始结点各表示什么？有什么区别？

（4）如何判断一个指针变量是指向单链表、单循环链表、双循环链表的表尾结点的？在单链表中，又是如何访问指针变量 p 所指结点的直接前驱结点的？

（5）简述如何分解或合并两个有序链表。

二、单项选择题

（1）在长度为 n 的顺序表的第 i（$1 \leqslant i \leqslant n+1$）个位置上插入一个元素，元素的移动次数为_____。

    A. $n-i+1$　　　　　B. $n-i$　　　　　C. i　　　　　D. $i-1$

（2）如若一个顺序表中第一个元素的存储地址为 1000，每个元素占 4 个地址单元，那么，第 6 个元素的存储地址应是_____。

    A. 1020　　　　　B. 1010　　　　　C. 1016　　　　　D. 1024

（3）带头结点的单链表（以 head 为头指针）为空的判断条件是_____。

    A. head! = NULL　　　　　　　　　B. head -> next == head

    C. head -> next == NULL　　　　　D. head == NULL

（4）在单循环链表中，p 指向表中任一结点，判断表不是访问结束的条件是_____。

    A. p! = NULL　　　　　　　　　　B. p! = head

    C. p -> next! = head　　　　　　　D. p -> next! = NULL

（5）在一个单链表中，已知 q 指向 p 所指向结点的前驱结点，若在 q、p 所指结点之间插入一个 s 所指向的新结点，则执行的操作是_____。

    A. q -> next = s; s -> next = p;

    B. p -> next = s; s -> next = q;

    C. s -> next = p -> next; p -> next = s;

    D. p -> next = s -> next; s -> next = p;

(6) 在一个单链表中，若删除 p 所指向结点的后续结点，则执行的操作为_____。

    A. q = p -> next; p -> next = p -> next -> next; free(q);

    B. p = p -> next; q = p -> next; p = q -> next; free(q);

    C. q = p -> next -> next; p = p -> next; free(q);

    D. p = p -> next -> next; q = p -> next; free(q);

三、填空题

(1) 在一个长度为 n 的顺序表中，删除表中第 i 个元素需要向前移动_____个元素。

(2) 在顺序表中插入或删除一个元素，需要平均移动_____个元素，具体移动的元素个数与_____有关。

(3) 顺序表中逻辑上相邻的元素，在物理存储位置上_____相邻，链表结构中逻辑上相邻的元素在物理位置上_____相邻。

(4) 已知顺序表中一个元素的存储位置是 x，每个元素占 c 个字节，求其后续元素的存储位置的计算公式为_____，而已知单链表中某一结点由 p 指向，求其后续结点存储地址的操作为_____。

(5) 在用 p 指针访问单链表时，判断不是访问结束的条件是_____，在访问单循环链表时，判断不是访问结束的条件是_____。

(6) 已知 p 指向双向链表的中间某个结点，从给定的操作语句中选择合适的填空回答下面的问题。

    ①在 p 结点后插入 s 结点的语句序列是_____。

    ②在 p 结点前插入 s 结点的语句序列是_____。

    ③删除 p 结点的直接后继结点的语句序列是_____。

    ④删除 p 结点的直接前驱结点的语句序列是_____。

    ⑤删除 p 结点的语句序列是_____。

    A. p -> next = s;   B. p -> prior = s;

    C. s -> next = p;   D. s -> prior = p;

    E. p -> next = p -> next -> next;   F. p -> prior = p -> prior -> prior;

    G. p -> next -> prior = s;   H. p -> prior -> next = s;

    I. s -> next = p -> next;   J. q = p -> next;

    K. q = p -> prior;   L. free(p);

    M. dispose(q);   N. s -> prior = p -> prior;

    O. p -> prior -> next = p -> next; P. p -> prior -> prior -> next = p;

    Q. p -> next -> next -> prior = p; R. p -> next -> prior = p -> prior;

(7) 下面是一个在带头结点的单链表 head 中删除所有数据域值为 x 的结点的算法，但不完善，请在空出的地方填上适当的语句，使之成为完整的算法。

```
void DeleX(LinkList head,DataType x)
{ LinkNode *p,*q,*s;
  p = head; q = p -> next;
  while(q! = NULL)
    if(q -> data == x){
        s = q;      q = q -> next;
        free(s); _____①_____ ;
    }
    else {
```

```
        p = q;  _____②_____;
    }
}
```

四、算法设计题

（1）设有两个顺序表 A 和 B，且都递增有序，试写一算法，从 A 中删除与 B 中相同的元素（也就是计算 A − B）。

（2）已知 head 是指向一个带头结点的单链表的头指针，p 指向该链表的任一结点，试写一算法将 p 所指向的结点与其后续结点位置交换。

（3）已知两单链表 A 和 B 分别表示两个集合，其元素值递增有序，试写一算法求 A 和 B 的交集 C，要求 C 同样以元素值递增的单链表形式存储。

（4）设有一个带头结点的双向循环链表，head 为链表的头指针，试写算法，实现在值为 x 的结点之前插入一个值为 y 的结点。

第4章 栈和队列

栈和队列是两种十分重要的线性结构，它们的逻辑结构和前面介绍的线性表完全相同，只是对其操作运算有一定的限制，故又称它们为操作受限的线性表。栈和队列结构在各种程序设计中被广泛应用。

本章的重点是能够熟练地掌握顺序栈、链栈、循环队列及链队列的存储结构及其基本运算，并能够利用队列或栈设计算法解决简单的应用问题。本章的难点是理解递归算法执行过程中栈的状态变化过程以及循环队列对边界条件的处理方法。

4.1 栈

线性表按存储方式可以分为顺序存储结构和链式存储结构。与线性表一样，栈也分为顺序存储结构和链式存储结构。虽然它们的构成原理一样，但这两种不同的存储方式所采取的算法是不同的，所以学习时要注意区分两者的异同。

4.1.1 栈的定义及抽象数据类型

栈（stack）是限定在表的一端进行插入和删除运算的线性表，通常将插入、删除的一端称为**栈顶**（top），另一端称为**栈底**（bottom）。不含元素的空表称为**空栈**。

根据上述栈的定义，每次删除（退栈）的总是当前栈中最后插入（进栈）的元素，而最先插入的元素在栈底，所以要到最后才能删除。例如，对于栈 $S = (a_1, a_2, \cdots, a_n)$，若栈中元素按 $a_1, a_2, \cdots, a_n$ 的次序进栈，其中 a_1 为栈底元素，a_n 为栈顶元素，则退栈的次序是 $a_n, a_{n-1}, \cdots, a_1$。也就是说，栈的修改是按后进先出的原则进行的（如图 4-1 所示）。因此，栈又称为**后进先出**（Last In First Out, LIFO）表。

栈的基本运算除了在栈顶进行插入或删除运算外，还有栈的初始化、判栈空及取栈顶元素等运算。因此，栈的抽象数据类型定义如下。

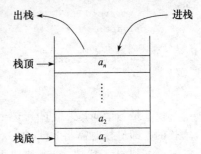

图 4-1　栈的示意图

```
ADT Stack {
    数据对象及关系
        栈顶，元素线性表，最大栈顶值
    数据对象的基本运算
        InitStack()，创建一个空栈；
        StackEmpty()，如果栈为空，则返回 true，否则返回 false；
        StackFull()，若栈为满栈，则返回 true，否则返回 false；
        GetTop(x)，取栈顶元素值存入 x 中；
        Push(x)，将元素 x 插入栈顶；
```

Pop(x)，将栈顶元素删除，并将栈顶元素存入 x。

} //ADT Stack

上述类型中描述的运算仅仅是栈的基本运算，不是其全部运算。对不同问题的栈，所需要的运算可能也不相同。对于实际问题中涉及的其他更为复杂的运算，可用基本运算的组合来实现。

4.1.2 栈的存储表示和实现

1. 栈的顺序存储结构

栈的顺序存储结构简称为**顺序栈**。由于栈是运算受限的线性表，因此线性表的存储结构对栈也适用。类似于顺序表的定义，顺序栈也是用 C++语言的数组来实现的。因为栈底位置是固定不变的，所以可以将栈底位置设置在数组的最低端（即下标为 0）。栈顶位置是随着进栈和退栈操作而变化的，故需用一个整型量 top 来指示当前栈顶位置，通常称 top 为栈顶指针。因此，顺序栈的类型定义只需将顺序表类型定义中的长度属性 length 改为 top，将类的名称 SeqList 改为 SeqStack 即可。假设头文件为 seqstack.h，则顺序栈类定义如下：

```
// seqstack.h
template < class T >
class SeqStack{
    public:
        SeqStack(int MaxStackSize =100);
        ~SeqStack(){delete [] stack;}          // 析构函数,释放栈空间
        bool StackEmpty(){return top == -1;}
        bool StackFull(){return top == StackSize;}
        T GetTopElem();                        // 取栈顶元素
        void Push(T x);                        // 元素入栈
        void Pop(T &x);                        // 元素出栈
    private:
        int top;                               // 栈顶指针
        int StackSize;                         // 栈最大下标值
        T *stack;                              // 栈元素指针,用来分配动态存储空间
};
```

设 S 是 SeqStack 类型的顺序栈。S.stack [0] 是栈底元素，那么栈顶 S.stack[top] 是正向增长的，即进栈时需将 S.top 加 1，退栈时需将 S.top 减 1。因此，S.top < 0 表示空栈，S.top = StackSize – 1 表示栈满。当栈满时再做进栈运算必定产生空间溢出，简称"**上溢**"；当栈空时再做退栈运算也将产生溢出，简称"**下溢**"。

【**例 4.1**】 对于一个栈的输入序列 abc，试写出全部可能的输出序列。

【**分析**】 因为栈是受限在一端输入或输出，而且有"后进先出"的特点，所以本题有如下几种情况：

①a 进	a 出	b 进	b 出	c 进	c 出	产生输出序列 abc
②a 进	a 出	b 进	c 进	c 出	b 出	产生输出序列 acb
③a 进	b 进	b 出	a 出	c 进	c 出	产生输出序列 bac
④a 进	b 进	b 出	c 进	c 出	a 出	产生输出序列 bca
⑤a 进	b 进	c 进	c 出	b 出	a 出	产生输出序列 cba

因此，本题的答案是：abc，acb，bac，bca，cba。

【例 4.2】 设一个栈的输入序列为 1, 2, 3, 4, 5, 则下列序列中不可能是栈的输出序列的是（　　）。

A. 1, 2, 3, 4, 5

B. 5, 4, 3, 2, 1

C. 2, 3, 4, 5, 1

D. 4, 1, 2, 3, 5

【分析】 像这类题目, 首先要知道栈的操作规则, 即后进先出; 其次要排除可能的输出序列, 那么, 剩下的当然就是不可能的输出序列。例如该题就是按照入栈退栈的规则——排除可能的序列: 序列 A 是很显然的, 因为 1 进 1 出, 2 进 2 出, …, 故得到出栈序列 1, 2, 3, 4, 5; 序列 B 也是显然的, 先 1, 2, 3, 4, 5 入栈, 出栈是 5, 4, 3, 2, 1; 再者是序列 C, 其操作是 1, 2 进栈, 2 出栈, 3 进 3 出, 4 进 4 出, 5 进 5 出, 最后 1 出栈; 因此本题的答案是 D。这种解题方法称为排除法。

2. 顺序栈上实现的基本运算

（1）置空栈（Stack 类的构造函数）

```
template < class T >
SeqStack < T > ::SeqStack(int MaxStackSize)
{   // 分别给 3 个私有成员置初值
    top = -1;
    StackSize = MaxStackSize - 1;
    stack = new T[MaxStackSize];              // 动态分配栈空间
}
```

（2）取栈顶元素

```
template < class T >
T SeqStack < T > ::GetTopElem()
{   // 返回栈顶元素值
    if(StackEmpty()){
        cout << "空栈,退出取栈顶元素操作!" << endl;
        return T(-1);                          // 出错标志,返回数据类型为 T
    }
    else   return stack[top];
}
```

（3）进栈（入栈）

```
template < class T >
void SeqStack < T > ::Push(T x)
{   // 元素 x 入栈
    if(StackFull()){
        cout << "栈已满,退出入栈操作!" << endl;
        return;                                // 出错退出
    }
    else
        stack[++top] = x;
}
```

（4）退栈（出栈）

```
template < class T >
void SeqStack < T > ::Pop(T &x)
{   // 删除栈顶元素,值存入 x 中
        if(StackEmpty()){
            cout << "空栈,退出删除操作!" << endl;
            return;                            // 出错退出
```

```
        }
        else
            x = stack[top--];
}
```

【例 4.3】 编写一个主函数演示顺序栈的相关操作。

```
#include <iostream>
using namespace std;
#include "seqstack.h"
void main()
{
    char ch,i;
    SeqStack <char> S;                          // 创建最多可存储100个字符的顺序栈 S
    cout << S.GetTopElem() << endl;             // 输出栈顶元素(因是空栈,故将给出出错信息)
    for(i = 'a';i <= 'd';i ++)                  // 按 abcd 顺序入栈
        S.Push(i);
    cout << "栈顶元素为"
        << S.GetTopElem() << endl;              // 输出栈顶元素 d
    for(i = 0;i < 4;i ++){                       // 出栈顺序为 dcba
        S.Pop(ch);
        cout << ch << "  ";
    }
    cout << endl;
    S.Pop(ch);                                  // 此时已是空栈,故将给出出错信息
    cout << ch << endl;                         // ch 里还是原来的字符 a,故该语句输出 a
}
```

程序输出结果如下:

```
空栈,退出取栈顶元素操作!

栈顶元素为 d
d  c  b  a
空栈,退出删除操作!
a
```

因为顺序栈必须预先分配存储空间,所以在应用中必须考虑溢出问题。另外,在实际应用中还可能同时使用多个栈,为了防止溢出,需要为每个栈分配一个较大的空间,这样做往往会产生空间上的浪费,因为当某一个栈发生溢出时,其余的栈还可能有很多的未用空间。如果将多个栈分配在同一个顺序存储空间内,即让多个栈共享存储空间,则可以相互进行调节,既节约了空间,又可降低发生溢出的频率。

当程序中同时使用两个栈时,可以将两个栈的栈底分别设在顺序存储空间的两端,让两个栈顶各自向中间延伸。当一个栈中的元素较多而栈使用的空间超过共享空间的一半时,只要另一个栈中的元素不多,就可以让第一个栈占用第二个栈的部分存储空间。只有当整个存储空间被两个栈占满时(即两栈顶相遇),才会产生溢出。

3. 栈的链式存储结构及基本操作

为了克服这种由于顺序存储分配固定空间所产生的溢出和空间浪费问题,可以采用链式存储结构来存储栈。栈的链式存储结构称为**链栈**。它的运算是受限的单链表,其插入和删除操作仅限在表头位置(栈顶)进行,因此不必设置头结点,将单链表的头指针 head 改为栈顶指针 top 即可。因此,链栈的结点类定义如下:

```
// linkstack.h
template < class T >
class LinkStack;                          // 链栈类的声明
template < class T >
class StackNode {                         // 结点类定义
  public:
    friend class LinkStack < T >;
  private:
    T data;                               // 结点数据域
    StackNode < T > *next;                // 结点指针域
};
```

为了使得链栈类 LinkStack 中的所有成员函数都能访问结点类中的私有成员，可以在结点
类 StackNode 的定义中将 LinkStack 说明为友元类，又因为链栈类是后定义先使用的，所以在前
面要给出 LinkStack 类的声明。

同链表类定义类似，链栈的类类型定义如下：

```
template < class T >
class LinkStack {
    public :
      LinkStack() { top = NULL;}          // 默认构造函数,置空栈
      ~LinkStack();                       // 析构函数,删除链栈
      bool StackEmpty()
      {retuen top == NULL;}               // 判断栈空
      void Push(T x);                     // 将元素 x 入栈
      void Pop(T &x);                     // 删除栈顶结点,值存到 x
      T GetTop();                         // 取栈顶元素
    private :
      StackNode < T > *top;               // 指向栈顶结点的指针
};
```

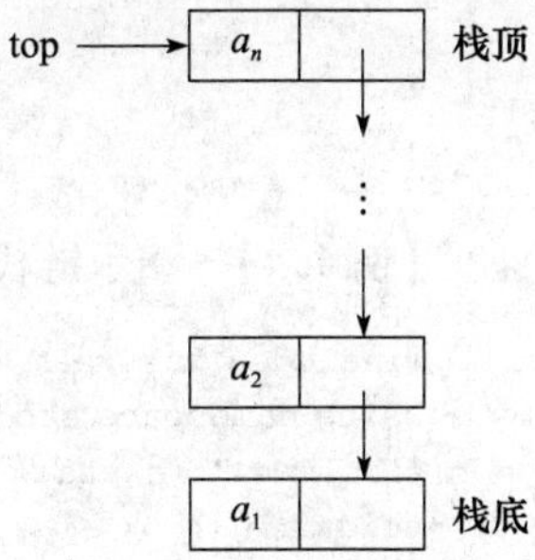

图 4-2　链栈结构示意图

由于链栈是限制在表头一端（即栈顶）进行插入和删除的单链
表，因此链栈的运算要比单链表的运算简单得多。链栈的结构如
图 4-2 所示。

下面给出链栈上相应的基本运算。

（1）入栈（进栈）

```
template < class T >
void LinkStack < T > ::Push(T x)
{    // 将元素 x 插入栈顶。注意:入栈没限制
     StackNode < T >*p;
     p = new StackNode < T >;             // 申请新结点
     p -> data = x;
     p -> next = top;                     // 将新结点*p 插入栈顶
     top = p;                             // 使 top 指向新的栈顶
}
```

（2）取栈顶元素

```
template < class T >
T LinkStack < T > ::GetTop( )
{
   if(StackEmpty()) {
      cout << "空栈,退出取栈顶元素操作!" << endl;
      return -1;                          // 出错标志
```

```
    }
    else
        return top -> data;                              // 返回栈顶结点值
}
```

（3）出栈（退栈）

```
template < class T >
void LinkStack < T > :: Pop(T &x)
{
    StackNode < T > *p = top;                            // 保存栈顶指针
    if(StackEmpty()) {
        cout << "空栈,退出出栈操作!" << endl;
        return;                                          // 出错退出操作
    }
    else {
        x = p -> data;                                   // 保存删除结点值
        top = p -> next;                                 // 栈顶指针指向下一个结点
        delete p;                                        // 释放 p 所指向结点的空间
    }
}
```

（4）删除链栈（析构函数）

```
template < class T >
LinkStack < T > :: ~ LinkStack()
{
    StackNode < T > *s;
    while(top) {
        s = top -> next;
        delete top;
        top = s;
    }
}
```

【例 4. 4】 演示链栈的主程序。

```
#include < iostream >
using namespace std;
#include "linkstack.h"
void main()
{
    char ch,i;
    LinkStack < char > S;                                // 创建最多可存储100 个字符的顺序栈 S
    cout << S.GetTop() << endl;                          // 输出栈顶元素(因是空栈,故将给出出错信息)
    for(i = 'a';i <= 'd';i ++)                           // 按 abcd 顺序入栈
        S.Push(i);
    cout << "栈顶元素为"
         << S.GetTop() << endl;                          // 输出栈顶元素 d
    for(i = 0;i < 4;i ++){                               // 出栈顺序为 dcba
        S.Pop(ch);
        cout << ch << "  ";
    }
    cout << endl;
    S.Pop(ch);                                           // 此时已是空栈,故将给出出错信息
    cout << ch << endl;                                  // ch 里还是原来的字符 a,故该语句输出 a
}
```

程序输出结果参见例 4.3，这里不再赘述。

4.2 栈应用实例

栈的应用非常广泛，只要问题满足 LIFO 原则，都可使用栈作为数据结构。例如，在程序设计语言的编译系统中，经常需要对输入算术表达式进行语法检查，如判断括号是否匹配、表达式的运算等问题。下面将举几个栈应用的例子，在后面的章节中还经常会借助于栈来解决各种问题。

4.2.1 圆括号匹配的检验

对于输入的一个算术表达式字符串，试写一算法判断其中圆括号是否匹配，若匹配则返回 true，否则返回 false。

本例题可利用栈的操作来实现：循环读入表达式中的字符，如遇左括号"（"就进栈；遇右括号"）"，则判断栈为空，若为空，则返回 false，否则退栈；循环结束后再判断栈是否为空，若栈空则说明括号匹配，否则不匹配。其实现算法如下：

```
#include <iostream>
using namespace std;
#include "seqstack.h"                       // 顺序栈的头文件
bool Expr()                                 // 定义匹配检验函数
{
    SeqStack <char> S;
    char x,ch = getchar();
    while(ch! = '\n'){
      if(ch == '(')
        S.Push(ch);                         // 遇左括号进栈
      else
        if(ch == ')')
           if(S.StackEmpty()) return false;
        else S.Pop(x);                      // 遇右括号退栈
      ch = getchar();                       // 读入下一个字符
    }// end of while
    if(S.StackEmpty()) return true;
    else               return false;
}
void main()
{   cout << Expr();  }
```

程序演示运行示范如下：

```
4 +5*((6*2) +3
0
4 +5*((6*2) +3)
1
```

4.2.2 字符串回文的判断

利用顺序栈的基本运算，试设计一个算法，判断一个输入字符串是否具有中心对称性（也就是所谓的"回文"，正读和反读均相同的字符序列），例如 ababbaba，abcba 都是中心对称的字符串。

【分析】 所谓"中心对称",首先要知道中心在哪儿,有了中心位置之后,就可以从中间向两头进行比较,若完全相同,则该字符串是中心对称的,否则不是。这就要首先求出字符串串的长度,然后将前一半字符入栈,再利用退栈操作将其与后一半字符进行比较。因此,可设计计算法和演示程序如下:

```
#include <iostream>
using namespace std;
#include "seqstack.h"                    // 顺序栈的头文件
int symmetry(char str[])
{
    SeqStack <char> S;                   // 创建一个空的顺序栈
    int j,k,i=0;
    char ch;
    while(str[i]!='\0') i++;             // 求串长度
    for(j=0;j<i/2;j++)
        S.Push(str[j]);                  // 前一半字符入栈
    k=(i+1)/2;                           // 后一半字符在串中的起始位置
    for(j=k;j<i;j++) {                   // 后一半字符与栈中字符比较
        S.Pop(ch);
        if(str[j]!=ch)
            return 0;                    // 有不相同字符,即不对称
    }
    return 1;                            // 完全相同,即对称
}
void main()                             // 演示主程序
{
    char str[19]="abcdeadcba";
    char str1[10]="ababbaba";
    char str2[12]="abcba";
    cout <<symmetry(str) <<endl;        // 输出 0
    cout <<symmetry(str1) <<endl;       // 输出 1
    cout <<symmetry(str2) <<endl;       // 输出 1
}
```

4.2.3 数制转换

将一个非负的十进制整数 N 转换成 d 进制数的运算是计算机实现计算的基本问题,这个问题的解决方法很多,其中最简单的一种方法基于原理 $N = (N/d) * d + N\%d$。

例如,$(3553)_{10} = (6741)_8$,其运算过程如下:

N	$N/8$	$N\%8$
3553	444	1
444	55	4
55	6	7
6	0	6

这个例子是把十进制数转换成八进制数,而将一个非负的十进制数转换成任意的 d 进制数,原理都是一样的。由于上述计算过程是从低位到高位顺序产生八进制的各个数位,而打印输出一般应从高位到低位进行,正好与计算过程相反。因此,如果将计算过程中得到的八进制数或其他进制数的各位数字顺序进栈,则按出栈序列顺序打印输出得到的数,就是输入数所对

应的八进制数或其他进制数。下面给出这种转换算法和演示程序。

```cpp
#include <iostream>
using namespace std;
#include "seqstack.h"                              // 顺序栈的头文件
void conversion(int N, int d)
{   // 将一个非负的十进制数 N 转换成任意的 d 进制数
    SeqStack <int> S;
    int i;
    while(N){
        S.Push(N%d);
        N = N / d;
    }
    while(!S.StackEmpty()){
        S.Pop(i);
        cout <<i;
    }
        cout <<endl;
}
void main()
{
        int N(1348),d(8);
        conversion(N,d);                          // 转换结果为 2504
}
```

主程序将十进制数 1348 转换成八进制数 2504，按上述算法，栈的变化情况如图 4-3 所示。

4.2.4 栈与递归

栈还有一个非常重要的应用，即在程序设计语言中实现递归。一个直接调用自己或间接调用自己的函数，称为递归函数。

递归是程序设计中一个强有力的工具，有很多数学问题不用递归计算机是无法解答的，但有的不用递归也可以进行。递归算法

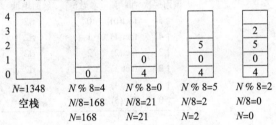

图 4-3 算法运行时栈的变化示意图

的设计一般分为两步：第一步，将规模较大的原问题分解为一个或多个规模较小的而又类似于原问题特性的子问题，即将较大的问题递归地用较小的子问题来描述，解原问题的方法同样可以用来解决子问题；第二步，确定一个或多个不需要分解、可直接求解的最小子问题。第一步称为递归步骤，第二步中的最小子问题称为递归的终止条件。

例如，求 n 的阶乘可递归地定义为：

$$n! = \begin{cases} 1 & n = 0 \\ n(n-1)! & n > 0 \end{cases}$$

2 阶的斐波那契（Fibonacci）数列如下：

$$\text{Fib}(n) = \begin{cases} 0 & n = 0 \\ 1 & n = 1 \\ \text{Fib}(n-1) + \text{Fib}(n-2) & n > 1 \end{cases}$$

而像八皇后、汉诺（Hanoi）塔等问题本身没有明显的递归特征，但用递归求解更简单。

【例 4.5】 假设使用类实现求阶乘算法，试分析算法的递归函数。

```
#include <iostream>
using namespace std;
class Fa {
    public :
          long fact(int n);
};
long Fa::fact(int n)                         // 定义求阶乘的递归函数
{   int temp;
    if(n==0)  return 1;
    else
          temp=n*fact(n-1);                   // 使用标号 r12
    return temp;
}
void main( )                                 // 求解的主函数
{   Fa f;
    int n=5;
    long fn;
    fn=f.fact(n);                            // 使用标号 r11
    cout <<n<<"!=" <<fn<<endl;               // 输出 5! =120
}
```

它的执行过程就必须利用递归工作栈来保存返回地址、中间参数及结果。上面的程序中使用了两个标号 rl1 和 rl2，它们分别表示主函数调用递归函数和递归函数递归调用的返回地址，由此，可用如图 4-4 所示的递归工作栈的变化来描述整个程序的执行过程。

调用层次	调用	参数n	返回地址	temp结果	退栈时计算结果	
↑5	fact(0)	0	rl2	1		↓
↑4	fact(1)	1	rl2	1*fact(0)	1*1=1	↓
↑3	fact(2)	2	rl2	2*fact(1)	2*1=2	↓
↑2	fact(3)	3	rl2	3*fact(2)	2*3=6	↓
↑1	fact(4)	4	rl2	4*fact(3)	4*6=24	↓
↑0	fact(5)	5	rl1	5*fact(4)	5*24=120	返回

图 4-4 系统工作栈递归变化示意图

【例 4.6】 已知函数

$$Fu(n) = \begin{cases} n+1 & n<2 \\ Fu(\lfloor n/2 \rfloor) * Fu(\lfloor n/4 \rfloor) & n \geq 2 \end{cases}$$

试写一个递归算法实现其功能。

【分析】 用递归算法来实现是比较简单的，其算法如下：

```
#include <iostream>
using namespace std;
class Fu{
      int n;
    public:
      float Find(Fu &, int n);
};
float Fu::Find( Fu &a, int n)
{
    if(n<2)      return (n+1);
    else         return a.Find(a,n/2)*a.Find(a,n/4);
}
```

```
void main()
{
    Fu a;
    cout << "fu() = " << a.Find(a,10) << endl;
    cout << "fu() = " << a.Find(a,-10) << endl;
    cout << "fu() = " << a.Find(a,0) << endl;
}
```

程序输出结果如下：

```
fu()=8
fu()=-9
fu()=1
```

以 $n = 10$ 为例，a.Find(a, 10) 的调用和执行过程如图 4-5 所示。

```
0:      a.Find(a,10)=a.Find(a,5)* a.Find(a,2)        // n>=2
1:      a.Find(a,5) = a.Find(a,2)* a.Find(a,1)
2:      a.Find(a,2) = a.Find(a,1)* a.Find(a,0)
3:      a.Find(a,1)=2; a.Find(a,0)=1                 // n<2
4: 因此，a.Find(a,2) = a.Find(a,1)* a.Find(a,0)=2*1=2
5:      a.Find(a,5)= a.Find(a,2)* a.Find(a,1)=2 *2=4
```

图 4-5　递归执行算法过程示意图

最后的结果为 8，体现了栈的"后进先出"特点。

另外，程序设计语言中的函数调用和返回也是利用栈来实现的。例如，图 4-6 所示的就是一个主函数和三个子函数调用、返回及返回地址入栈退栈的变化情况。

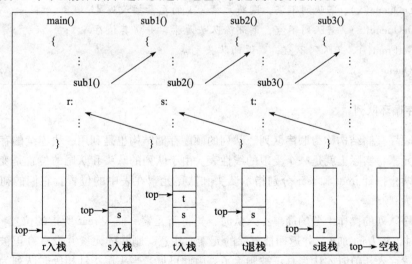

图 4-6　函数调用系统工作栈的进、退栈情况

4.3　队列

队列（queue）像栈一样，也是一种受限的线性表，它只允许在表的一端进行元素的插入，而在另一端进行元素的删除。允许插入的一端称为**队尾**（rear），允许删除的一端称为**队头**（front）。同样，队列也分顺序队列和栈队列。

在队列中，通常把元素的插入称为入队，而元素的删除称为出队。队列概念与现实生活中的排队相似，新来的成员总是加入队尾，排在队列最前面的总是最先离开队列，即先进先出，因此，又称队列为先进先出（First In First Out，FIFO）表。

假设队列 q = (a_1，a_2，…，a_n)，在空队列情况下，依次加入元素 a_1，a_2，…，a_n 之后，a_1 就是队头元素，a_n 则是队尾元素。退出队列也是按此次序进行的，也就是说，只有在 a_1，a_2，…，a_{n-1} 都出队之后，a_n 才能出队。队列的示意图如图4-7所示。

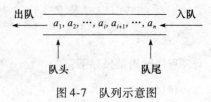

图4-7　队列示意图

4.3.1　抽象数据类型

因为队列是一种特殊的线性表，其插入和删除操作分别在表的两端进行，所以除了给出线性表之外，还必须给出指向表头和表尾的指针，从而实现对表的操作。其运算与栈类似，因此，队列的抽象类型定义如下。

```
ADT Queue {
    数据对象及关系
        队头、队尾指针，队列元素表
    数据对象的基本运算
        InitQueue( )，创建一个空队列；
        QueueEmpty( )，若为空队列，则返回 true，否则返回 false；
        QueueFull( )，若队列满，则返回 true，否则返回 false；
        EnQueue(x)，若队列不满，则将元素为 x 的元素插入队尾；
        DeQueue(x)，若队列不空，则删除队头元素，并将其值存入 x；
        GetFront( )，若队列不空，则返回队头元素。
} //ADT Queue
```

4.3.2　顺序循环队列

队列的顺序存储结构称为**顺序队列**。队列的顺序存储结构也是利用一块连续的存储单元存放队列中的元素，实际上就是一个受限的线性表。由于队列的队头和队尾的位置是变化的，因此需要设置两个指针 front 和 rear 分别指示队头和队尾元素在表中的位置。它们的初值在队列初始化时置为 0。

这种顺序队列的操作十分的简单：入队时，先将新元素 x 插入 rear 所指的位置，再将 rear 加 1；出队时，将 front 加 1，并返回被删除的元素。注意：删除的元素并没有真正被删除，而只有在该位置存入新值时才认为真正被删除了。由此可见，当头尾指针相等时队列为空。在非空队列中，头指针始终指向队头元素，而尾指针却始终指向队尾元素的下一个位置。因此，入队运算可描述为：

```
Q.queue[Q.rear]=x; Q.rear =Q.rear +1;
```

而出队运算描述为：

```
x =Q.queue[Q.front];Q.front =Q.front +1;return x;
```

图 4-6 给出一个入队和出队操作的例子，可用来说明头指针、尾指针和队列中元素之间的

关系。假设队列分配的最大空间为 5，当队列处于图 4-8e 的状态时，如果再继续插入新的元素，就会产生上溢，而出队时空出的一些存储单元无法使用；如若将队列的存储空间定义得太大，会产生存储空间的浪费。

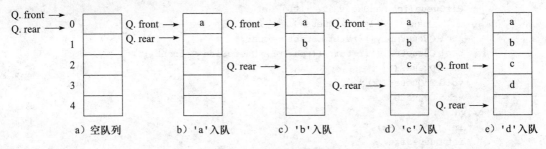

图 4-8　队列入队示意图

为了充分利用数组空间，克服上溢，可将数组空间想象为一个环状空间，如图 4-9 所示，并称这种环状数组表示的队列为**循环队列**。在这种循环队列中进行入队、出队运算时，头尾指针仍然要加 1，只不过当头尾指针指向数组上界（QueueSize − 1）时，其加 1 运算的结果是指向数组下界 0。如果用 i 来表示 Q.front 或 Q.rear，那么，这种循环意义上的加 1 运算可描述为：

```
if(i +1 ==QueueSize)          // i 表示 Q.rear 或 Q.front
    i =0;
else
    i =i +1;
```

可利用求余（%）运算将上述操作简化为：

```
i = (i +1) %QueueSize;
```

在这样定义的循环队列中，出队元素的空间可以被重新利用。所以，一般情况下真正实用的顺序队列是循环队列，即**顺序循环队列**。在循环队列的运算中，要涉及一些边界条件的处理问题。在如图 4-9 所示的循环队列中，由于入队时的队尾指针 Q.rear 向前追赶队头指针 Q.front，出队时头指针向前追赶尾指针，因此，队列无论是空还是满，Q.rear == Q.front 都成立，由此可见，仅凭队列的头尾指针是否相等是无法判断队列是"空"还是"满"的。解决这个问题有多种方法，常用的方法一般有三种：其一是另设一个标志位以区别队列是"空"还是"满"；其二是设置一个计数器记录队列中元素个数；而第三种方法是少用一个元素空间，约定入队前，测试尾指针在循环意义下加 1 后是否等于头指针，若相等则认为队列满，即尾指针 Q.rear 所指向的单元始终为空。下面介绍的有关循环队列的运算都是用第三种方法来实现的。该方法实现的循环队列的存储结构与顺序队列完全一样，因此，我们后面介绍的顺序队列讲的都是顺序循环队列，简称顺序队列。

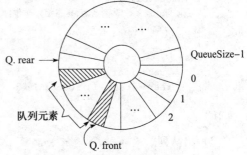

图 4-9　循环队列示意图

循环队列的类类型定义如下：

```
// CirQueue.h
template < class T >
class CirQueue{
    public :
        CirQueue(int MaxQueueSize =100);
        ~CirQueue(){delete []queue;}
        bool QueueEmpty(){return front == rear;}
        bool QueueFull(){return ((rear +1)%QueueSize == front);}
        T GetQueueF();
        void EnQueue(T x);
        void DeQueue(T &x);
    private :
        int front,rear;
        int QueueSize;
        T *queue;
};
```

具体的操作函数实现如下。

（1）置空队列（构造函数）

```
template < class T >
CirQueue < T > ::CirQueue(int MaxQueueSize)
{
        front =0;    rear =0;
        QueueSize =MaxQueueSize;
        queue =new T[QueueSize];
}
```

（2）入队列

```
template < class T >
void CirQueue < T > ::EnQueue(T x)
{   // 插入元素 x 为队列新的队尾元素
    if(QueueFull()){
        cout <<"队列已满,退出插入操作!" <<endl;
        return;                          // 出错退出
    }
    else {
        queue[rear] =x;
        rear = (rear +1) %QueueSize;        // 循环意义下的加 1
    }
}
```

（3）出队列

```
template < class T >
void  CirQueue < T > ::DeQueue(T & x)
{   // 删除队头元素,并带回其值
    if(QueueEmpty()) {
        cout <<"空队列,退出删除队头元素的操作!" <<endl;
        return ;                         // 出错退出操作
    }
    else{
        x =queue[front];                 // 保存待删除元素值
        front = (front + 1) %QueueSize;  // 尾指针加 1
    }
}
```

(4) 取队头元素

```
template < class T >
T GetQueueF()
{    // 获取队头元素值
    if(QueueEmpty()) {
        cout << "空队列,退出取队头元素的操作!" << endl;
        return T(-1);                    // 置出错标志
    }
    else
        return queue[front];            // 带回队头元素值
}
```

【例4.7】 设 Q 是一个有 11 个元素的顺序循环队列，初始状态 Q.front = Q.rear = 0，写出做下列操作后的头指针和尾指针的变化情况，若不能入队，请指出其元素，并说明理由。

①d,e,b,g,h 入队；

②d,e 出队；

③i,j,k,l,m 入队；

④b 出队；

⑤n,o,p,q,r 入队。

【分析】 本题的入队和出队的变化情况是这样的：当元素 d,e,b,g,h 入队后，Q.rear = 5，Q.front = 0；元素 d.e 出队，Q.rear = 5，Q.front = 2；元素 i,j,k,l,m 入队后，Q.rear = 10，Q.front = 2；元素 b 出队后，Q.rear = 10，Q.front = 3；此时让 n,o,p 入队，由于 Q.rear = 2，Q.front = 3，当 q 入队时，(Q.rear + 1)% QueueSize = Q.front，故队列满将产生溢出。为了便于演示，将 EnQueue 函数里加上指示信息。例如：

```
template < class T >
void CirQueue < T >::EnQueue(T x)
{    // 插入元素 x 为队列新的队尾元素
    if(QueueFull()){
        cout << "队列已满,退出插入" << x << "的操作!" << endl;
        return;                          // 出错退出
    }
    else {
        queue[rear] = x;
        rear = (rear +1) %QueueSize;     // 循环意义下的加1
    }
}
```

验证的主程序如下：

```
#include < iostream >
using namespace std;
#include "CirQueue.h"
void main()
{
    char ch;
    CirQueue < char > Q(11);
    Q.EnQueue('d'); Q.EnQueue('e'); Q.EnQueue('b');
    Q.EnQueue('g'); Q.EnQueue('h');
    Q.DeQueue(ch); cout << ch;
    Q.DeQueue(ch); cout << "," << ch << "出队" << endl;
```

```
for(int i ='i'; i <= 'm'; i ++)
        Q.EnQueue(i);
Q.DeQueue(ch); cout << ch <<"出队" <<endl;
for(i ='n'; i <= 'r'; i ++)
        Q.EnQueue(i);
}
```

程序输出结果如下:

```
d,e 出队
b 出队
队列已满,退出插入 q 的操作!
队列已满,退出插入 r 的操作!
```

【例4.8】 设栈 S =(1,2,3,4,5,6,7), 其中 7 为栈顶元素。请写出调用函数 algo(S) 后栈 S 的状态。下面是 algo(S) 函数:

```
void algo(SeqStack <int > & S)
{    int i =1; int x;
     CirQueue <int > Q(10);
     SeqStack <int > T(10);
     while(!S.StackEmpty()){
             if((i %2)!=0){
                     S.Pop(x);  T.Push(x);
             }
             else {
                     S.Pop(x); Q.EnQueue(x);
             }
             i ++;
     }
     while(!Q.QueueEmpty()){
             Q.DeQueue(x);  S.Push(x);
     }
     while(!T.StackEmpty()){
             T.Pop(x);  S.Push(x);
     }
}
```

【分析】 函数的第一个循环的作用是当栈 S 不空时, 从栈顶开始, 将栈中元素序号为奇数的压入栈 T 中, 序号为偶数的元素进入队列 Q 中, 循环结束时, S 为空栈, 栈 T 中有元素 7,5, 3,1,1 为栈顶元素, 队列 Q 中有元素 6,4,2, 其中 6 是队头元素; 第二个循环是把队列 Q 中的元素全部压入栈 S 中, 此时的栈 S 中有元素 6,4,2, 其中 2 是栈顶元素; 第三个循环是将栈 T 中的所有元素压入栈 S 中, 因此, 最后的 S =(6,4,2,1,3,5,7), 其中栈顶元素为 7。可以编写一个主函数验证, 其出栈顺序为 7,5,3,1,2,4,6。

下面是验证程序, 注意要包含顺序栈和顺序队列的头文件:

```
#include <iostream >
#include "seqstack.h"                              // 顺序栈的头文件
#include "CirQueue.h"                              // 顺序队列的头文件
using namespace std;
void algo(SeqStack <int > & S);
void main()
{
     int n =0;
```

```
SeqStack < int > S(10);
for(int i =1;i <=7;i ++)
        S.Push(i);
algo(S);                            // 状态为 S =(6,4,2,1,3,5,7)
for(i =0;i <7;i ++){                // 出栈顺序为 7,5,3,1,2,4,6
        S.Pop(n);
        cout <<n <<"  ";
}
cout <<endl;
}
```

4.3.3 链队列

队列的链式存储结构简称为**链队列**。它是一种限制在表头删除和表尾插入的单链表。显然，仅有单链表的头指针是不便在表尾做插入操作的。为此再增加一个尾指针，使其指向链表上的最后一个结点。于是，一个链队列就由一个头指针和一个尾指针唯一确定。同顺序队列定义类似，也将队列的两个指针封装在一起，链队列的类型定义如下：

```
// LinkQueue.h
template <class T >
class LinkQueue;                            // 链队列类的声明
template <class T >
class QueueNode {                           // 结点类定义
    public:
        friend class LinkQueue <T >;
    private:
        T data;                             // 结点数据域
        QueueNode <T > *next;               // 结点指针域
};
template <class T >
class LinkQueue {
    public :
        LinkQueue ( );                      // 默认构造函数,置空队列
        ~LinkQueue ( );                     // 析构函数,删除链队列
        bool QueueEmpty ( ) {retuen front == rear;}  // 判断栈空
        void EnQueue(T x);                  // 将元素 x 入队列
        void DeQueue(T &x);                 // 删除队头结点,值存到 x
        T GetFront ( );                     // 取队头元素
    private :
        QueueNode <T > *front,*rear;        // 分别指向队头、队尾的指针
};
```

链队列一般是不带头结点的，但和单链表类似，为了简化边界条件的处理，在队头结点之前也附加一个头结点，并设队头指针指向此结点，因此，空链队列和非空链队列的结构如图 4-10 所示。

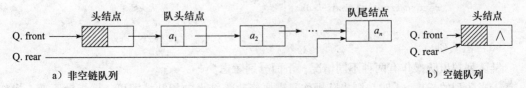

图 4-10 链队列结构示意图

在这里要特别注意队列的队头结点和头结点的区别。下面给出的都是带头结点链队列的基本运算。

（1）置空队列（构造函数）

```
template < ckass T >
LinkQueue < T > :: LinkQueue ( )
{
     front = new QueueNode < T > ;                    // 申请头结点
     rear = front;                                     // 尾指针也指向头结点
     rear -> next = NULL;
}
```

（2）删除链队列（析构函数）

```
template < ckass T >
LinkQueue < T > :: ~ LinkQueue ( )
{
     QueueNode < T > *s;
     s = front;
     While ( front ) {
          s = s -> next;
          delete front;
          front = s;
     }
}
```

（3）入队列

```
template < class T >
void LinkQueuw < T > :: EnQueue ( T   x )
{    // 将元素 x 插入链队列尾部
     QueueNode *p = new QueueNode < T > ;             // 申请新结点
     p -> data = x;
     p -> next = NULL;
     rear -> next = p;                                // *p 链到原队尾结点之后
     rear = p;                                         // 队尾指针指向新的队尾结点
}
```

（4）取队头元素

```
template < class T >
T LinkQueue < T > :: GetFront ( )
{    // 取链队列的队头元素值
     if ( QueueEmpty ( ) ) {
          cout << "链队列为空,退出取队头元素的操作";     // 出错处理
          return T ( -1 );                             // 置出错标志
     }
     else
          return front -> next -> data;                // 返回原队头元素值
}
```

（5）出队列

链队列的出队操作有两种不同情况，下面分别考虑。

①当队列的长度 >1 时，则出队操作只需要修改头结点的指针域即可，尾指针不变，操作步骤如下：

```
s = front -> next;x = s -> data;
front -> next = s -> next;
delete s;return x;                              // 释放队头结点,并返回其值
```

②若列队长度等于1，则出队时不仅要修改头结点指针域，还需修改尾指针：

```
s = front -> next;
front -> next = NULL;
rear = front; x = s -> data;
delete s;return x;// 释放队头结点,并返回其值
```

这样，在写算法时就要分两种情况（长度等于1和长度大于1）分别处理。为了使得在长度等于1和长度大于1的情况下处理操作一致，可以改进出队算法，使得出队时只修改头指针，删除队列的头结点（而不是队头结点），使链队列的队头结点成为新的链队列的头结点。因此，链队列的出队算法描述如下：

```
template < class T >
void LinkQueue < T > ::DelQueue(T & x)
{      // 删除链队列的头结点,并带回队头结点的值
       QueueNode < T > *p;
       if(QueueEmpty()){
           cout << "链队列为空,退出操作";
           return;                              // 出错退出操作
       }
       else {
           p = front;                           // p 指向头结点
           front = front -> next;               // 头指针指向队头结点
           delete  p;                           // 删除释放原头结点
           x = front -> data;                   // 返回队头结点的数据值
       }
}
```

可以使用如下主函数验证链队列：

```
#include < iostream >
#include "LinkQueue.h"
using namespace std;
void main()
{
    LinkQueue < int > Q;
    int i,x;
    for(i =1;i <=6;i ++)
        Q.EnQueue(i);
    x = Q.GetFront();
    cout << << x << endl;                       // 输出头结点 1
    while(!Q.QueueEmpty()){                      // 输出 Q 的内容 1 2 3 4 5 6
        Q.DeQueue(x);
        cout << x <<"   ";
    }
    cout << endl;
}
```

【例4.9】 假设用一个带头结点的单循环链表表示队列（称为循环链队列），该队列只设一个指向队尾结点的指针 rear，不设头指针，试编写相应的入队（即插入）和出队（即删除）算法。循环链队列的结构如图 4-11 所示。

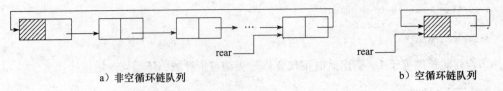

a) 非空循环链队列   b) 空循环链队列

图 4-11   只设尾指针的循环链队列

按题目的已知条件和假设, 循环链队列的结点类型定义同一般链队列, 只是在链队列的类型定义中将原先两个分别指向队头和队尾的指针修改为一个指向队尾的指针, 其他内容稍做修改即可, 因此循环链队列的类定义如下:

```
// Lqueue.h
template < class T >
class LinkQueue;                                    // 链队列类的声明
template < class T >
class QueueNode {                                   // 结点类定义
     public:
             friend class LinkQueue < T > ;
     private:
             T data;                                // 结点数据域
             QueueNode < T > *next;                 // 结点指针域
};
template < class T >
class LinkQueue {
     public :
             LinkQueue( );                          // 默认构造函数, 置空队列
             bool QueueEmpty( ) {return rear -> next == rear;}
                                                    // 判断栈空
             void EnQueue(T x);                     // 将元素 x 入队列
             void DelQueue(T &x);                   // 删除队头结点, 值存到 x
     private :
             QueueNode < T > *rear;                 // 指向队尾的指针
};
```

【分析】   先给出创建循环空链队列的构造函数的定义:

```
template < class T >
LinkQueue < T > :: LinkQueue( )
{    rear = new QueueNode < T >;
     rear -> next = rear;

}
```

①在队列中插入一个结点的操作是在队尾进行的, 所以应在该循环链队列的尾部插入一个结点, 插入的过程是: 首先生成一个新结点 s, 因为链队列带头结点, 所以队空与否对插入没有影响, 插入操作很简单, 将尾结点的指针域值赋给新结点的指针域 (即 s -> next = rear -> next); 把新结点指针 s 赋给原尾指针 rear 的指针域 (即 rear -> next = s); 再把 s 赋给 rear (即 rear = s)。下面给出出队算法:

```
template < class T >
void   LinkQueue < T > :: EnQueue(T x)
{    QueueNode < T > *s = new QueueNode < T >;     // 申请新结点
     s -> data = x;
     s -> next = rear -> next;
```

```
        rear ->next = s;  rear = s;
    }
```

②在队列中删除一个结点，首先要判断队列是否为空，若不为空，则可进行删除操作，否则显示出错。删除的思想是将原头结点删掉，把队头结点作为新的头结点，具体实现算法如下（要特别注意头结点和队头结点的区别）：

```
template < class T >
void  LinkQueue < T >::DelQueue(T &x)
{     QueueNode < T > *s,*t;
    if(QueueEmpty()){
        cout <<"空队列,结束操作!" <<endl;
        return;                          // 空队列,结束操作
    }
    else {
        s = rear ->next;                 // s 指向头结点
        rear ->next = s ->next;          // 删除头结点
        t = s ->next;                    // 使 t 指向队头结点
        x = t ->data;                    // 保存队头结点的数据域值
        delete s;                        // 释放被删除的头结点
    }
}
```

假设以上类定义及其成员函数的实现存储在头文件 Lqueue.h 中，可以用下面给出的主函数实现循环链队列的基本运算。

```
#include < iostream >
#include "Lqueue.h"
using namespace std;
void main()
{
    LinkQueue < int > Q;                 // 创建一个元素值为整型量的空链队列
    int i,x;
    for(i =1;i <=6;i ++)                 // 整数 1 2 3 4 5 6 的入队列操作
        Q.EnQueue(i);
    while(!Q.QueueEmpty()){
        Q.DelQueue(x);                   // 1 2 3 4 5 6 的出队列操作
        cout <<x <<"  ";
    }
    cout <<endl;
}
```

4.4 栈和队列应用实例——表达式求值

大家在很早之前就开始学习如何写计算表达式。可想而知，大部分小学生一开始在计算诸如 $8 +5 * (7 -3)$ 之类的表达式时，都碰到了一些困难。通过一段的学习之后，学生就能够掌握和描述计算步骤了，例如上述表达式可描述为：7 减去 3 得 4，5 乘以 4 得 20，8 加 20 得到 28，因此表达式的值为28。如果进一步问为什么要以这个次序计算该表达式，回答起来就比较困难了。当然，随着时间的推移，人们逐步熟悉了这种表达式的求值顺序，即运算规则：有括号先算括号内的，无括号时，先做乘除法，再做加减法；对于相同级别的运算按从左到右次序计算。这是人们一直沿袭下来使用的手工运算规则。如今，计算机已成为人们生活中不可缺少的使用工具，那么，计算机能否计算给定的算术表达式的值呢？回答是肯定的。表达式计算是

实现程序设计语言的基本问题之一，也是栈和队列应用的一个典型的例子。

　　实例要求：以字符序列的形式从终端输入语法正确、不含变量的整数表达式，利用给定的运算符优先关系，实现对算术四则混合运算表达式的求值，并演示在求值过程中运算符栈、操作数栈、输入字符和主要操作的变化过程。

　　【分析】　人们在书写表达式时通常采用一种"中缀"表示形式，也就是将运算符放在两个操作数中间，用这种形式表示的表达式称为**中缀表达式**。但是，这种表达式表示形式对计算机处理来说是不大合适的。表达式还有一种表示形式，称之为后缀表达式，即将运算符紧跟在两个操作数的后面。例如前面的中缀表达式 8 + 5 * (7 - 3) 可以写成 8 5 7 3 - * + 的后缀表达式，要计算该表达式，可以从左到右扫描它，直到遇到一个运算符，即按该运算符将与其最靠近的左边两个操作数进行运算，于是就执行 7 - 3 的运算，并用此运算结果 4 取代原表达式的 7 3 -，这样原表达式就变成了 8 5 4 * +，接着进行下一步计算得到新表达式 8 20 +，再计算得结果 28。这种计算方法既简单又方便，特别适合计算机的处理方式。因此，要用计算机来处理计算算术表达式问题，首先要解决的是如何将人们习惯书写的中缀表达式转换成计算机容易处理的后缀表达式。

4.4.1　中缀表达式到后缀表达式的转换

　　下面分析一下如何将一个中缀表达式转换成后缀表达式。首先假定在算术表达式中只含有四种基本运算符，操作数是在 10 以内的整数，没有括号。其次假设有一个中缀表达式 4 + 2 * 3，它的后缀表达式为 4 2 3 * +。在扫描到中缀表达式中的 2 后，立即输出 +。因为 * 具有较高的优先级，必须先运算，因此先要保存 +。也就是说，新扫描到的运算符优先级必须与前一个运算符的优先级做比较，如果新的运算符优先级高，就要向前一个运算符那样保存它，直到扫描到第二个操作数，并将它输出后才能将该运算符输出。因此，在转化中必须保存两个运算符，后保存的运算符先输出。用计算机来实现这一转化过程，就需要用到后进先出即栈的概念。

　　如果在中缀表达式中含有小括号，那么由于括号隔离了优先级规则，它在整个表达式的内部产生了完全独立的子表达式，因此，就需要改变前面的算法。当扫描到一个左括号时，需要将其压入栈中，使其在栈中产生一个"伪栈底"。这样，算法就可以像前面一样进行。但当扫描到一个右括号时，就需要将从栈顶到这个"伪栈底"中的所有运算符全部弹出，然后再将这个"伪栈底"删除。

　　综上分析，可得到通过栈将中缀表达式转换为后缀表达式的算法思想如下：

　　①顺序扫描中缀表达式，当读到数字时直接将其送至输出队列中；

　　②当读到运算符时，将栈中所有优先级高于或等于该运算符的运算符弹出，送至输出队列中，再将当前运算符入栈；

　　③当读入左括号时，即入栈；

　　④当读到右括号时，将靠近栈顶的第一个左括号上面的运算符全部依次弹出，送至输出队列中，再删除栈中的左括号。

　　有了上述分析之后，就不难给出实现其转换的算法了。为了简化算法，把括号也作为运算符看待，并规定它的优先级为最低，另外将表达式中的操作数规定为 1 位数字字符，运算符也只包括 +、-、*、/四种。读者可根据需要对算法的功能加以扩充。

　　为了方便边界条件（栈空）的判断，提高算法的运行效率，在扫描读入中缀表达式之前，在空栈中预先压入一个"#"字符，作为栈底元素，另外，在表达式的最后增加一个"#"字字符，作为中缀表达式的结束标志，该结束符与栈底元素"#"配对。本算法不包括输入表达式的语法检查，但可以过滤掉输入符号之间的空格。

```cpp
// 转换函数 CTPostExp
void CTPostExp(CirQueue<char> & Q)
{
    SeqStack<char> S;                          // 运算符栈
    char c,t ;
    S.Push('#');                               // 压入栈底元素'#'
    do{                                        // 扫描中缀表达式
        c = getchar( );
        switch(c) {
            case ' ': break;                   // 去除空格符
            case '0':    case '1':
            case '2':    case '3':
            case '4':    case '5':
            case '6':    case '7':
            case '8':    case '9':  Q.EnQueue(c); break;
            case '(':  S.Push(c); break;
            case ')':    case '#':
                do {
                    S.Pop(t);
                    if(t! = '('&& t! = '#') Q.EnQueue(t);
                } while(t! = '('&& !S.StackEmpty()); break;
            case '+':    case '-':
            case '*':    case '/':
                while(Priority(c) <= Priority(S.GetTopElem())) {
                    S.Pop(t);
                    Q.EnQueue(t);
                }
                S.Push(c); break;
        }// end_switch
    }while(c! = '#');                          // 以'#'字符结束表达式扫描
}
// 运算符优先级别判断函数 CTPostExp
int Priority(char op)
{
    switch(op) {
        case '(':
        case '#': return 0;
        case '-':
        case '+': return 1;
        case '*':
        case '/': return 2;
    }
    return -1;
}
```

使用前面已经定义的顺序栈类型头文件 seqstack.h 和顺序循环队列类型头文件 CirQueue.h，以及定义的两个函数，使用下面的主函数就可以实现将一个输入的中缀表达式转换成相应的后缀表达式。

```cpp
// jzz.cpp
#include<iostream>
```

```
#include "seqstack.h"
#include "CirQueue.h"
using namespace std;
int Priority(char);                              // Priority 函数原型声明
void CTPostExp(CirQueue<char>&);                 // CTPostExp 函数原型声明
void main()
{
      char t;
      CirQueue<char> Q;
      CTPostExp(Q);
      while(!Q.QueueEmpty()){
      Q.DeQueue(t);
      cout<<t<<" ";
      }
      cout<<end 1
}
// 在这里加入 Priority 函数定义
// 在这里加入 CTPostExp 函数定义
```

执行上述程序,如果输入中缀表达式字符串为 $9 - (2 + 4 * 7)/5 + 3$ #,则得到的转换后的输出结果为 $9\ 2\ 4\ 7\ * \ + 5 / - 3 +$。

表 4-1 给出其中运算符栈和存放后缀表达式的队列的变化过程。

表 4-1   中缀表达式到后缀表达式的转换过程示例

转换步骤	中缀表达式的读入	运算符栈 OS	后缀表达式 PostQ
初始	$9 - (2 + 4 * 7)/5 + 3$ #	#	空
1	$- (2 + 4 * 7)/5 + 3$ #	#	9
2	$(2 + 4 * 7)/5 + 3$ #	# -	9
3	$2 + 4 * 7)/5 + 3$ #	# - (	9
4	$+ 4 * 7)/5 + 3$ #	# - (	9 2
5	$4 * 7)/5 + 3$ #	# - (+	9 2
6	$* 7)/5 + 3$ #	# - (+	9 2 4
7	$7)/5 + 3$ #	# - (+ *	9 2 4
8	$)/5 + 3$ #	# - (+ *	9 3 4 7
9	$/5 + 3$ #	# -	9 3 4 7 * +
10	$5 + 3$ #	# - /	9 2 4 7 * +
11	$+ 3$ #	# - /	9 2 4 7 * + 5
12	3 #	# +	9 2 4 7 * + 5 / -
13	#	#	9 2 4 7 * + 5 / - 3
14		空	9 2 4 7 * + 5 / - 3 +

4.4.2   后缀表达式的计算

在后缀表达式中,不仅不需要括号,而且还能完全免除运算符优先规则。对于后缀表达式来说,仅仅使用一个自然规则,即从左到右顺序完成计算,这个规则对计算机而言是很容易实现的。下面将讨论如何用计算机来实现计算后缀表达式的算法。

如果在表达式中仅仅只有一个运算符,如 5 3 * 这样的表达式,显然计算过程非常简单,可立即进行。但后缀表达式在多数情况下都多于一个运算符,因此,必须要像保存输入数字一样保存其中间结果。在计算后缀表达式时,最后保存的值是要最先取出参与运算的,所以要用到栈。利用前面生成的后缀表达式队列，很容易写出计算后缀表达式的算法。在算法中使用了VS 栈来存储读入的操作和运算结果，因为在生成的后缀表达式队列中存放的是字符序列，因此，在算法中需要有一个将数字字符转换为数值的程序。

```
// 将数字字符转换为数值的函数 CPostExp
char CPostExp(CirQueue < char > &Q)
{    SeqStack < char > S;
     char ch,ch1;
     int x,y;
     while(! Q.QueueEmpty()) {
         Q.DeQueue(ch);
         if(ch > = '0' && ch <= '9')
                 S.Push(ch);
         else {
                 S.Pop(ch1);
                 y = ch1 - '0';
                 S.Pop(ch1);
                 x = ch1 - '0';
                 switch(ch) {
                     case '+' : S.Push(x + y + '0'); break;
                     case '-' : S.Push(x - y + '0'); break;
                     case '*' : S.Push(x* y + '0'); break;
                     case '/' : S.Push(x/y + '0'); break;
                 }
         }
     }
     ch = S.GetTopElem();
     return ch;
}
```

这个算法非常简单，在这里就不详细解析了。只要将此算法与前一个中缀表达式到后缀表达式转换算法连在一起，稍做修改即可运行，这部分工作留给读者自己去完成。下面以后缀表达式 9 2 4 7 * + 5 / - 3 + 为例，使用上述算法计算该表达式的计算过程如表 4-2 所示。

表 4-2　后缀表达式的计算过程示例

计算步骤	后缀表达式的读入	运算结果栈 VS
初始	9 2 4 7 * + 5 / - 3 +	空
1	2 4 7 * + 5 / - 3 +	9
2	4 7 * + 5 / - 3 +	2 9
3	7 * + 5 / - 3 +	4 2 9
4	* + 5 / - 3 +	7 4 2 9
5	+ 5 / - 3 +	28 2 9
6	5 / - 3 +	30 9
7	/ - 3 +	5 30 9
8	- 3 +	6 9
9	3 +	3

假设顺序栈类型定义及实现部分和顺序循环队列类型定义及实现部分分别存储在头文件 seqstack.h 和 CirQueue.h 中，包括以上定义的中缀表达式到后缀表达式的转换函数、运算符优先级别判断函数以及后缀表达式计算函数，使用下面的主函数就可以实现例题的要求，将一个输

入的表达式转换成相应的后缀表达式，并计算输出表达式的值。因为将转换后的后缀表达式输出时 Q1 的内容被清除，所以在输出时将其复制到 Q2，程序利用 Q2 计算结果。

```cpp
// jhz.cpp
#include <iostream>
#include "seqstack.h"
#include "CirQueue.h"
using namespace std;
int Priority(char);                       // Priority 函数原型声明
void CTPostExp(CirQueue <char> &);        // CTPostExp 函数原型声明
char CPostExp(CirQueue <char> &);         // CPostExp 函数原型声明

void main()
{
    SeqStack <int> S;
    char t;
    cout <<"输入的中缀表达式如下:"<<endl;
    CirQueue <char> Q1,Q2;
    CTPostExp( Q1 );
    cout <<"转换的后缀表达式如下:"<<endl;
    while(! Q1.QueueEmpty()){
            Q1.DeQueue(t);
            Q2.EnQueue(t);
            cout <<t<<" ";
    }
    cout <<endl;
    t = CPostExp(Q2);                     // 调用计算函数计算值存入 t 中
    cout <<"计算结果 t = "<<t<<endl;
}
// 在这里加入 Priority 函数的定义
// 在这里加入 CTPostExp 函数的定义
// 在这里加入 CPostExp 函数的定义
```

下面给出一个实际的演示结果：

```
输入的中缀表达式如下:
9 - (2 +4*7) /5 +3#
转换的后缀表达式如下:
9 2 4 7 * + 5 / - 3 +
计算结果 t = 6
```

实验4   八皇后问题

八皇后问题是在 8×8 的国际象棋棋盘上安放 8 个皇后，要求任何一个皇后都不能"吃掉"其他皇后，即没有两个或两个以上的皇后占据棋盘上的同一行、同一列或同一条对角线。

习题4

一、问答题

（1）栈和队列的特点是什么？

（2）链栈为什么不设头指针？

（3）循环队列的优点是什么？如何判断队空和队满？

（4）一般情况下，链队列的出队操作为什么要删除的是头结点而不是队头结点？

（5）设用一个单循环链表来表示一个长度为 n 的链队列，若只设头指针，则入队操作算法的时间复杂度为多少？若只设尾指针呢？

二、单项选择题

（1）栈的操作原则是_____。

  A. 顺序进出 　　　　　　　　　　　B. 后进后出

  C. 后进先出 　　　　　　　　　　　D. 先进先出

（2）进栈序列为 a,b,c，则通过进栈和出栈操作可能得到的 a,b,c 的不同排列个数为_____。（2002 年试题）

  A. 4 　　　　　　　　　　　　　　B. 5

  C. 6 　　　　　　　　　　　　　　D. 7

（3）按字母 a，b，c，d，e 顺序进栈，则出栈的输出序列不可能是_____。

  A. decba 　　　　　　　　　　　　B. dceab

  C. abcde 　　　　　　　　　　　　D. edcba

（4）判断一个顺序栈 st（最多元素为 StackSize）为栈满的条件是_____。

  A. st.top! = StackSize 　　　　　　B. st.top! = 0

  C. st.top == -1 　　　　　　　　　D. st.top == StackSize - 1

（5）在向顺序栈中压入元素时_____。

  A. 先存入元素，后移动栈顶指针 　　B. 谁先谁后无关紧要

  C. 先移动栈顶指针，后压入元素 　　D. 同时进行

（6）一个队列的入队序列是 1,3,5,7,9，则出队的输出序列只能是_____。

  A. 9,7,5,3,1 　　　　　　　　　　B. 1,3,5,7,9

  C. 1,5,9,3,7 　　　　　　　　　　D. 9,5,1,7,3

（7）判断一个顺序队列 sq（最多元素为 QueueSize）为空队列的条件是_____。

  A. sq.rear == sq.front 　　　　　　B. sq.rear == 0

  C. sq.front == QueueSize 　　　　　D. sq.rear == QueueSize + 1

（8）判断一个循环队列 cq（最多元素为 QueueSize）为满队列的条件是_____。

  A. cq.rear == cq.front

  B. cq.rear = QueueSize

  C. (cq.rear + 1) % QueueSize == cq.front

  D. cq.rear % QueueSize + 1 == cq.front

三、填空题

（1）假设以 S 和 X 分别表示进栈和出栈操作，则对输入序列 a，b，c，d，e 进行一系列栈操作 SSXSXSSXXX 之后，得到的输出序列为_____。

（2）假设 S.data[0..maxsize - 1] 为一个顺序存储的栈，变量 top 指示栈顶元素的位置。能作进栈操作的条件是_____；如要把栈顶元素弹出到 x 中，需执行下列语句：_____。

（3）设顺序栈存放在 S.data[0..maxsize - 1] 中，栈底位置是 maxsize - 1，则栈空条件是_____，栈满条件是_____。

（4）若循环队列用数组 data[0..m - 1] 存储元素值，front 和 rear 分别为头尾指针，则当前元素个数为_____。

（5）栈和队列都是_____结构；对于栈只能在_____插入和删除元素；对于队列只能在

_____插入元素，在_____删除元素。

（6）从循环队列中删除一个元素时，其操作是先_____，后_____。

四、解答题

（1）如果编号为 1，2，3 的三辆列车进入一个栈式结构的站台，那么可能得到的三辆列车出站序列有哪些？不可能出现的序列是什么？

（2）假设输入栈的元素为 a，b，c，在栈 S 的输出端得到一个输出序列为 a，b，c，试写出在输入端所有可能的输入序列。

（3）简述下面所给算法的功能是什么？（假设栈元素为整数类型）

①
```
void ex31(SeqStack<int> &S)
{
    int A[80],i,n;
    n=0;
    while(!S.StackEmpty()){
        A[n]=S.Pop();
        n++;
    }
    for(i=0;i<n;i++)
        S.Push(A[i]);
}
```

②
```
void ex32(SeqStack<int> &S,int c)
{
    SeqStack<int> T;
    int d;
    while(!S.StackEmpty()){
        S.Pop(d);
        if(d!=c) T.Push(d);
    }
    while(!T.StackEmpty()){
        T.Pop(d);
        S.Push(d);
    }
}
```

（4）写出下列程序段的输出结果（栈结点数据域为字符型 char）。

```
SeqStack<char> S;
char  x,y;
x='c';  y='k';
S.Push(x);   S.Push('a');
S.Push(y);   S.Pop(x);
S'Push('t'); S.Push(x);
S.Pop(x);    S.Push('s');
while (!S.StackEmpty()) {
    S.Pop(y);
    putchar(y);
}
putchar(x);
……
```

（5）在循环队列的顺序存储结构下，分别写出入队（插入元素）、出队（删除元素）时修改队尾、队头指针的操作语句以及求队列长度的公式。

五、算法设计题

（1）假设循环队列的顺序存储结构如下：

```
typedef struct {
    DateType data[QueueSize] ;
    int front ;                         // 队头指针
    int count ;,                        // 队列结点个数计数器
}CirQueue;
```

设计算法，实现该结构队列的置空队列、判队空、判队满、入队以及出队的运算。

（2）试设计一个算法，实现输入一字符串，并检查串中是否含有圆括号，当圆括号匹配时输出括号内的串，否则给出出错信息。（提示：利用栈记录左括号出现后的字符。）

（3）试利用循环队列（长度为 k）存储，编写求斐波那契序列的前 $n(n>k)$ 项 $(f_0, f_1, \cdots, f_{n-1})$ 的算法，其函数定义如下：

$$f(n) = \begin{cases} 0 & n = 0 \\ 1 & n = 1 \\ f(n-2) + f(n-1) & n \geq 2 \end{cases}$$

第 5 章 字 符 串

串又称为字符串，是一种特殊的线性表，它的每个元素仅由一个字符组成。计算机上的非数值处理对象基本上是字符串数据，如在信息检索、文本编辑、符号处理等许多领域，都得到了越来越广泛的应用。在高级语言中也引入了串数据类型的概念，并且串变量与其他变量（如整型和实型等）一样，也可以进行各种运算。

然而，在各种不同类型的应用中所处理的字符串有不同的特点，要想有效地实现字符串的处理，必须根据具体情况选择适当的存储结构，为此本章中将讨论一些串的存储方法以及基本运算的实现。

5.1 串定义及其运算

5.1.1 串的基本概念

串是零个或多个字符组成的有限序列。一般记为：

$$s = "a_1a_2a_3\cdots a_{n-1}a_n" \quad (n \geqslant 0)$$

其中，s 为串名，用双引号括起来的字符序列是串值；$a_i(1 \leqslant i \leqslant n)$ 可以是字母、数字或其他字符；串中包含的字符个数称为串的**长度**。

长度为零的串称为**空串**，它不包含任何字符。一个或多个空格字符组成的串称为**空白串**或**空格串**，要特别注意空串和空白串的区别。字符串中任意个连续字符组成的子序列称为该串的**子串**；包含子串的串相应地称为**主串**。

例如，假设 A，B，C 为如下三个串：

A = "This is a string"

B = "string"

C = "is a"

则它们的长度分别为 16、6 和 4，并且 C 和 B 都是 A 的子串，C 在 A 中位置是 6 而不是 3，B 在 A 中的位置是 11。

在程序设计语言中，使用的串通常分为串变量和串常量。串常量必须用一对双引号括起来，但双引号本身不属于串。例如，语句 "char x[6] = "12345";" 说明 x 是一个串变量，也叫字符数组，赋给它的串值是字符序列 12345。

串的逻辑结构和线性表相似，区别仅在于串的数据对象限制于字符集。然而，串的基本运算同线性表有很大的差别。在线性表的基本运算中，多以"单个元素"作为运算对象；而在串的基本运算中，通常以"串的整体"作为运算对象，如查找子串、取子串、插入子串、删除子串等。

5.1.2 串的抽象数据类型

对于串的基本运算可以有不同的定义方法，具体要根据所使用的高级程序设计语言而定，许多高级语言均提供了相应的串运算或标准函数。

下面将介绍几种在 C++语言中常用的串运算，其他的串运算可在 C++语言的头文件 string.h 中查找或调用。可以用一个抽象数据类型来说明串，下面的抽象数据类型给出了实例及相关运算的描述。

```
ADT String {
    数据对象及其关系
        0 个或多个字符的集合，最大长度
    数据的基本运算
        CreateString()，   创建一个空字符串；
        DeleteString()，   删除释放一个串；
        StringLength()，   求串长度；
        StringCopy(t)，    串拷贝（复制）；
        bool StringCompare(s，t)，   串比较；
        StringConnect(t)，  串连接；
        int index(t)，    子串定位；
        SubString(s，l)，   取子串。
}  //ADT String
```

上述类型中描述的串运算，仅仅是字符串的基本运算，不是其全部。

5.1.3 串的存储结构

串既可以使用顺序存储结构，也可以使用链式存储结构。因此，与线性表一样，也需要分别讨论这两种结构的算法。

由于组成串的元素为字符，因此可存储串的字符序列。但在许多非数值处理的程序中，串也以对象的形式出现。但是，不管何种情况，串的数据类型都是已经确定的，所以没有必要再使用模板，直接使用类即可。

5.2 串的顺序存储结构

5.2.1 顺序串的类型定义和常用算法

如上所述，类似于线性表的顺序存储结构，可以使用一组连续的存储单元存储串值的字符序列，故而可用 C++语言的字符数组来实现。为了完整地描述顺序串，要给出串的最大存储空间等，因此，顺序串的类型定义与顺序表的类定义类似。

```
// str.h
class SeqString {
    public :
        SeqString(int MaxStrSize =256);            // 默认构造函数
        SeqString(char *);                         // 构造函数
        SeqString(SeqString &t);                   // 拷贝(复制)构造函数
        int StrLength();                           // 求串长
        int StrCom(SeqString t);                   // 串比较
        void StrCon(SeqString s,SeqString t);      // 串连接
        int index(SeqString t);                    // 子串定位
        void SubStr(SeqString s,int start,int len);// 取子串
        void PrintStr() { cout << str << endl; };  // 输出串
```

```
   private :
       int MaxSize;
       char *str;
};
```

5.2.2　串基本运算的实现

1．构造函数的定义
（1）默认构造函数
使用默认构造函数创建空串。

```
SeqString::SeqString()
{     MaxSize =256;
      str =new char[MaxSize];                              // 申请字符数组空间
      for(int i =0;i <MaxSize;i ++)                        // 置空串
          str[i] ='\0';
}
```

（2）复制（拷贝）构造函数
可以使用拷贝构造函数复制字符串。

```
SeqString::SeqString(SeqString &t)
{    int len =t.StrLength();
     str =new char[len];                                  // 申请字符数组空间
     for(int i =0;i <len;i ++)
         str[i] =t.str[i];
     str[i] = '\0';                                       // 置串结束符
}
```

也可以直接调用库函数中的 strcpy 函数精简复制串的操作。

```
// 精简复制串(拷贝构造函数)
SeqString::SeqString(SeqString &t)
{
     str =new char[strlen(t.str) +1];                     // 申请字符数组空间
     strcpy(str,t.str);
}
```

请注意，拷贝构造函数中的形参必须是一个对象的引用，而且只能有一个参数，否则就会出错。

（3）赋值构造函数
可以利用赋值构造函数完成对字符串的赋值操作。

```
SeqString::SeqString(char *t)
{     MaxSize =strlen(t) +1;
      str =new char[MaxSize];
      for(int i =0;t[i]! ='\0';i ++)
          str[i] =t[i];
      str[i] ='\0';                                     , // 置串结束符
}
```

也可以直接调用库函数中的 strcpy 函数精简串赋值操作。

```
SeqString::SeqString(char *t)
{
```

```
        str = new char[ strlen(t) +1];
        strcpy(str,t);
}
```

2. 求字符串的长度

```
int SeqString::StrLength()
{       int i =0;
        while(str[i]! ='\0')
            i ++;
        return i;
}
```

3. 顺序串的比较

实现顺序串（字符数组）S、T 的比较运算：当 S > T 时，函数值为一正数；当 S = T 时，函数值为 0；当 S < T 时，其函数值为一负数。实现串比较功能的算法如下：

```
int SeqString::StrCom(SeqString t1)
{
        char *s,*t;
        s = str; t = t1.str;
        while(*s == *t&&*s! ='\0'){
                s ++;t ++;
        }
        return *s - *t;
}
```

函数 StrCom 顺序比较两个字符串中的各个字符，直到遇到对应字符不同，或者左参指针遇到结束符（'\0'）为止。在左参数指针遇到结束符时，如果右参数指针也遇到结束符，那么两个字符串相等，函数返回值 0，否则返回两指针所指字符的差，其差值若是大于 0 则说明左字符串大，小于 0 则右字符串大。

5.2.3　串定位（模式匹配）运算

子串定位运算是找给定子串 T 在主串 S 中首次出现的位置。**子串定位运算又称串的模式匹配或串匹配运算**，此运算的应用非常广泛。例如，在文本编辑程序中，经常要查找某一特定单词在文本中出现的位置。显然，解此问题的有效算法能极大地提高文本编辑程序的响应性能。在串匹配中，一般将主串 S 称为**目标串**，子串 T 称为**模式串**。

模式匹配的方法很多，这里仅讨论一种最简单的，称为朴素串匹配算法。算法的基本思想是：设有三个指针——i、j、k，用 i 指示主串 S 每次开始比较的位置，指针 j 和 k 分别指示主串 S 和模式串 T 中当前正在等待比较的字符位置。先从主串 S 的第一个字符（i = 0，j = 0）开始和模式 T 的第一个字符（k = 0）比较，若相等，则继续逐个比较后续字符（j ++，k ++），否则，从主串的下一个字符（i ++）起再重新和模式串的首字符（j = 0）开始比较。依次类推，直到模式 T 中的所有字符都比较完，而且一直相等，则称匹配成功，返回位置 i；否则返回 -1，表示匹配失败。顺序串的模式匹配算法如下：

```
int SeqString::index(SeqString T)
{     int i,j,k;
      int m = T.StrLength();          // 模式串长度赋 m
      int n = StrLength();            // 目标串长度赋 n
      for(i =0;i <=n -m;i ++) {
```

```
            j=0;k=i;                        // 目标串起始位置 i 送 k
            while(j<m && str[k]==T.str[j]){
                    k++;j++;
            }                               // 继续下一个字符的比较
            if(j==m)                        // 若相等,则说明找到匹配的子串,返回匹配位置 i(i 就是下标)
                    return i;
        }// end_for
    return -1;
}// end_index
```

例如，对主串 S = "abbabaa"，子串 T = "aba"的朴素模式匹配过程如下：

```
    第一趟匹配，i 从 0 开始，j 也从 0 开始：
                                        a  b  b  a  b  a        i = 2
                                        ‖  ‖  ‖                   失败
                                        a  b  a                 j = 2
    第二趟匹配，i 回溯到从 1 开始，而 j 再从 0 开始：
                                        a  b  b  a  b  a        i = 1
                                        ‖                        失败
                                        a                       j = 0
    第三趟匹配，i 从 2 开始，而 j 再从 0 开始：
                                        a  b  b  a  b  a        i = 2
                                        ‖                        失败
                                        a                       j = 0
    第四趟匹配，i 从 3 开始，而 j 再从 0 开始：
                                        a  b  b  a  b  a        i = 3
                                        ‖  ‖  ‖                   成功
                                        a  b  a                 j = 0
```

所以结果 i = 3。此位置实际上就是成功匹配时，开始匹配所选择的数组的下标。

5.2.4 取子串运算（求子串）

取子串运算即为复制字符序列的过程，其功能是返回从串 S 中的第 start 个字符开始截取的连续 len 个字符。其实现算法如下：

```
void SeqString::SubStr(SeqString s,int start,int len)
{   // 返回从串 S 中的第 start 个字符开始截取的连续 len 个字符的子串
    int length=s.StrLength();          // SeqString 对象 s 的字符长度
    if(start>=0 && start<=length-1 && len>=0 && len<=length-start+1){
            for(int i=0;i<len;i++)
                    str[i]=s.str[start+i];// 截取子串
            str[i]='\0';
    }
    else
            cout<<"parameter error"<<endl;
}
```

5.2.5 连接字符串运算

可以将两个字符串连接起来。成员函数 StrCon 将串 t 连接在串 s 的后面。

```
void SeqString::StrCon(SeqString s,SeqString t)
{
    int slen = strlen(s.str);
    int len = slen + strlen(t.str) + 1;
    for(int i = slen;i < len;i ++)
        str[i] = t.str[i - slen];          // 将字符串 t 复制到字符串 s 的后面
    str[i] = '\0';
}
```

这个算法是假设字符串 s 的后面有足够的存储空间，读者可以自行设计更可靠的算法。

5.2.6 演示字符串操作的实例

假设上面定义的顺序串类型及其成员函数的实现部分都存储在头文件 str.h 中，则可以使用下面的主函数实现顺序串的相关操作。

```
// sxc.cpp
#include < iostream >
#include < string >               // 串函数库
using namespace std;
#include < str.h >                // 串类定义
void main()
{
    SeqString S1,T;               // 创建两个串对象
    S1 = "this is a string1";     // 给 S1 赋串值
    SeqString S2(S1);             // S1 复制给 S2
    S1.PrintStr(); S2.PrintStr(); // 输出串 S1 和 S2
    T = "str";                    // 给 T 赋串值
    T.PrintStr();
    int i = S1.index(T);          // 求子串 T 在主串 S1 中的匹配位置
    cout << "T in S1 position = " << i << endl;
    cout << "S1 == S2? "
        << S1.StrCom(S2) << endl; // 比较串 S1 和 S2
    cout << "S1 == T? "
        << S1.StrCom(T) << endl;  // 比较串 S1 和 T

    S2.SubStr(S1,10,4);           // 取子串
    S2.PrintStr();
    S1.StrCon(T);                 // 将串 T 连接在串 S1 后面
    S1.PrintStr();
}
```

编译并执行上述程序，给出如下输出结果（请读者自己分析为何有此结果）：

```
this is a string1            // 串 S1
this is a string1            // 串 S2
str                          // 串 T
T in S1 position = 10        // 子串 T 在 S1 中的匹配位置10(下标)
S1 == S2? 0                  // 0 表示串相等
S1 == T? 1                   // 1 表示串不等
stri                         // 从串 S1 的第 10 个字符开始取 4 个字符的子串
this is a string1str         // 串 T 连接在串 S1 之后
```

5.3 串的链式存储

与线性表的链式存储结构相类似，也可用单链表方式来存储串值，串的这种链式存储结构

简称为**链串**。由于串结构的特殊性，即结构中每个元素是一个字符，在用单链表存储串值时，存在一个"结点大小"的问题，即每个结点可以存放一个字符，也可以存放多个字符。如果一个结点只存储一个字符，那么它的类型定义与单链表的类型定义没有本质性的区别，差异仅在于其结点数据域为单个字符。

一个链串由头指针唯一确定。例如，一个串值为 26 个英文大写字母的链串如图 5-1a 所示。这种存储结构对于字符的删除和插入运算非常方便，但空间利用率太低。为了提高空间利用率，可使每个结点存储多个字符。

如图 5-1b 所示的就是每个结点存储 4 个字符的链串结构示意图。链串的空间利用率可用串值的存储密度来度量，定义为：

$$存储密度 = \frac{结点串值所占的字节数}{结点实际分配的字节数}$$

例如，结点大小为 1（指结点串值所占的字节数）的链串其存储密度为 20%（假设指针域占 4 个字节），而结点大小为 4 的链串的存储密度则为 50%。显然，存储密度小（如结点大小为 1 时），运算处理方便，然而，存储空间占用量大。但结点大小大于 1 时，串的长度不一定正好是结点大小的整数倍，因此要用特殊字符来填充最后一个结点，以表示串的结束。虽然提高结点的大小使得存储密度增大，但是在做插入、删除运算时，可能会引起大量的字符移动，给运算带来不便。

因为链串存储结构不但会浪费空间，而且操作也不方便，所以这里不详细介绍。

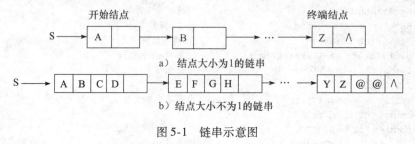

图 5-1 链串示意图

5.4 串运算应用实例

【**例 5.1**】 编写算法实现子串的插入运算函数 Insert。这里给出一个比较简单的算法，这个算法是移动主串中第 i 个位置以后的字符，空出子串需要的插入空间，然后将子串中字符逐个写入其中。

```
void Insert(SeqString &S, SeqString  S1,int i)
{
    int j,len1,len2;
    len1 = S.StrLength(); len2 = S1.StrLength();
    if(i > = len1)
            cout << "插入位置越界" << endl;
    else {
            for(j = len1 -1;j > = i;j --)
                    S.str[len2 + j] = S.str[j];        // 从第 i 个位置开始空出连续 len1 个位置
            for(j = 0;j < len2;j + +)
                    S.str[i + j -1] = S1.str[j];        // 把 S1 填入 S 中空出的位置上
    }
}
```

注意：算法和程序是有区别的，算法不等于程序。

这里给出的是算法,如果要用到程序中去,必须按照程序的要求进行处理。例如,这里可以使用两种方法调试这个函数。

第 1 种方法是在串类中将上述函数作为友元函数加以说明。即使用语句

```
friend  void Insert(SeqString &S, SeqString  S1,int i);
```

在头文件中声明,至于 Insert 函数是放在头文件中,还是放在主程序所在的 cpp 文件中,其效果都是一样的。使用语句

```
Insert(S1,T,5);
```

就把字符串 T 从字符串 S1 的第 5 个位置处插入。

第 2 种方法是将 Insert 函数作为字符串类的成员函数,并按成员函数予以定义:

```
void SeqString:: Insert(SeqString &S, SeqString  S1,int i)
```

当然,需要使用对象予以调用。语句

```
S1.Insert(S1,T,5);
```

即可实现相同功能。

读者可以用上述两种方法练习调试这个算法。下面两个例子也将只给出算法设计,希望读者自己去验证它们的正确性。

【例 5.2】 从顺序串 s1 中第 k 个字符起求出首次与字符串 s2 相同的子串的起始位置。

【分析】 本题的要求与上面介绍的模式匹配算法类似,只不过上述算法的要求是从主串的第一个字符开始。该算法是上述算法的另一种思路:从第 k 个元素开始扫描 s1,当其元素值与 s2 的第一个元素值相同时,判定它们之后的元素值是否依次相同,直到 s2 结束为止。若都相同,则返回当前位置值,否则继续上述过程直至到 s1 扫描完为止。其实现算法如下:

```
int  PartPosition(SeqString s1,SeqString s2,int k)
{   int  i, j,len1,len2;
    i = k - 1;                    // 扫描 s1 的下标,C 语言数组的下标是从 0 开始的,串中序号相差 1
    j = 0;                        // 扫描 s2 的开始下标
    len1 = s1.StrLength();
    len2 = s2.StrLength();
    while( i < len1 && j < len2)
        if(s1.str[i] == s2.str[j]){
                i ++;  j ++;      // 继续使下标移向下一个字符位置
        }
        else{
            i = i - j + 1;  j = 0;    // 使 i 下标回溯到原位置的下一个位置
                                      // 使 j 指向 s2 的第一个字符,再重新比较
        }
    if (j >= len2 )
        return  i - len2;         // 表示 s1 中存在 s2,返回其起始位置
    else
        return  -1;               // 表示 s1 中不存在 s2,返回 -1
}                                 // 函数结束
```

【例 5.3】 从串 s 中删除所有与串 t 相同的子串。

【分析】 这个题目可以利用例 5.2 的函数。其实现的过程为:从位置 0 开始调用函数 Part-Position,若找到了一个相同子串,则删除相同部分字符,再查找后面位置的相同子串,方法与前相同。其算法如下:

```
void  DelDupStr(SeqString  &s , SeqString t )
{    int j, k, i =0;
     int len1 =s.StrLength();
        int  len2 =t.StrLength();
     while(i <len1 - len2 ){
         if((k =PartPosition(s,t,i)) > =0){
             for(j =k +len2;j <=len1;j ++)
                s.str[j - len2] =s.str[j];            // 删除从 k 开始的子串
         }
       i ++;
     }// end_while
}
```

注意：这里 PartPosition 函数使用的是普通函数调用方式。如果要调试运行这个程序，则要求将 PartPosition 函数声明为友元函数。在验证时，读者还可以自己改写为使用成员函数实现这个算法。

实验 5　串模式匹配算法

这个实验是设计两个算法。

①实现一个标准的朴素模式匹配算法。朴素匹配算法的基本思路是将给定子串与主串从第一个字符开始比较，找到首次与子串完全匹配的子串为止，并返回该位置。

②实现一个给定位置的匹配算法。为了实现统计子串出现的个数，不仅需要从主串的第一个字符位置开始比较，而且需要从主串的任一给定位置检索匹配字符串。

习题 5

一、问答题

(1) 空串和空格串有什么区别？

(2) 串是一种特殊的线性表，特殊在哪里？

(3) 什么叫模式匹配？什么是模式？

(4) 两串相等的充分必要条件是什么？

二、单项选择题

(1) 串是_____。

    A. 任意多个字符的序列　　　　　　　　B. 零个或多个字符组成的有限序列

    C. 不少于一个字母的序列　　　　　　　D. 大于一个的字符序列

(2) 设有两个串 s 和 t，求 s 在 t 中首次出现的位置的运算称为_____。

    A. 连接　　　　　　　　　　　　　　　B. 模式匹配

    C. 求子串　　　　　　　　　　　　　　D. 求串长

(3) 已知串 s1 = "ABCDEFG"，s2 = "PQRST"，则运算 "s = strcat(substr(s1, 2, length (s2)), substr(sl, length(s2), 2))" 后的串值为_____。

    A. "BCDEF"　　　　　　　　　　　　　B. "BCDEFG"

    C. "BCPQRST"　　　　　　　　　　　　D. "BCDEFEF"

(4) 如下陈述正确的是_____。

    A. 串是一种特殊的线性表　　　　　　　B. 串的长度必须大于零

    C. 串中元素只能是字母　　　　　　　　D. 空串就是空白串

三、应用题

(1) 设有串 S = "good"，T = "I am a student"，求下面的操作结果。

　　① substr(T,8,7)

　　② len(T)

　　③ strcat(S,"night!")

　　④ replace(T,8,7,"teacher")　　// 置换运算，表示将串 T 的第 8 个字符开始的连续
　　　　　　　　　　　　　　　　　// 7 个字符用子串 S(即"teacher"）替换

　　⑤ insert(T,8,substr(S,1,4))

(2) 已知串 S = "(xyz) + * "，T = "(x + z) * y"，试利用求子串和置换等运算，将串 S 转换为 T。

(3) 下列算法的功能是比较两个链串的大小，其返回值为：

$$comstr(s1,s2) = \begin{cases} 1 & s1 > s2 \\ 0 & s1 = s2 \\ -1 & s1 < s2 \end{cases}$$

请在空白处填入适当的内容。（2001 年试题）

```
int  comstr(LinkString  s1 , LinkString  s2)
{// s1 和 s2 为两个链串的头指针
    while(s1 && s2){
        if(s1 ->data > s2 ->data)return - 1;
        if(s ->data > s2 - >data)return 1;
            ①         ;
            ②         ;
    }
    if(        ③        )return -1;
    if(        ④        )return 1;
            ⑤            ;
}
```

四、算法设计题

(1) 子串匹配个数统计运算 SubStrCount（S，T）。采用顺序结构存储串，试写一个算法计算子串在主串中出现的次数，如果该子串不在主串中出现，则返回 0 值，否则返回出现的次数。

(2) 已知采用顺序存储结构的串 S，试写一算法删除 S 中第 i 个字符开始的 j 个字符。

(3) 设 S 和 T 是两个采用顺序结构存储的串，试写一个算法将串 S 中的第 i 个字符到第 j 个字符之间的字符（包括第 i 和第 j 个字符）用串 T 替换。

(4) 设 S 和 T 是两个采用顺序结构存储的串，试写一个比较是否相等的函数，若相等则返回真值 TRUE，否则返回假值 FALSE。

第6章 多维数组和广义表

第 3 ~ 5 章讨论的线性表、栈、队列和串都是线性数据结构，结构中的数据元素都是不能分解的非结构的原子类型。它们的逻辑特征是：每个数据元素至多有一个直接前驱和直接后继。可以把多维数组和广义表看成是线性表的一种推广，即表中的元素本身也是一个数据结构，也就是说，在表中一个数据元素可能有多个直接前驱和多个直接后继。

6.1 多维数组和运算

数组是大家比较熟悉的一种数据类型。由于数组中各元素具有统一的类型，并且数组元素的下标一般具有固定的上界和下界，因此，数组的处理比其他复杂的结构更为简单。

当数组维数为 1 时，数组是一种元素个数固定的线性表，而维数大于 1 时，称为多维数组，可以把它看成是线性表的推广。这里仅讨论多维数组。

6.1.1 数组的抽象数据类型

数据对象 Array 的每个实例都是形如（index, value）的数据对（数组元素）的集合，其中任意两对数据的 index（下标）值各不相同。对数组的操作主要有：创建一个空数组，存取数组元素，以及矩阵的转置等。下面是对数组类型的抽象描述。

```
ADT Array {
    数据对象及关系
        数组元素的集合，下标各不相同
    数据对象的基本运算
        Create()，创建一个空数组；
        StoreElem()，存储一个元素；
        Retrieve()，取一个元素；
        Transpose()，矩阵转置运算。
} //ADT Array
```

多维数组是一种复杂的数据结构，数组元素之间的关系既不是线性的，也不是树形的，但所有元素必须具有相同的数据类型。由于一般不对数组做插入和删除操作，数组一旦建立，结构中的元素个数和元素间的关系就不再发生变化，所以，一般都采用顺序存储的方法来表示数组。由于本书中的算法都是用 C++ 语言描述的，而 C++ 语言的数组下标是从 0 开始的，因此，二维数组 A 可用如图 6-1 所示的矩阵形式表示。

$$A_{mn} = \begin{bmatrix} a_{00} & a_{01} & \cdots & a_{0,n-1} \\ a_{10} & a_{11} & \cdots & a_{1,n-1} \\ \vdots & \vdots & & \vdots \\ a_{m-1,0} & a_{m-1,1} & \cdots & a_{m-1,n-1} \end{bmatrix}$$

图 6-1 二维数组的矩阵表示

由于计算机的内存结构是一维的，多维数组的数据存储结构必须按某种次序将数组元素排成一个线性序列，因此二维数组又可用行向量形式表示为：

$$A_{mn} = [[a_{00}a_{01}\cdots a_{0,n-1}],[a_{10}a_{11}\cdots a_{1,n-1}],\cdots\cdots,[a_{m-1,0}a_{m-1,1}\cdots a_{m-1,n-1}]]$$

或者用列向量形式表示为：

$$A_{mn} = \left[\left[a_{00}a_{10}\cdots a_{m-1,0}\right],\left[a_{01}a_{11}\cdots a_{m-1,1}\right],\cdots\cdots,\left[a_{0,n-1}a_{1,n-1}\cdots a_{m-1,n-1}\right]\right]$$

6.1.2 数组的顺序存储

数组在各种高级语言中通常也有两种不同的顺序存储方式，其中最典型的有 Pascal、C 语言和 C++，它们都是按行优先顺序存储的，而 Fortran 语言则是按列优先顺序存储的。

① 按行优先顺序存储，即将数组元素按行向量排列，第 $i+1$ 个行向量紧接着第 i 个行向量后面。按行优先顺序存储的二维数组的唯一的线性序列为

$$a_{00},\ a_{01},\ \cdots,\ a_{0,n-1},\ a_{10},\ a_{11},\ \cdots,\ a_{1,n-1},\ \cdots\cdots,\ a_{m-1,0},\ a_{m-1,1},\ \cdots,\ a_{m-1,n-1}$$

② 按列优先顺序存储，即将数组元素按列向量排列，第 $j+1$ 个列向量紧接在第 j 个列向量之后，A 的 $m\times n$ 个元素按列优先顺序存储的线性序列为

$$a_{00},\ a_{10},\ \cdots,\ a_{m-1,0},\ a_{01},\ a_{11},\ \cdots,\ a_{m-1,1},\ \cdots\cdots,\ a_{0,n-1},\ a_{1,n-1},\ \cdots,\ a_{m-1,n-1}$$

如果按上述两种方式顺序存储数组，只要知道开始结点的存储地址（即基地址），维数，每维的上、下界，以及每个元素所占用的单元数，就可以将每个数组元素的存储地址表示为其下标的线性函数。例如，二维数组 A_{mn} 按行优先顺序存储在内存中，假设每个元素占 d 个存储单元，数组元素 $a_{ij}(i=0,\ 1,\ \cdots,\ m-1;\ j=0,\ 1,\ \cdots,\ n-1)$ 位于第 i 行、第 j 列，前面 i 行共有 $i\times n$ 个元素，第 i 行上 a_{ij} 前面又有 j 个元素，因此它的前面一共有 $i\times n+j$ 个元素，所以在 C++ 语言中的数组元素 a_{ij} 的地址计算函数为：

$$\mathrm{LOC}(a_{ij}) = \mathrm{LOC}(a_{00}) + (i\times n+j)\times d$$

例如，有数组 $A_{4\times 5}$，$d=2$，$\mathrm{LOC}(a_{00})=100$，如要计算 a_{23} 的存储地址，因为 $i=2$，$j=3$，$n=5$，根据地址计算函数可得

$$\mathrm{LOC}(a_{23}) = 100 + (2\times 5+3)\times 2 = 126$$

同理，三维数组 A_{mnp} 按行优先顺序存储在内存中，计算数组元素 a_{ijk} 的地址计算函数为：

$$\mathrm{LOC}(a_{ijk}) = \mathrm{LOC}(a_{000}) + (i\times n\times p+j\times p+k)\times d$$

6.1.3 矩阵类的定义和运算

可用二维数组来表示矩阵，也可用矩阵描述二维数组，下面定义的矩阵类 Matrix 同样能够实现二维数组的相关运算。矩阵最常用的运算就是矩阵转置、矩阵加、矩阵乘。

在类 Matrix 中，使用 () 来指定每个元素，并且各行和各列的下标都是从 1 开始的。在类 Matrix 中定义一个 T 数据类型的指针 melem，用它来申请动态内存空间（可将这块动态空间看做一个一维数组），用这块空间来存储 rows×cols 矩阵中的 rows*cols 个元素。将类 Matrix 定义在头文件 matrix.h 中，矩阵运算要用到运算符重载，读者如果不熟悉运算符重载，可以先阅读6.4 节。

```
// matrix.h
template < class T >
class Matrix {
    public:
        Matrix(int r = 0, int c = 0);          // 具有默认参数的构造函数
        Matrix(Matrix < T > &m);               // 复制构造函数
        ~Matrix(){delete [ ] melem;}
        void input();                          // 矩阵数据输入
        void Print();                          // 矩阵输出
        T & operator()(int i, int j);          // 用 () 取元素
```

```
        Matrix<T> &operator = (Matrix<T>&m);        // 赋值运算
        Matrix<T> operator + (Matrix<T>&m);         // 加法运算
        Matrix<T> operator - (Matrix<T>&m);         // 减法运算
        Matrix<T> operator*(Matrix<T>&m);           // 乘法运算
        void transmat(Matrix<T>&b);                 // 矩阵转置
    private:
        int rows,cols;                              // 矩阵维数
        T *melem;                                   // T 类型的指针
};
```

1. 定义默认参数的构造函数

用默认参数的构造函数构造一个空矩阵。

```
template<class T>
Matrix<T>::Matrix(int r,int c)
{
    rows=r;
    cols=c;
    melem=new T[r*c];                               // 申请分配存储空间
}
```

2. 拷贝构造函数

可以用拷贝构造函数完成矩阵的复制。

```
template<class T>
Matrix<T>::Matrix(Matrix<T> & m)
{
    rows=m.rows;
    cols=m.cols;
    melem=new T[rows*cols];
    for(int i=0;i<rows*cols;i++)
        melem[i]=m.melem[i];
}
```

3. 矩阵赋值

重载"="运算符，完成矩阵整体赋值。

```
template<class T>
Matrix<T> &Matrix<T>:: operator = (Matrix<T>&m)
{   rows=m.rows;
    cols=m.cols;
    melem=new T[rows*cols];
    for(int i=0;i<rows*cols;i++)
        melem[i]=m.melem[i];
    return *this;
}
```

4. 取元素运算（下标操作符）

为了重载矩阵下标操作符()，使用了 C++ 的函数操作符()，与数组的下标操作符 [] 不同的是，该操作符可带任意数量的参数。对于一个矩阵来说，仅仅需要两个整数参数。下面的函数返回一个指向矩阵元素 (i, j) 的引用。

```
template<class T>
T & Matrix<T>::operator()(int i,int j)
{ return melem[(i-1)*cols+j-1]; }
```

5. 矩阵加法

仅当两个矩阵的维数相同时（即具有相同的行数和列数），才能够对两个矩阵求和。两个 $m \times n$ 矩阵 A 和 B 相加所得到的 $m \times n$ 矩阵 C 如下：

$$C(i,j) = A(i,j) + B(i,j) \quad 1 \leqslant i \leqslant n, 1 \leqslant j \leqslant m$$

矩阵相加算法使用重载运算符"+"实现：

```
template < class T >
Matrix < T > Matrix < T > ::operator + (Matrix < T > & B)
{
    if(rows! = B.rows ‖cols! = B.cols) {          // 判别行数和列数是否相同
        cout << "不符合加法规则,结束操作!" << endl;
        return -1;                                 // 置出错标志
    }
    Matrix < T > C(rows,cols);                     // 创建一个新矩阵
    for(int i = 0;i < rows*cols;i ++)
        C.melem[i] = B.melem[i] + B.melem[i];
    return C;
}
```

6. 矩阵乘法

仅当一个 $m \times n$ 矩阵 A 的列数与另一个 $q \times p$ 的矩阵 B 的行数相同时（即 $n = q$），才可以执行矩阵乘法运算。$A * B$ 所得到的 $m \times p$ 矩阵 C 满足以下关系。

$$C(i,j) = \sum_{k=1}^{n} A(i,k) * B(k,j) \quad 1 \leqslant i \leqslant m, 1 \leqslant j \leqslant p$$

要实现矩阵的乘法运算，需要三重循环。最内层的循环把矩阵 A 的第 i 行与 B 的第 j 列相乘，得到元素 $C(i, j)$。当一开始进入最内层循环时，设 melem[ca] 是 A 的第 i 行的第一个元素，B.melem[cb] 是 B 的第 j 列的第一个元素。为了得到第 i 行的下一个元素，可将 ca 加 1，因为同一行元素的存储是连续的。同理，为了得到 B 的第 j 列的下一个元素，可将 cb 加 B.cols，因为同一列的两个相邻元素在位置上相差 B.cols。当最内层循环完成时，ca 指向矩阵 A 的第 i 行的最后一个元素，cb 指向矩阵 B 的第 j 列的最后一个元素。对于"for j"循环的下一次循环，起始时必须使 ca 指向第 i 行的第一个元素，将 cb 指向矩阵 B 的下一列的第一个元素。对 ca 的调整是在最内层循环完成后进行的。当"for j"循环完成时，需要将 ca 指向下一行的第一个元素，将 cb 指向第一列的第一个元素。

矩阵乘法算法使用重载运算符" * "实现：

```
template < class T >
Matrix < T > Matrix < T > ::operator* (Matrix < T > & B)
{   if(cols! = B.rows) {                          // 判别行数是否等于 B 的列数
        cout << "不符合乘法规则,结束操作!" << endl;
        return -1;                                 // 置出错标志
    }
    Matrix < T >C(rows,B.cols);
    int ca = 0,cb = 0,cc = 0;
    for(int i = 1;i <= rows;i ++) {
        for(int j = 1;j < cols;j ++) {
            T sum = melem[ca]*B.melem[cb];
            for(int k = 2; k <= cols;k ++){
                ca ++;                             // 指向下一个元素
                cb += B.cols;                      // 指向 B 的第 j 列的下一个元素
```

```
                    sum += melem[ca] * B.melem[cb];
            } // end of for k
                    C.melem[cc ++] = sum;                    // 保存 C(i,j)
                    ca - = cols -1;                          // 调整至行头
                    cb = j;                                  // 调整至下一列
            } // end of for j
                ca += cols;                                  // 调整至下一行的行头
                cb = 0;                                      // 调整至第一列
        } // end of for i
            return C;
}
```

7. 矩阵的输入与输出

```
template < class T >
void Matrix < T > :: input ()
{
    for(int i =0;i < rows*cols;i ++)
        cin > >melem[i];
}

template < class T >
void Matrix < T > :: Print ()
{
    for(int i =0;i < rows*cols;i ++){
        if(i % cols ==0)
            cout << endl;
        cout << melem[i] << "  ";
    }
    cout << endl;
}
```

【例 6.1】 设计一个算法, 实现矩阵 A_{mn} 的转置矩阵 B_{nm}。

【分析】 矩阵转置是一种最简单的矩阵运算, 对于一个 $m \times n$ 的矩阵 A_{mn}, 其转置矩阵是一个 $n \times m$ 的矩阵 B_{nm}, 而且 $B[i][j] = A[j][i]$, $1 \leqslant i \leqslant n$, $1 \leqslant j \leqslant m$。

```
template < class T >
void transmat(Matrix < T > &a, Matrix < T > &b)
{   int i,j;
    for(i =1;i <=a.rows;i ++)
        for(j =1;j <=a.cols;j ++)
            b(j,i) = a(i,j);
}
```

这里将其设计为普通函数 transmat, 使用语句

```
friend void transmat(Matrix < T > &, Matrix < T > &);      // 矩阵转置函数原型
```

将其原型声明在头文件 matrix.h 中, 就可以编程验证这个算法。如使用语句

```
transmat(a,b);                                              // 矩阵转置
```

就得到矩阵 a 的转置矩阵 b。

【例 6.2】 将转置矩阵函数 transmat 定义为矩阵类 Matrix 的成员函数, 演示矩阵乘法、加法和转置运算。

在头文件 matrix.h 中使用如下声明语句和定义：

```
void transmat(Matrix<T>&, Matrix<T>&);          // 声明矩阵转置成员函数原型
// 定义矩阵转置
template<class T>
void Matrix<T>::transmat(Matrix<T>&a,Matrix<T>& b)
{  int i,j;
   for(i=1;i<=a.rows;i++)
      for(j=1;j<=a.cols;j++)
              b(j,i)=a(i,j);
}
```

将主程序定义在 j62.cpp 文件中：

```
// j62.cpp
 #include<iostream>
 #include "matrix.h"
 using namespace std;                             // 命名空间
 void main()
 {
    Matrix<int> A(3,4),B(4,3),C(3,3),E(3,4);
    cout<<"input A:\n";
    A.input();                                   // 输入矩阵 A 的元素值
    cout<<"input B:\n";
    B.input();                                   // 输入矩阵 B 的元素值
    C=A* B;                                      // 矩阵乘法运算
    cout<<"\nC=A* B ";C.Print();
    Matrix<int> D(C);                            // 用矩阵 C 复制矩阵 D
    D=D+C;                                       // 矩阵加法运算
    cout<<"\nD=D+C "; D.Print();
    B.transmat(B,E);                             // 矩阵 B 调用自己的成员函数实现转置
    cout<<"转置 B-E";
    E.Print();                                   // 输出转置矩阵 E 的元素
 }
```

程序运行示范如下：

```
input A:
1 2 3 4
2 3 4 5
3 4 5 6
input B:
2 3 4
3 4 5
4 5 6
5 6 7
C=A*B
40  50  60
54  68  82
68  86  104
D=D+C
80  100  120
108  136  164
136  172  208
转置 B-E
2  3  4  5
```

```
3 4 5 6
4 5 6 7
```

【例6.3】 如果矩阵 A 中存在一个元素 $A[i][j]$ 满足它是第 i 行元素中最小值，且又是第 j 列元素中最大值，则称之此元素为该矩阵的一个马鞍点。假设以二维数组存储矩阵 A_{mn}，试编写求出矩阵中所有马鞍点的算法。

【分析】 按照题意，先求出每行中的最小值元素，存入数组 $\mathrm{Min}[m]$ 之中，再求出每列的最大值元素，存入数组 $\mathrm{Max}[n]$ 之中，若某元素既在 $\mathrm{Min}[i]$ 中，又在 $\mathrm{Max}[j]$ 中，则该元素 $A[i][j]$ 就是马鞍点，找出所有这样的元素。因此，实现该题要求的算法如下：

```
template < class T >
void  MaxMin(Matrix < T > A)
{ int  i,j,m,n,k=0;
  m=A.rows; n=A.cols;
  T *Max =new T[m+1];
  T *Min =new T[n+1];
  for(i=1;i<=m;i++) {               // 计算每行的最小值元素,存入 Min 数组中
      Min[i]=A(i,1);
                                    // 先假设第 i 行第一个元素最小,然后再与后面的元素比较
      for(j=1; j<=n; j++)
           if(A(i,j) <Min[i] )
               Min[i]=A(i,j);
  }
  for(j=1; j<=n;j++){               // 计算每行的最大值元素,存入 Max 数组中
      Max[j]=A(1,j);
                                    // 假设第 j 列第一个元素最大,然后再与后面的元素比较
      for(i=1; i<=m; i++)
          if (A(i,j) >Max[j] )
              Max[j]=A(i,j);
  }
  for(i=1; i<=m; i++)              // 判断是否有马鞍点
      for (j=1; j<=n ; j++)
          if(Min[i] ==Max[j]){
              cout << "Max(" <<i <<"," <<j <<") =" <<Max[j] <<",是马鞍点" <<endl;
              k=1;
          }
  if(k==0)
      cout <<"该矩阵无马鞍点!" <<endl;
}
```

6.2 矩阵的压缩存储

在许多科学计算和工程应用中，经常要用到矩阵的概念。由于矩阵具有元素数目固定以及元素按下标关系有序排列的特点，所以在使用高级语言编程时，一般都是使用二维数组来存储矩阵。这种表示可以对其元素随机存取，方便进行矩阵的各种运算。上一节的例子中已经介绍了使用数组存储矩阵进行的有关运算，但是，在有些情况下，矩阵中含有许多值相同或者是零的元素，如果还按前面的方法来存储这种矩阵，就会产生大量的空间浪费。为了节省存储空间，可以对这类矩阵采用**压缩存储**。所谓压缩存储，是指为多个具有相同值的元素分配同一个存储空间，对于零元素不分配存储空间的一种存储方式。

6.2.1 特殊矩阵

所谓特殊矩阵，指的是相同值的元素或者零元素在矩阵中的分布有一定的规律。下面将分别讨论几种特殊矩阵的压缩存储。

1. 三角矩阵

以主对角线划分，三角矩阵有上三角和下三角两种。上三角矩阵是指矩阵的下三角（不包括对角线）中的元素均为常数 c 或是零的 n 阶方阵，如图 6-2b 所示；下三角矩阵正好相反，它的主对角线上方均为常数 c 或零，如图 6-2a 所示。一般情况下，三角矩阵的常数 c 均为零。

$$\begin{bmatrix} a_{11} & c & c & \cdots & c \\ a_{21} & a_{22} & c & \cdots & c \\ a_{31} & a_{32} & a_{33} & \cdots & \cdots \\ \cdots & \cdots & \cdots & \cdots & c \\ a_{n,1} & a_{n,2} & a_{n,3} & \cdots & a_{n,n} \end{bmatrix} \qquad \begin{bmatrix} a_{11} & a_{12} & a_{1,3} & \cdots & a_{1,n} \\ c & a_{22} & a_{2,3} & \cdots & a_{2,n} \\ c & c & a_{33} & \cdots & a_{3,n} \\ \cdots & \cdots & \cdots & \cdots & \cdots \\ c & c & \cdots & c & a_{n,n} \end{bmatrix}$$

a) 下三角矩阵   b) 上三角矩阵

图 6-2   三角矩阵示意图

三角矩阵中的重复元素 c 可共享一个存储空间，其余的元素正好有 $n(n+1)/2$ 个，因此，三角矩阵可压缩存储在一维数组 $\mathrm{sa}[0..n(n+1)/2]$ 中，其中 c 存放在数组的最后一个元素中。

在下三角矩阵中，主对角线下第 $m(1 \le m \le n)$ 行上恰好有 m 个元素，按行优先顺序存储下三角矩阵中元素 a_{ij} 时，a_{ij} 之前有 $i-1$ 行（$1 \sim i-1$），一共有元素个数

$$\sum_{m=1}^{i-1} m = i \times (i-1)/2$$

而在第 i 行，a_{ij} 之前有 $j-1$ 个元素，因此，$\mathrm{sa}[k]$ 和 a_{ij} 存储位置的对应关系为

$$k = \begin{cases} i \times (i-1)/2 + j - 1 & i \ge j \\ n \times (n+1)/2 & i < j \end{cases}$$

在上三角矩阵中，主对角线之上的第 $m(1 \le m \le n)$ 行上恰好有 $n-m+1$ 个元素，按行优先顺序存储上角矩阵中元素 a_{ij} 时，a_{ij} 之前的 $i-1$ 行一共有

$$\sum_{m=1}^{i-1} (n-m+1) = (i-1)(2n-i+2)/2$$

个元素，在第 i 行上，a_{ij} 前恰有 $j-i$ 个元素，因此，$\mathrm{sa}[k]$ 和 a_{ij} 存储位置的对应关系为

$$k = \begin{cases} (i-1) \times (2n-i+2)/2 + j - i & i \le j \\ n \times (n+1)/2 & i > j \end{cases}$$

对于这种特殊矩阵，按上述的对应关系就可以对其元素进行随机存取。为了实现对特殊矩阵的运算，可定义一个如下所示的下三角矩阵类：

```cpp
// Lmatrix.h
template <class T >
class LowerMatrix{
    public:
        LowerMatrix(int MaxSize =10 )              // 构造函数
        { n =MaxSize;   M =new T[n*(n+1)/2];  }
        T GetElem(int i,int j);                    // 获取一个元素
        void input ();                             // 矩阵数据输入
        void print ();                             // 矩阵输出
    private:
```

```
        int n;                                    // 矩阵维数
        T *M;                                     // 指针,用来为数组申请动态内存
    };
// 获取一个下三角矩阵元素
template < class T >
T LowerMatrix < T > ::GetElem(int i,int j)
{
    if(i > = j)
        return M[i*(i-1)/2 +j-1];
    else
        return 0;
}
// 矩阵元素的输入
template < class T >
void LowerMatrix < T > :: input()
{
    for(int i =0;i <= n*(n +1)/2 -1;i ++)
        cin > >M[i];
}


// 矩阵元素的输出
template < class T >
void LowerMatrix < T > ::print()
{
    for(int i =1;i <=n;i ++){
        for(int j =1;j <=i;j ++)
            cout <<GetElem(i,j) <<"  ";
        cout <<endl;
    }
}
```

【例6.4】　使用上述类定义实现创建一个5阶的下三角矩阵及输入、输出元素等操作。

```
#include < iostream >
using namespace std;
#include "Lmatrix.h"
void main()
{
    LowerMatrix < int > t(5);
    t.input();
    t.print();
    cout <<endl;
}
```

程序运行示范如下:

```
1 2 3 4 5
6 7 8 9 10
11 12 13 14 15
1
2 3
4 5 6
7 8 9 10
11 12 13 14 15
```

2. 对称矩阵

若 n 阶方阵 A 中的元素满足下述性质：

$$a_{ij} = a_{ji} \quad (1 \leq i, j \leq n)$$

则称 A 为 n 阶的**对称矩阵**。对称矩阵中的元素关于主对角线对称，所以只需要存储矩阵中上三角或下三角中的元素即可，让两个对称的元素共享一个存储空间。可以参考三角矩阵的存储类定义来处理，这样，就能够节省近一半的存储空间。如图 6-3 所示，如果按 C++语言的"按行优先"存储主对角线（包括主对角线）以下的元素，则在图 6-3 所示的下三角矩阵中，第 i 行（$1 \leq i \leq n$）恰好有 i 个元素，所以元素总数为

$$\begin{pmatrix} a_{11} & & & & \\ a_{21} & a_{22} & & & \\ a_{31} & a_{32} & a_{33} & & \\ \cdots & \cdots & \cdots & & \\ a_{n,1} & a_{n,2} & \cdots & a_{n,n} \end{pmatrix}$$

$$\sum_{i=1}^{n} i = n(n+1)/2$$

图 6-3　对称矩阵下三角元素示意图

现假设以一维数组 sa[0..n(n+1)/2] 作为 n 阶对称矩阵 A 的存储结构，那么，矩阵中元素 a_{ij} 和数组元素 sa[k] 之间存在着一一对应的关系。这种对应关系分析如下：

①若 $i \geq j$ 时，则 a_{ij} 在下三角矩阵中。a_{ij} 之前 $i-1$ 行（从 1 行到第 $i-1$ 行）共有 $1+2+\cdots+i-1 = i \times (i-1)/2$ 个元素，在第 i 行上，a_{ij} 之前恰有 $j-1$ 个元素。因此有

$$k = i \times (i-1)/2 + j - 1 \quad (0 \leq k < n(n+1)/2)$$

②若 $i < j$ 时，则 a_{ij} 在上三角矩阵中。因为有 $a_{ij} = a_{ji}$，所以只要交换 i 和 j 即可得到

$$k = j \times (j-1)/2 + i - 1 \quad (0 \leq k < n(n+1)/2)$$

因此有

$$k = \begin{cases} \dfrac{i \times (i-1)}{2} + j - 1 & i \geq j \\ \dfrac{j \times (j-1)}{2} + i - 1 & i < j \end{cases} \qquad 0 \leq k \leq n(n+1)/2$$

由此，a_{ij} 的存储地址可用下面的公式计算：

$$\mathrm{LOC}(a_{ij}) = \mathrm{LOC}(\mathrm{sa}[k]) = \mathrm{LOC}(\mathrm{sa}[0]) + k \times d$$

有了上述的计算公式，就能够立即找到矩阵元素 a_{ij} 在其压缩存储表示 sa 中的对应位置 k。例如，a_{32} 和 a_{23} 都存储在 sa[4] 中，这是因为 $k = i \times (i-1)/2 + j - 1 = 3 \times (3-1)/2 + 2 - 1 = 4$。

【例 6.5】　已知 A 和 B 是两个 $n \times n$ 阶的对称矩阵，因为是对称矩阵，所以仅需要输入下三角元素值存入一维数组，试写一算法求对称矩阵 A 和 B 的乘积。

【分析】　如果是两个完整的矩阵相乘，其算法是比较简单的，但由于是对称矩阵，所以要搞清楚对称矩阵的第 i 行和第 j 列的元素数据在一维数组中的位置，其位置计算公式为：

$$k = i \times (i-1)/2 + j - 1 \quad 当 i \geq j 时 (A_{ij}, B_{ij} 处在下三角中)$$
$$k = j \times (j-1)/2 + i - 1 \quad 当 i < j 时 (A_{ij}, B_{ij} 处在上三角中)$$

其中，k 代表 A_{ij} 或 B_{ij} 在其对称矩阵中的位置，而且 $0 \leq k < n(n+1)/2$。利用前面定义的下三角矩阵类及其操作函数的实现，另外定义一个存储乘积的矩阵 $C_{3 \times 3}$ 数组。因此实现本题功能的算法如下：

```
template < class T >
void matrixmult(LowerMatrix < T > a, LowerMatrix < T > b, T c[5][5])
{ // 矩阵 a 和 b 均为下三角矩阵存储的对称矩阵
    int i, j, k, l1, l2;
    for(i = 1; i <= a.n; i ++)
```

```
     for (j =1;j <=a.n;j ++){
        int s =0;
        for(k =1;k <=a.n;k ++){
        if(i > k)              // 表示元素为下三角的元素,计算在 a 数组中的下标
           l1 = i*(i-1)/2 +k -1;
        else                   // 表示元素为上三角的元素,计算下标
           l1 = k*(k -1)/2 +i -1;
        if(k > j)              // 表示元素为下三角的元素,计算在 b 数组中的下标
           l2 = k*(k -1)/2 +j -1;
        else
           l2 = j*(j -1)/2 +k -1;
        s =s +a.M[ l1]*b.M[ l2];
        }
        c[i -1][j -1] =s;
     }
  }
```

若要调用运行对称矩阵相乘的算法函数，需在下三角矩阵类定义中将该函数说明为友元函数

```
friend void matrixmult(LowerMatrix <T > a,LowerMatrix <T > b,T c[3][3]);
```

并用下面的主函数实现对称矩阵的相乘运算。

```
#include < iostream >
#include "Lmatrix.h"
using namespace std;
void main ()
{
   LowerMatrix < int > A(3),B(3);
   int c[3][3];
   cout <<"输入对称矩阵 A 的下三角:"<<endl;
   A.input ();
   cout <<"输入对称矩阵 B 的下三角:"<<endl;
   B.input ();
   matrixmult(A,B,c);
   cout <<"输出结果(不一定对称)为:"<<endl;
   for(int i =0;i <3;i ++){
      for(int j =0;j <3;j ++)
         cout <<c[i][j] <<"  ";
      cout <<endl;
   }
}
```

运行该程序示范如下：

输入对称矩阵 A 的下三角:

1

2 5

3 2 1

输入对称矩阵 B 的下三角:

3

6 8

9 6 3

输出结果(不一定对称)为:

42 40 30

```
54  64  54
30  40  42
```

6.2.2 稀疏矩阵

由于特殊矩阵中非零元素的分布是有规律的,因此总可以找到矩阵中元素与一维数组下标的对应关系。但还有一种矩阵,其中有 s 个非零元素,而 s 远远小于矩阵元素的总数,人们通常把这种矩阵称为**稀疏矩阵**。为了节省存储单元,也可用压缩存储方法只存储非零元素。由于稀疏矩阵非零元素的分布一般是没有规律的,因此,在存储非零元素时,除了存储非零元素的值之外,还必须同时存储该元素的行、列位置(即下标),所以,可用一个称为三元组 (i, j, a_{ij}) 来唯一确定一个非零元素。当用三元组来表示非零元素时,对稀疏矩阵进行压缩存储通常有两种方法:顺序存储和链式存储。这里只介绍顺序存储的压缩存储方法。

1. 三元组表类

如果将表示稀疏矩阵非零元素的三元组按行优先的顺序排列,则可得到一个其结点均为三元组的线性表。称这种线性表的顺序存储结构为**三元组表**。

为了操作方便,对稀疏矩阵的总行数、总列数以及非零元素个数均作为三元组表的辅助属性加以描述。设计一个头文件 TSMatrix.h,三元组结构及三元组表的类型定义如下:

```cpp
// TSMatrix.h
struct TriTupleNode {              // 三元组结构类型定义
    int r,c;                       // 非零元素的行号、列号(下标)
    int v;                         // 非零元素值
};
class TSMatrix {                   // 三元组表类定义
    public:
        friend void InputTM(TSMatrix &x);
        friend void OutputTM(TSMatrix x);
        TSMatrix(int MaxSizes =10);
        TSMatrix(int r,int c,int t);
        void transmat(TSMatrix &S);
    private:
        int rs,cs;                 // 矩阵行、列数
        int ts;                    // 非零元素个数
        int MaxSize;               // 三元组表的大小
        int *RowPos;               // 行表指针
        TriTupleNode *Tdata;       // 三元组表
};
```

(1) 创建空三元组表 (构造函数实现)

```cpp
TSMatrix::TSMatrix(int MaxSizes)
{
    MaxSize =MaxSizes;
    RowPos =new int[MaxSize +1];
    Tdata =new TriTupleNode[MaxSize +1];
    rs =cs =ts =0;
}
```

(2) 建立顺序存储稀疏矩阵的三元组表

S 为一个存放对应稀疏矩阵 **A** 的三元组表。先输入稀疏矩阵的行数、列数以及非零元素个

数，然后再按行优先将其行、列下标及其值存入 S 中。其算法如下：

```
void InputTM(TSMatrix &S)
{
    cout << "input number of rows,cols,and ts" << endl;
    cin >> S.rs >> S.cs << S.ts;
    cout << "input  row  col  value" << endl;
    for(int k=1;k<=S.ts;k++){
        cin >> S.Tdata[k].r;
        cin >> S.Tdata[k].c;
        cin >> S.Tdata[k].v;
    }
}
```

（3）三元组表存储的稀疏矩阵的转置运算

【分析】 转置运算是一种常用的简单矩阵运算。对于一个 $m \times n$ 的矩阵 M，它的转置矩阵 T 是一个 $n \times m$ 的矩阵，而且 $M_{ij} = T_{ji}(0 \leqslant i$ 小于 m，$0 \leqslant j$ 小于 n），即 M 的行是 T 的列，M 的列是 T 的行。图 6-4 所示即为稀疏矩阵 M 和相应的转置矩阵 T。

$$M_{4\times5} = \begin{bmatrix} 0 & 3 & 0 & 5 & 0 \\ 0 & 0 & -2 & 0 & 0 \\ 1 & 0 & 0 & 0 & 6 \\ 0 & 0 & 8 & 0 & 0 \end{bmatrix} \qquad T_{5\times4} = \begin{bmatrix} 0 & 0 & 1 & 0 \\ 3 & 0 & 0 & 0 \\ 0 & -2 & 0 & 8 \\ 5 & 0 & 0 & 0 \\ 0 & 0 & 6 & 0 \end{bmatrix}$$

图 6-4 稀疏矩阵 M 和它的转置矩阵 T

假设 A 是 TSMatrix 类的对象，表示稀疏矩阵 M；B 是指向稀疏矩阵 T 的 TSMatrix 类的对象。从上面的分析可知，要将 M 转置成 T，就是将 M 的三元组表 A.Tdata 转置为 T 的三元组表 B.Tdata。要想得到如图 6-5 所示的按行优先顺序存储的 B.Tdata，就必须重新排列三元组表的顺序。由于 M 的行是 T 的列，所以按 A.Tdata 的列转置，所得到的转置矩阵 T 的三元组表 B.Tdata 一定是按行优先顺序存放的。实现这种方法的基本思想是：对 M 中的每一列 $col(0 \leqslant col \leqslant a.rs - 1)$，从头至尾依次扫描三元组表，找出所有列号等于 col 的那些三元组，并将它们的行号和列号互换后再依次存入 B.Tdata 中，这样就可得到 T 的按行优先存放的三元组表。

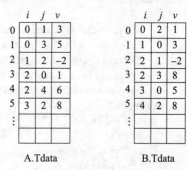

A.Tdata   B.Tdata

图 6-5 稀疏矩阵的三元组表及其转置

图 6-5 所示是按 C++ 数组下标从 0 开始算的，但在实现矩阵类的算法中是从 1 开始算的，其具体算法如下：

```
void TSMatrix::transmat(TSMatrix & S)
{
    S.rs=cs;  S.cs=rs;  S.ts=ts;
    int q=1;
    for(int col=1;col<=cs;col++)
        for(int p=1;p<=ts;p++)
            if(Tdata[p].c==col){
                S.Tdata[q].r=Tdata[p].c;
                S.Tdata[q].c=Tdata[p].r;
                S.Tdata[q].v=Tdata[p].v;
```

```
        q ++;
    }
}
```

分析这个算法，它的主要运算是在 p 和 col 的二重循环中完成的，因此该算法的时间复杂度为 $O(n \times t)$，即与稀疏矩阵 **M** 的列数和非零元素个数的乘积成正比。

一般的矩阵转置算法的时间复杂度为 $O(m \times n)$。当稀疏矩阵的非零元素个数 t 和 $m \times n$ 同数量级时，上述算法的时间复杂度就是 $O(m \times n)$ 了，这时算法虽然节省了存储空间，但时间复杂度提高了，因此，该算法仅适用于非零元素个数 t 远远小于矩阵元素个数 $m \times n$。

（4）三元组表的输出

```
void OutputTM(TSMatrix S)
{    cout << "rows cols value" << endl;
     for(int k =1;k <=S.ts;k ++)
       cout <<S.Tdata[k].r <<"  " <<S.Tdata[k].c <<"  " <<S.Tdata[k].v <<endl;
}
```

例如，要实现上面图 6-4 所示的矩阵 **M** 的转置操作，就可以用下面的主函数连同前面关于三元组表类的定义及其实现函数来实现：

```
// 演示程序 jxs.cpp
#include < iostream >
using namespace std;
#include "TSMatrix.h"
void main ()
{
    TSMatrix A(6),B(6);
    InputTM(A);
    A.transmat(B);
    OutputTM(B);
}
```

程序执行后，首先提示输入矩阵行数、列数和非零个数。注意程序提示输入矩阵非零元素的行、列和元素值的时候，下标是从 1 开始的，所以不能按图 6-5 的数据输入。根据图 6-4，可知从 1 开始的三维表为：

rows	cols	value
1	2	3
1	4	5
2	3	-2
3	1	1
3	5	6
4	3	8

下面是运行示范：

```
input number of rows,cols,and ts
4  5  6
input  row  col  value
1 2 3
1 4 5
2 3 -2
```

```
3 1 1
3 5 6
4 3 8
rows    cols    value
1       3       1
2       1       3
3       2       -2
3       4       8
4       1       5
5       3       6
```

2. 带行表的三元组表

为了便于随机存取任意一行的非零元素，可在按行优先存储的三元组表中，增加一个存储每一行的第一个非零元素在三元组表中位置的数组。这样就得到稀疏矩阵的另一种顺序存储结构：带行表的三元组表，又称为行逻辑链接的顺序表。带行表的三元组表的类类型定义如下：

```cpp
class TSMatrix {                    // 三元组表类定义
    public:
        friend void InputTM(TSMatrix &x);
        friend void OutputTM(TSMatrix x);
        TSMatrix(int r,int c,int t);
        void transmat(TSMatrix &S);
    private:
        int rs,cs;                  // 矩阵行、列数
        int ts;                     // 非零元素个数
        int MaxSize;                // 三元组表的大小
        int *RowPose;               // 行表
        TriTupleNode *Tdata;        // 三元组表
};
```

在有了行表结构定义之后，由图 6-5 所示的三元组表 A.Tdata，就可以得到图 6-4 所示的稀疏矩阵 M 的行表 RowPos 及其相关信息，如表 6-1 所示。

表 6-1   行表及相关信息

符号 i	RowPos[i]	第 i 行之前非零元素总数	第 i 行上非零元素个数
0	0	0	2
1	2	2	1
2	3	3	2
3	5	5	1

从这个表可以看出，对于任一给定的行号 i，都能迅速地确定该行的第一个非零元素在三元组表中的存储位置 RowPos[i]。同时，RowPos[i] 又表示第 i 行之前的所有行的非零元素总数，而且可以通过 RowPos[$i+1$] – RowPos[i] 计算出第 i 行上的非零元素个数。

以上介绍的是稀疏矩阵的顺序压缩存储方式，相应的算法及其运算都比较简单，但是当矩阵的非零元素个数和位置在运算过程中变化较大时，就不宜采用顺序存储来表示三元组的线性表。例如，在将一个矩阵加到另一个矩阵中的运算中，由于非零元素的插入或删除将会引起三元组表中不少元素的移动。为此，对这种类型的矩阵，采用链式存储结构表示三元组的线性表更为合适，常用的链式存储方式称为十字链表法。由于这种链式存储结构比较复杂，而且不是很常用，在这里不作介绍，如果读者感兴趣，可参看有关书籍。

6.3 广义表

广义表是线性表的推广，又称**列表**。线性表的元素仅限于原子项，即每个数据元素只能是

一个数或一个记录，如果放松对线性表元素的这种限制，容许它们自身具有结构，由此就产生了广义表的概念。

6.3.1　广义表的定义

广义表是 $n(n \geqslant 0)$ 个元素 a_1，a_2，$\cdots$，a_n 的有限序列，其中 a_i 或者是原子，或者是一个广义表。通常记作 $LS = (a_1, a_2, \cdots, a_n)$。LS 是广义表的名字，$n$ 为它的长度。若 a_i 又是广义表，则称它为 LS 的子表。为了区分原子和广义表，在书写时，习惯上用大写字母表示广义表，用小写字母表示原子。通常用圆括号将广义表括起来，用逗号分隔其中的元素。当广义表 LS 非空时，称第一个元素 a_1 是 LS 的**表头**（head），其余元素组成的表 $(a_2, \cdots, a_n)$ 称为 LS 的**表尾**（tail）。

显然，广义表的定义是一个递归定义，因为在描述广义表时又用到了广义表的概念。下面列举一些广义表的例子。

①A = ( )——A 是一个空表，其长度为零；

②B = (a)——B 是一个只有一个原子的广义表，其长度为1；

③C = (a,(b,c))——C 是一个长度为 2 的广义表，第一个元素是原子，第二个元素是子表；

④D = (A,B,C) = ((), (a), (a, (b, c)))——D 是一个长度为 3 的广义表，其中三个元素均为子表；

⑤E = (C,d) = ((a, (b, c)), d)——E 是一个长度为 2 的广义表，第一个元素是子表，第二个元素是原子；

⑥F = (e,F) = (e, (e, (e, …)))——F 是一个递归的表，它的长度为 2，第一个元素是原子，第二个元素是表自身，展开后它是一个无限的广义表。

一个表展开后所含括号的层数称为广义表的**深度**。例如，表 A，B，C，D，E 的深度分别为 1，1，2，3，3，而表 F 的深度为无穷大 ∞。

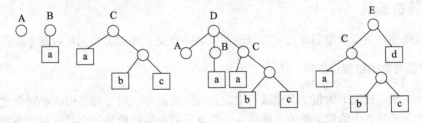

图 6-6　广义表的图形表示

从广义表的定义和上述例子，可以得出广义表的几个重要性质。

①广义表的元素可以是子表，而子表又可以是子表，因此，广义表是一个多层次结构的表，它可以用图来形象地表示。例如，图 6-6 表示的分别是广义表 A、B、C、D、E 的层次结构。

②广义表具有递归和共享的性质，例如表 F 就是一个递归的广义表，D 表是共享的表，在表 D 中可以不必列出子表的值，而是通过子表的名字来引用。

6.3.2　广义表的运算

广义表是一种多层次的线性结构，由图 6-6 的形状可以看出，它像一棵倒画的树。实际上这就是一种树形结构（树形结构将在后面章节中介绍）。由此可知，广义表不仅是线性表的推广，也是树结构的推广。因此，广义表的运算也与这些数据结构上的运算类似。由于广义表的结构相对来说比较复杂，其各种运算的实现也不像线性表那样简单，因此只讨论广义表的两个特殊的基本运算：取表头 head(LS) 和取表尾 tail(LS) 运算。由表头和表尾的定义可知，任何一个非空的广义表其表头可能是原子，也可能是子表，而其表尾一定是子表。例如，对于上面所给的广义表例子来说。

```
head(B) = a,     tail(B) = ()
head(C) = a,     tail(C) = ((a,b))     tail(tail(C)) = ()
head(D) = A,     tail(D) = (B,C),      tail(tail(D)) = (C) = ((a,(b,c)))
head(E) = C,     head(head(E)) = a,    tail(E) = (d)
```

【例 6.6】 已知有下列的广义表，试求出下面广义表的表头 head()、表尾 tail()、表长 length() 和深度 depth()。

① $A = (a, (b, c, d), e, (f, g))$；　② $B = ((a))$；

③ $C = (y, (z, w), (x, (z, w), a))$；　④ $D = (x, ((y), B), D)$。

【解答】

① head（A）= a,　　　　　　　tail（A）= ((b, c, d), e, (f, g)),

　 length（A）= 4,　　　　　　 depth（A）= 2；

② head（B）=(a),　　　　　　tail（B）= (), length（B）= 1, depth（B）= 2；

③ head（C）= y,　　　　　　　tail（C）= ((z, w), (x, (z, w), a)),

　 length（C）= 3,　　　　　　 depth（C）= 3；

④ head（D）= x,　　　　　　　tail(((y), B), D),

　 length（D）= 3,　　　　　　 depth（D）= ∞。

要特别注意的是，广义表() 和 (())是不同的：前者为空表，长度为 0；而后者是由空表作元素的广义表，其长度为 1，它可以分解得到表头、表尾为空表()。

6.4 运算符重载

本节只是通过重载对象的赋值运算符说明重载的含义，详细的知识可以参考有关资料。

6.4.1 重载对象的赋值运算符

编译器在默认情况下为每个类生成一个默认的赋值操作，用于同类的两个对象之间相互赋值。默认的含义是逐个为成员赋值，即将一个对象成员的值赋给另一个对象相应的成员，这种赋值方式对于有些类可能是不正确的。假设字符串类 str 的数据成员是 "char ∗ st"，下面语句

```
str s1( "hello" ), s2( "world" );
s2 = s1;
```

经赋值后，s2.st 和 s1.st 是同一块存储地址（如图 6-7 所示）。当 s2 和 s1 的生存期结束时，存储 "hello" 的变量被删除 2 次，这是个严重的错误。另外，对于 "s1 = s1" 的情况，也应不执行赋值操作。因此，程序必须为 str 类定义自己的赋值操作 " = "。这个操作应该能够保证 s1.st = s2.st，但两者各自具有自己的存储地址（如图 6-8 所示）。如果发现本身自己赋值，则不执行赋值操作。先不管如何声明这个 " = " 函数，使用 "赋值函数" 一词代表这个操作，则可像下面这样实现它：

```
str& str ::赋值函数 ( str& a )
```

```
{   if( this = &a )                        // 防止 a = a 这样的赋值
        return *this;                      // a = a,退出
    delete st;
    st = new char[strlen( a.st ) + 1];     // 申请内存
    strcpy ( st, a.st );                   // 将对象 a 的数据复制一份到申请的内存区
    return  *this;                         // 返回 this 指针指向的对象
}
```

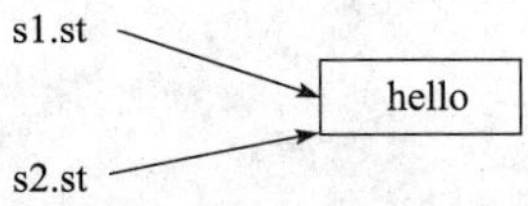

图 6-7   s2 = s1，使它们具有相同的内存块 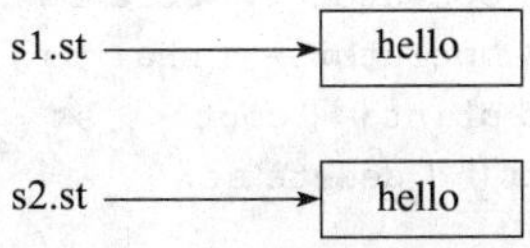   图 6-8   定义 "="，使 s2 = s1 具有各自（内
                                                          容相同）的内存块

这个成员函数必须使用引用参数，"赋值函数" 使用符号 "operator =" 表示，C ++ 的关键字 "operator" 和运算符一起使用，表示一个运算符函数，例如 "operator +" 表示重载 "+" 运算符。读者应将 "operator =" 从整体上视为一个（运算符）函数名。这样就可将它声明为 "str& str operator = (str&);"，即函数 operator = (str&) 返回 str 类对象的引用。定义时记作

```
str& str :: operator = ( str&a )
```

当 str 类定义了赋值运算符函数之后，"operator =" 是类的成员函数名，对象 s2 调用这个成员函数，函数的参数是 s1。写成函数调用形式如下：

```
s2.operator = ( s1 );
```

这虽然是正规的函数调用写法，但要实现的是 "="作用，所以系统允许直接写成如下形式的语句：

```
s2 = s1;
```

这将被 C ++ 编译解释为：

```
s2.operator = ( s1 );
```

即 s2 调用成员函数 str :: operator = (str&) 完成赋值操作。因为这个函数返回一个引用，所以它可以用于下面这种赋值操作中：

```
s3 = s2 = s1;
```

C ++ 编译器将其解释为：

```
s3.operator = ( s2.operator = ( s1 ) );
```

下面给出 str 类的完整实现和测试主程序，以便读者对比分析。

由此可见，它们虽然是函数，但完全可以不写成函数调用，而采用原来的书写习惯，系统会自动按其真正的含义执行。运算符重载其实就是函数重载，抓住这个实质，就很容易理解了。

【例 6.7】 完整实现 str 类的例子。

```
#include <iostream>
#include <string>
using namespace std;
```

```
class str
{
  private:
    char *st;
  public:
    str( char *s );
    str( str& s );
    str& operator = ( str& a );
    str& operator = ( char *s );
    void print () { cout << st << endl; }
    ~str () { delete st; }
};
str :: str ( char *s )
  {
    st = new char[strlen(s) + 1];
    strcpy( st, s );
  }
str :: str ( str& a )
{
    st = new char[strlen(a.st) + 1];
    strcpy( st, a.st );
}
str& str :: operator = ( str& a )
{
    if (this == &a )
        return *this;
    delete st;
    st = new char[strlen(a.st) + 1];
    strcpy( st, a.st );
    return *this;
}
str& str :: operator = ( char *s )
{
    delete st;
    st = new char[strlen(s)  + 1];
    strcpy( st, s );
    return *this;
  }
// 下面是测试程序:
 void main ()
 {
    str s1 ("We"), s2 ("They"),s3(s1);      // 调用构造函数和复制构造函数
    s1.print (); s2.print (); s3.print ();
    s2 = s1 = s3;                           // 调用赋值操作符
    s3 = "Go home!";                        // 调用字符串赋值操作符
    s3 = s3;                                // 调用赋值操作符但不进行赋值操作
    s1.print (); s2.print (); s3.print ();
}
```

程序中定义两个了赋值运算符，是因为程序中经常要进行形如

```
s1 = "hello";
```

这样的赋值，因此为 str 类定义了一个成员函数 str& str：：operator =（char ＊s），以绕过类型转换所带来的运行时间开销。程序运行结果如下：

```
We
They
We
We
We
Go home!
```

显然，主程序与写成如下函数调用形式的效果一样：

```
void main()
    {
            str s1("We"), s2("They"),s3(s1);        // 调用构造函数和复制构造函数
            s1.print(); s2.print(); s3.print();
            s2.operator = ((s1).operator = (s3));   // 与 s2 = s1 = s3 等效
            s3 ="Go home!";                         // 调用字符串赋值操作符
            s3.operator = (s3);                     // 与 s1 = s1 等效
            s1.print(); s2.print(); s3.print();
    }
```

6.4.2 运算符重载的实质

读者已经熟悉了函数重载，按此推理，表达式 7/2 = 3，而 7.0/2.0 = 3.5，这里的同一个运算符"/"，由于所操作的数据不同而具有不同的意义，所以称为"运算符重载"也就顺理成章了。"/"的重载就是系统预先定义的运算符重载。C++是由函数组成的，在 C++ 内部，任何运算都是通过函数来实现的。在处理表达式 5 + 2 时，因为"operator +"是" +"的函数形式，所以 C++ 将这个表达式解释成如下的函数调用表达式：

```
operator + (5,2);
```

然后就去寻找，看看有没有以 operator +（int，int）为原型的函数。因为系统已经定义了一个这样的函数，于是就调用这个函数。因为任何运算都是通过函数来实现的，所以运算符重载其实就是函数重载，要重载某个运算符，只要重载相应的函数就可以了。与以往稍有不同的是，需要使用新的关键字"operator"，它经常和 C++ 的一个运算符连用，构成一个运算符函数名，例如"operator +"。这种构成方法就可以像重载普通函数那样，重载运算符函数operator + ()。由于 C++ 已经为各种基本数据类型定义了该运算符函数，所以只需要为自己定义的类型重载 operator + () 就可以了。

一般来说，为用户定义的类型重载运算符都要求能够访问这个类型的私有成员。所以只有两条路可走：要么将它重载为这个类型的成员函数，要么将它重载为这个类型的友元。为区别这两种情况，将作为类的成员函数称为类运算符，而将作为类的友元的运算符称为友元运算符。

C++ 的运算符大部分都可以重载，不能重载的只有"."、"∷"、" *"和"?:"。前面 3 个是因为在 C++ 中有特定的含义，不准重载可以避免不必要的麻烦；"?:"则是因为不值得重载。另外，"sizeof"和"#"不是运算符，因而不能重载，而 =、()、[]、-> 这 4 个运算符只能用类运算符来重载。

C++ 允许程序员重新定义 C++ 中已有的运算符，通过运算符重载，就可像处理基本数据类型那样使用它们。为了面向对象编程的需要，C++ 提供了一个用于输入/输出（I/O）操作的类体系，这个类体系提供了对预定义类型进行 I/O 操作的能力，程序员也可以利用这个类体系进行自定义类型的 I/O 操作。

实验6 稀疏矩阵的加法运算

教材中介绍了有关三元组表的存储结构及其相关运算，这里要求使用另外一种存储表示方法，即以一维数组顺序存放非零元素的行号、列号和数值，行号为 −1 作为结束标志。例如，如图6-9所示的稀疏矩阵 A，则存储在一维数组 B 中内容为：

$B[0]=0$，$B[1]=2$，$B[2]=3$，$B[3]=1$，$B[4]=6$，$B[5]=5$，$B[6]=3$，

$B[7]=4$，$B[8]=7$，$B[9]=5$，$B[10]=1$，$B[11]=9$，$B[12]=−1$

现假设有两个如上方法存储的稀疏矩阵 A 和 B（如图6-10所示），它们均为6行8列，分别存放在数组 A 和 B 中，要求编写求矩阵加法即 $C=A+B$ 的算法，C 矩阵存放在数组 C 中。

$$A = \begin{vmatrix} 0 & 0 & 3 & 0 & 0 & 0 & 0 & 0 \\ 0 & 0 & 0 & 0 & 0 & 0 & 5 & 0 \\ 0 & 0 & 0 & 0 & 0 & 0 & 0 & 0 \\ 0 & 0 & 0 & 0 & 7 & 0 & 0 & 0 \\ 0 & 0 & 0 & 0 & 0 & 0 & 0 & 0 \\ 0 & 9 & 0 & 0 & 0 & 0 & 0 & 0 \end{vmatrix} \qquad B = \begin{vmatrix} 0 & 2 & 0 & 0 & 0 & 0 & 0 & 0 \\ 0 & 0 & 0 & 4 & 0 & 0 & 0 & 0 \\ 0 & 0 & 0 & 0 & 0 & 6 & 0 & 0 \\ 0 & 0 & 0 & 0 & 8 & 0 & 0 & 0 \\ 0 & 0 & 1 & 0 & 0 & 0 & 0 & 0 \\ 0 & 0 & 0 & 0 & 0 & 0 & 0 & 0 \end{vmatrix}$$

图6-9 稀疏矩阵 A 图6-10 稀疏矩阵 B

习题6

一、问答题

（1）如何计算多维数组在两种顺序存储方式下元素的存储地址？

（2）特殊矩阵压缩存储时，矩阵元素到一维数组元素的下标是如何变换的？

（3）稀疏矩阵的三元组表是如何表示的？

（4）如何计算广义表的深度和长度？

二、单项选择题

（1）对矩阵的压缩存储是为了_____。

　　A. 方便运算　　　　　　　　　B. 节省空间

　　C. 方便存储　　　　　　　　　D. 提高运算速度

（2）二维数组 M 的元素是4个字符（字符占一个存储单元）组成的串，行下标 i 的范围从0到7，列下标 j 的范围从0到9，则存放 M 需要存储单元数为_____。

　　A. 360　　　　　　　　　　　 B. 480

　　C. 240　　　　　　　　　　　 D. 320

（3）N 是一个 5×8 的二维数组，当 N 按行优先方式存储时，表示该数组的第 10 个元素的是_____。

　　A. $N[2][2]$　　　　　　　　　B. $N[2][1]$

　　C. $N[1][1]$　　　　　　　　　D. $N[1][2]$

（4）二维数组 $M[i,j]$ 的元素是4个字符（每个字符占一个存储单元）组成的串，行下标 i 的范围从0到4，列下标 j 的范围从0到5，M 按行优先方式存储时元素 $M[3,5]$ 的起始地址与 M 按列优先方式存储时起始地址相同的元素是_____。

　　A. $M[2][4]$　　　　　　　　　B. $M[3][4]$

　　C. $M[3][5]$　　　　　　　　　D. $M[4][4]$

（5）稀疏矩阵一般的压缩存储方法有两种，即_____。

A. 二维数组和三维数组　　　　　　B. 三元组和散列

C. 散列和十字链表　　　　　　　　D. 三元组和十字链表

(6) 设矩阵 A 是一个对称矩阵，为了节省存储空间，将其下三角部分按行序存放在一维数组 SA$[0..n(n+1)/2]$ 中，对任一下三角部分元素 a_{ij} $(i \geq j)$，在一组数组 SA 的下标位置 k 的值是_____。

A. $j*(j-1)/2+i-1$　　　　　　B. $i*(i+1)/2+j$

C. $j*(j+1)/2+i-1$　　　　　　D. $i*(i-1)/2+j$

三、填空题

(1) 将三角矩阵 $A_{8 \times 8}$ 的下三角部分逐行地存储在起始地址为 1000 的内存单元中，已知每个元素占 4 个单元，则 $A[6][4]$ 地址为_____。

(2) 已知数组 $A[10][10]$ 表示对称矩阵，其中每个元素占 5 个单元，现将其下三角部分按行优先次序存储在起始地址为 1000 的连续的存储单元中，则 $A[4][5]$ 对应的地址为_____。

(3) 广义表 ((a), a) 的表头是_____，表尾是_____。

(4) 广义表 ((a)) 的表头是_____，表尾是_____。

(5) 广义表 (((a))) 的表头是_____，表尾是_____。

(6) 取出广义表 A = ((x, y, z), (a, b, c, d)) 中原子 b 的函数是_____。

(7) 取出广义表 A = ((x, (a, b, c, d))) 中原子 c 的函数是_____。

(8) A = (x, ((a, b), c, d))，函数 head(head(tail(A))) 的运算结果是_____。

四、解答题

(1) 已知二维数组 $A[m][n]$ 按行优先顺序存储在内存中，假设每个元素占 d 个存储单元，第一个元素的存储地址表示为 LOC($A[0][0]$)，写出计算数组 A 的任一个元素 $A[i][j]$ 的存储地址公式。

(2) 已知二维数组 $A[5][10]$ 按行优先顺序存储在内存中，假设每个元素占 3 个存储单元，第一个元素的存储地址即 LOC($A[0][0]$) = 1000，计算出 LOC($A[3][4]$) 的值。

(3) 已知有一个 10 阶对称矩阵 A，采用压缩存储方式存储（以行优先顺序存储，每个元素占 1 个单元），其起始地址为 1100，写出 $A[4][5]$ 的地址。

(4) 求下面广义表的表头和表尾：

① ((a, b), c, d)　　　　　　② (a, b, c)

③ ((a, b, c))　　　　　　　④ (a, (b, c), d)

⑤ ((a, b), (c, (d, ())))

(5) 求下面广义表的长度和深度：

① ((a), ((b), c), (((d))))　　② (a, (a, b), d, e, ((i, j), k))

③ (((a, b), (c, (d, e)))　　　④ ((a), ((b), c), (((d))))

(6) 写出下面所给稀疏矩阵对应的三元组表。

$$\begin{bmatrix} 0 & 0 & 1 & 0 \\ 0 & -5 & 0 & 2 \\ 0 & 3 & 0 & 0 \\ 4 & 0 & -2 & 0 \end{bmatrix}$$

第7章　树和二叉树

树结构是一类重要的非线性数据结构，树中结点之间具有明确的层次关系，并且结点之间有分支，它非常类似于真正的树。树结构在客观世界中大量存在，如行政组织机构和人类社会的家谱等，都可用树结构形象地表示。树结构也被广泛地应用在计算机应用领域中。例如在编译程序中，用树结构来表示源程序的语法结构；在数据库系统中，用树结构来组织信息；在计算机图形学中，用树结构来表示图像关系等。

7.1　树的基本概念和术语

在现实生活中，存在许多可以用树结构描述的实际问题。例如，某大学的行政组织机构就是一种树结构。大学领导各部处或学院（系），部处领导各科室，等等，这个行政组织机构关系可用图7-1所示的树形图来描述。它就像一棵倒画的树，其中大学是“树根”，部处和院系是“分支”，科、室和教研室等是“树叶”。以大学为根的树是一棵大树，它可分成以部处、学院或系为根的小树（子树），每棵子树又可分为若干棵子树。因此，树结构是一个递归结构。

大学
部处
学院
室
科
系
办公室
班级
教研室
图7-1　树结构示意图

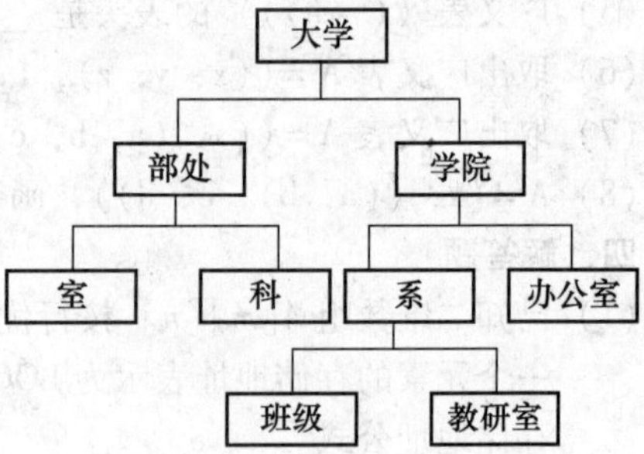

1. 树的定义

树（tree）是$n(n\geqslant 0)$个结点的有限集T。它或者是空集（空树即$n=0$），或者是非空集。对于任意一棵非空树，存在如下关系。

①有且仅有一个特定的称为根（root）的结点；

②当$n>1$时，其余的结点可分为$m(m>0)$个互不相交的有限集T_1，T_2，…，T_m，其中每个集合本身又是一棵树，并称为根的子树。

例如，图7-2a表示的是一个有13个结点的树，其中A是根结点，其余的结点分成三棵互不相交的子集：$T_1=\{B, E, F, J, K\}$，$T_2=\{C, G\}$，$T_3=\{D, H, I\}$。T_1、T_2和T_3都是根A的子树，且本身也是一棵子树。

(A(B(E,(F(J,K))), C(G),D(H,I)))
a）树形表示
b）嵌套集合表示
c）凹形表表示
d）广义表表示
图7-2　树的表示方法示意图

2. 树的表示方法

树有多种表示方法，但最常用的是树形图表示法。在树形图表示中，结点通常用圆圈表示

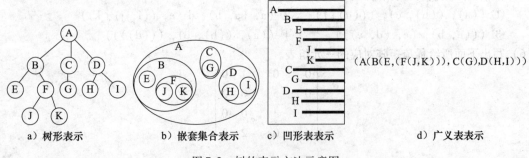

的，结点名一般写在圆圈内或写在圆圈旁，如图 7-2a 所示。这种表示法非常直观，本书中多数情况下都是用方式来表示树结构。

在不同的应用场合，树的表示方法也不尽相同。除了树形表示法之外，通常还有三种表示方法，如图 7-2a 中所示的树可以用图 7-2b、c 和 d 所示形式表示。其中图 7-2b 是以嵌套集合的形式表示的；图 7-2c 用的是凹形表示法；图 7-2d 是以广义表的形式表示的，树根作为由子树森林组成的表的名字写在表的左边。

3. 基本术语

为了更好地理解和掌握树结构的相关知识，首先要熟悉树结构中的基本术语。

树的**结点**包含一个数据元素及若干个指向其子树的分支。一个结点拥有的子树数称为该结点的**度**（degree）。例如，图 7-2a 中，根结点 A 有三棵子树，因此它的度为 3，C 的度为 1，E 的度为 0。一棵树中结点的最大度数称为该**树的度**，如图 7-2a 所示的树的度为 3。度数为零的结点称为**叶子**（leaf）**结点**或**终端结点**，图 7-2a 中的结点 E、J、K、G、H、I 都是树的叶子结点。度数不为零的结点称为**非终端结点**或**分支结点**。除根结点之外，分支结点也称为**内部结点**，而根结点又称为**开始结点**。

树中某个结点子树的根称为该结点的**孩子**（child），相应地，该结点称为孩子结点的**双亲**（parent）或**父结点**，例如，在图 7-2a 所示的树中，B 是子树 T_1 的根，则 B 是 A 的孩子，而 A 则是 B 的双亲，同一个双亲的孩子之间互为**兄弟**。例如，结点 B、C、D 之间互为兄弟。若将上述这种双亲关系进一步推广，可以认为结点 B 是结点 K 的**祖父**。

若在一棵树中存在着一个结点序列 k_1，k_2，…，k_j 使得 k_i 是 k_{i+1} 的父结点（$1 \leqslant i \leqslant j$），则称该结点序列是从 k_1 到 k_j 的一条**路径**。例如，在图 7-2a 中，结点 A 到 K 有一条路径 ABFK，它的路径长度是 3。显然，从树根到树中其余结点均存在唯一的一条路径。

若树中结点 k_i 到 k_j 存在一条路径，则称结点 k_i 是 k_j 的**祖先**，结点 k_j 是 k_i 的**子孙**。例如，在图 7-2a 所示的树中，结点 J 的祖先是 A、B 和 F，结点 B 的子孙有 E、F、J 和 K。

树中结点的**层次**（level）是从根开始算起，根为第一层，其余结点的层次等于其双亲结点的层数加 1。树中结点的最大层次称为树的**深度**（depth）或**高度**。如图 7-2a 表示的树，结点 F 的层次为 3，而该树的高度是 4。

如果将树中结点的各子树看成是从左至右依次有序且不能交换，则称该树为**有序树**，否则称为**无序树**。

森林（forest）是 $m(m \geqslant 0)$ 棵互不相交的树的集合。若将一棵树的根结点删除，就得到该树的子树所构成的森林，如果将森林中所有树作为子树，用一个根结点把子树都连起来，森林就变成一棵树。

7.2 二叉树

二叉树是树结构的一种重要类型，在实际应用中具有十分重要的意义。从许多实际问题中抽象出来的数据结构往往是二叉树的形式，即使是一般的树，也能够简单地转换为二叉树形式，而且二叉树的存储结构及其算法都比较简单，因此，本章将详细地讨论关于二叉树的存储、运算及应用问题。

7.2.1 二叉树的定义和性质

1. 二叉树定义

二叉树（binary tree）是 $n(n \geqslant 0)$ 个结点的有限集合，它的每个结点至多只有两棵子树，它或者是空集，或者是由一个根结点及两棵互不相交的分别称做这个根的左子树和右子树的二叉树组成。

从上面的二叉树定义可以看出它是递归的，根据这个定义，可以导出的二叉树将具有如图 7-3 所示的 5 种基本形态。其中，图 7-3a 为空二叉树；图 7-3b 为只有单个根结点的二叉树；图 7-3c 为只有根结点及左子树的二叉树；图 7-3d 为只有根结点及右子树的二叉树；图 7-3e 为有根及左、右子树的二叉树。

a)空二叉树   b)仅有根结点   c)右子树为空   d)左子树为空   e)左右子树非空

图 7-3   二叉树的 5 种基本形态

2. 二叉树的性质

二叉树具有几个非常重要的性质。

性质 1　在二叉树的第 i 层上至多有 2^{i-1} 个结点（$i \geq 1$）。

证明（利用数学归纳法）：

①当 $i=1$ 时，只有一个根结点，即 $2^{i-1}=2^0=1$，命题成立。

②假设对所有的 $j(1 \leq j < i)$，命题成立，即第 j 层上最多有 2^{i-1} 个结点。

③由归纳假设，第 $i-1$ 层上至多有 2^{i-2} 个结点。由于二叉树的每个结点的度至多为 2，因此，在第 i 层上的结点数至多是第 $i-1$ 层上最大结点数的 2 倍，即 $2 \times 2^{i-2}=2^{i-1}$ 个结点，所以命题成立。　■

性质 2　深度为 k 的二叉树至多有 2^k-1 个结点（$k \geq 1$）。

证明：一棵深度为 k 的二叉树最多含有的结点数，应该是该二叉树中每一层上最多含有的结点数的总和，由性质 1 可知，深度为 k 的二叉树的最大结点数为

$$2^0 + 2^1 + \cdots + 2^{k-1} = \sum_{i=1}^{k} 2^{i-1} = 2^k - 1$$

因此，命题成立。　■

性质 3　对任何一棵二叉树 T，若其终端结点数为 n_0，度数为 2 的结点数为 n_2，则 $n_0 = n_2 + 1$。

证明：设 n_1 为二叉树 T 中度数为 1 的结点数。因为二叉树中所有结点的度数句均不大于 2，所以二叉树 T 上的结点总数为

$$n = n_0 + n_1 + n_2 \tag{7-1}$$

从另一方面我们知道，度数为 1 的结点表示它有一个孩子结点，度数为 2 的结点有两个孩子结点，所以树中孩子结点总数应该是 $n_1 + 2n_2$，而树中只有根结点不是任何结点的孩子结点，因此二叉树中的结点总数又可表示为

$$n = n_1 + 2n_2 + 1 \tag{7-2}$$

由式（7-1）和式（7-2）解得 $n_0 = n_2 + 1$，所以命题成立。　■

3. 特殊情形的二叉树

满二叉树和完全二叉树是两种特殊情形的二叉树。

①满二叉树：一棵深度为 k 且有 2^k-1 个结点的二叉树称为**满二叉树**。如图 7-4a 所示的二叉树是一棵深度为 4 的满二叉树，这种树的特点是每一层上的结点数都达到最大值，因此不存在度数为 1 的结点，且所有叶子结点都在第 k 层上。

②完全二叉树：若一棵深度为 k 的二叉树，其前 $k-1$ 层是一棵满二叉树，而最下面一层（即第 k 层）上的结点都集中在该层最左边的若干位置上，则称此二叉树为**完全二叉树**。如图 7-4b 所示的二叉树就是一棵完全二叉树，而图 7-4c 就不是一棵完全二叉树，因为最下面一层上的结点 L 不是在最左边的位置上。

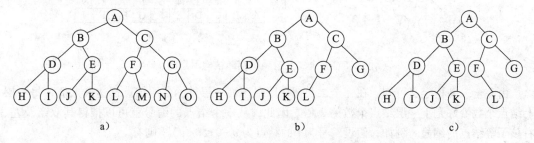

图 7-4　满二叉树和完全二叉树示意图

显然，满二叉树一定是完全二叉树，但完全二叉树不一定是满二叉树。

7.2.2　二叉树的抽象数据类型

对二叉树的常用运算有求树深度、求结点个数、遍历等，因此，二叉树的抽象数据类型可描述如下。

```
ADT BinTree {
    数据对象及关系
        元素（结点）集合；每个结点包括根结点、左子树和右子树；每棵子树又是一棵
        二叉树
    数据的基本运算
    Create(),              创建一棵空二叉树；
    DepthBinTree(),        求二叉树的深度；
    NodeBinTree(),         求二叉树的结点数；
    MakeBinTree(),         创建二叉树；
    PreOrder(),            前序遍历二叉树；
    InOrder(),             中序遍历二叉树；
    PosOrder(),            后序遍历二叉树；
    LevelOrder(),          按层遍历二叉树。
} //ADT BinTree
```

抽象数据类型的描述应独立于具体的实现形式，它是对二叉树逻辑结构的抽象，与其存储结构没有关系。

7.2.3　二叉树的存储结构

1. 顺序存储结构

在使用顺序存储结构保存一棵具有 n 结点的完全二叉树时，只要从树根开始，自上层到下层，每层从左至右地给该树中每个结点进行编号（假定编号从 0 开始），就能够产生一个反映整个二叉树结构的线性序列，如图 7-5a 所示，然后以各结点的编号为下标，把每个结点的值对应存储到一个一维数组 bt 中，如图 7-5b 所示。

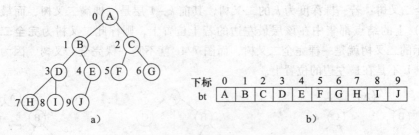

图7-5 完全二叉树顺序存储结构示意图

由完全二叉树定义可知，在完全二叉树中除最下面一层外，各层结点都达最大值，每一层上结点个数恰好是上一层结点个数的 2 倍。因此，从一个结点的编号就可以推得其双亲及左、右孩子等结点的编号。例如，假设编号为 i 的结点为 $q_i(0 \le i < n)$，则有

①若 $i = 0$，则 q_i 为根结点，无双亲；否则，q_i 的双亲结点编号为 $\lfloor (i-1)/2 \rfloor$。

②若 $2i+1 < n$，则 q_i 的左孩子结点编号为 $2i+1$；否则，q_i 无左孩子，即 q_i 必定是叶子结点。

③若 $2i+2 < n$，则 q_i 的右孩子结点编号为 $2i+2$；否则，q_i 无右孩子。

显然，对于完全二叉树而言，使用顺序存储结构既简单又节省存储空间。但对于一般的二叉树来说，采用顺序存储时，为了使用结点在数组中的相对位置来表示结点之间的逻辑关系，就必须增加一些**虚结点**使其成为完全二叉树的形式。这样存储二叉树中的结点会造成存储空间上的浪费，在最坏情况下，一棵深度为 k 的而且只有 k 个结点的单支二叉树却需要 $2^k - 1$ 个结点的存储空间。例如，只有 4 个结点的二叉树，将其添加一些实际上不存在的虚结点"φ"，使之成为如图 7-6a 所示的完全二叉树，其相应的顺序存储结构如图 7-6b 所示。

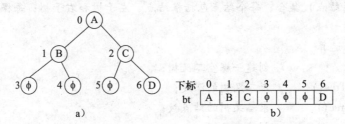

图7-6 非完全二叉树的顺序存储结构示意图

2. 链式存储结构

从上面介绍的二叉树顺序存储结构来看，它仅适用于完全二叉树，但对于一般的二叉树来说，顺序存储结构不但浪费存储空间，而且当经常在二叉树中进行插入或删除结点操作时，需要移动大量的结点，因此，在一般情况下多采用链式存储方式来存储二叉树。设计不同的（结点）结构可构成不同形式的链式存储结构。在二叉树的链式存储表示中，通常采用的方法是：每个结点设置三个域，即值域、左指针域和右指针域，用 data 表示值域，lchild 和 rchild 分别表示指向左右子树（孩子）的指针域，如图 7-7a 所示。

有时为了便于查找结点的双亲，还可以在结点结构中增加一个指向其双亲的指针 parent，其结点结构如图 7-7b 所示。

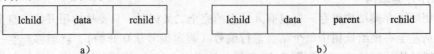

图7-7 二叉树的链式存储结点结构

在一棵二叉树中，设有一个指向其根结点（即开始结点）的 BinTree 型头指针 bt 及所有类型为 BinTNode 的结点，这样就构成了二叉树的链式存储结构，并称其为**二叉链表**，例如，图 7-8a 所示二叉树的二叉链表如图 7-8b 所示。

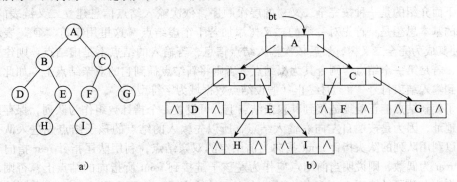

图 7-8　二叉树的链式存储结构示意图

3. 二叉链表的结点类模板

对于二叉树的基本运算主要有访问结点、前序遍历、中序遍历、后序遍历和按层遍历等，而且遍历又分递归和非递归。下面是为了涵盖上述方法而定义的二叉链表的结点类模板。

```
// bintree.h
template < class T >
class BinTNode {
    public:
        BinTNode < T > (){lchild = rchild = 0;}        // 创建一个空结点
        BinTNode < T > (T e){data = e;lchild = rchild = 0;}
         void Visit(){cout << data <<"   ";}           // 访问结点
        int depth(BinTNode < T > *);                   // 求二叉树的深度
        int Nodenum(BinTNode < T > *);                 // 求二叉树上的结点数
        BinTNode < T > *MakeBTree();                   // 生成二叉树
        void PreOrder(BinTNode *);                     // 前序遍历二叉树
        void InOrder(BinTNode *);                      // 中序遍历二叉树
        void PostOrder(BinTNode *);                    // 后序遍历二叉树
        void LevelOrder(BinTNode *);                   // 使用指针数组按层非递归遍历二叉树
        void Inorder1(BinTNode *bt);                   // 使用栈的非递归中序遍历
        void Inorder2(BinTNode *bt);                   // 使用数组指针的非递归中序遍历
        void Preorder1(BinTNode *bt);                  // 使用栈的非递归前序遍历
        friend void FindBT(BinTNode *bt,
                T x,int *found);                       // 查找值为 x 的结点
        friend int Level(BinTNode  *bt,
                BinTNode *p, int lh);                  // 求一结点在二叉树中的层次
    private:
        T data;
        BinTNode < T > *lchild,*rchild;
};
typedef BinTNode < char > *BinTree;                    // 定义字符类型的二叉链表类型
```

7.3　二叉树的运算

7.3.1　二叉树的生成

在二叉树上做任何运算之前，二叉树本身必须存在。因此，在讨论运算之前，首先介绍二

叉树的生成。所谓生成，实际上就是要建立二叉树的存储结构。

由于建立二叉树的顺序存储结构比较简单，这里就不讨论了，下面将讨论如何建立二叉树的链式存储结构，即二叉链表。建立二叉链表根据输入二叉树结点的形式不同，建立的方法也不同。下面介绍的是一种按完全二叉树的层次顺序，依次输入结点信息建立二叉链表的算法。该算法的基本思想是：首先对一般的二叉树添加若干个虚结点（这里用字符"@"表示虚结点），使其成为完全二叉树，然后依次输入结点信息，若输入的结点不是虚结点，则建立一个新结点，若是第一个结点，则令其为根结点，否则将新结点插到它的双亲结点上。如此重复下去，直到输入结束符号"#"时终止（假设结点数据域为字符型）。

为了使新结点能正确地链接到其双亲结点上，可设置一个指针数组作为队列，保存已输入的结点地址，因为是按层自左向右输入结点，所以先输入的结点的孩子结点先进入队列，因此，可以利用队列的队头指针 front 指向当前结点的双亲结点，利用队尾指针 rear 指向当前结点。若 rear 为偶数，则说明当前结点应作为左孩子链接到 front 所指向的结点上；否则，当前结点应作为右孩子链接到 front 所指向的结点上。链接之后，使队头指针 front 指向下一个双亲结点。若当前结点为虚结点，则不需链接。具体算法实现如下：

```
template < class T >
BinTree   BinTNode < T >::MakeBTree()
{  // Q[1..n]是一个 BinTNode 类型的指针数组
   int front,rear;char ch;
   BinTNode < char > *Q[50],*s,*bt;
   ch = getchar();
   front = 1;rear = 0;                              // 初始化队列
   while(ch! = '#') {                               // 假设结点值为单字符,#为终止符
      s = NULL;                                     // 先假设读入的为虚结点"@"
         if(ch! = '@ ') {                           // 不是虚结点则继续
           s = new BinTNode < T >;                  // 申请新结点
           s ->data = ch;s ->lchild = s ->rchild = NULL;  // 新结点赋值
         }// end_if
      rear ++;                                      // 队尾指针自增
      Q[rear] = s;                                  // 将新结点地址或虚结点地址 (NULL) 入队
      if(rear ==1)                                  // 若 rear 为 1,则说明是根结点,用 bt 指向它
         bt = s;
      else {
         if(s! = NULL && Q[front]! = NULL)          // 当前结点不是虚结点
            if(rear %2 ==0)                         // rear 为偶数,新结点应作为左孩子
               Q[front] ->lchild = s;
            else
               Q[front] ->rchild = s;               // 新结点应作为右孩子
         if(rear %2 ==1)
            front ++;                               // front 指向下一个双亲
      }
      ch = getchar();                               // 读下一个结点值
   }// end_while
   return bt;
}
```

7.3.2 二叉树的递归遍历及其算法

在二叉树的应用中，遍历二叉树是一种最重要的运算，它是二叉树中所有其他运算的基础。所谓遍历是指沿着某条搜索路径（线）周游二叉树，依次对树中每个结点访问一次且仅访问一次。遍历对于一般的线性结构来说是一个很容易解决的问题，只需要从开始结点出发，

依次访问当前结点的直接后继，直到终端结点为止。然而，对于二叉树而言，树中每个结点都可能有两个后继结点，这将导致存在多条遍历路线。因此，需要寻找一种规律，以便系统地访问树中各个结点。

在介绍二叉树的递归遍历算法之前，需要先了解递归遍历算法使用的递归定义。

1. 递归遍历算法的递归定义

根据二叉树的递归定义，遍历一棵非空二叉树的问题可分解为三个子问题：访问根结点、遍历左子树和遍历右子树。若分别用 D、L 和 R 表示以上三个问题，则有 DLR、LDR、LRD 和 DRL、RDL、RLD 六种遍历方案。其中前三种方案是按先左后右次序遍历根的两棵子树，而后三种则是按先右后左次序遍历两棵子树。由于两者对称，因此仅讨论前三种次序的遍历算法。

以遍历根结点的先后命名遍历的名称。在遍历方案 DLR 中，因为访问根结点的操作在遍历左、右子树之前，故称之为**前序**（preorder）遍历或**先根**遍历；类似地，在方案 LDR 中，访问根结点的操作在遍历左子树之后和遍历右子树之前，故称之为**中序**（inorder）遍历或**中根**遍历；在方案 LRD 中，因为访问根结点的操作在遍历左、右子树之后，故称之为**后序**（postorder）遍历或**后根**遍历。

显然，遍历左、右子树的问题仍然是遍历二叉树的问题，当二叉树为空时递归遍历结束，所以很容易给出以上三种遍历算法的递归定义。

（1）前序遍历二叉树的递归定义

若二叉树非空，则依次进行如下操作：

①访问根结点；

②前序遍历左子树；

③前序遍历右子树。

（2）中序遍历二叉树的递归定义

若二叉树非空，则依次进行如下操作：

①中序遍历左子树；

②访问根结点；

③中序遍历右子树。

（3）后序遍历二叉树的递归定义

若二叉树非空，则依次进行如下操作：

①后序遍历左子树；

②后序遍历右子树；

③访问根结点。

2. 递归遍历算法实现

在有了上述遍历二叉树的递归定义描述之后，三种遍历的算法就很容易实现。遍历算法中的递归终止条件是二叉树为空。

（1）前序遍历的递归算法

```
template < class T >
void BinTNode < T > ::PreOrder(BinTree bt)
{
    if(bt){
            bt ->Visit();                    // 访问根结点
            bt ->PreOrder(bt ->lchild);      // 前序遍历左子树
            bt ->PreOrder(bt ->rchild);      // 前序遍历右子树,假设用 r 标记这个返回地址
    }
}
```

为了便于理解递归算法，现以图 7-9 所示的二叉树以及该二叉树对应的二叉链表为例，说明以上算法前序遍历二叉树的执行过程。

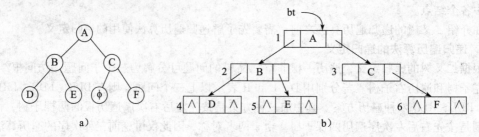

图 7-9　二叉树和二叉链表示意图

为了叙述方便，在二叉链表的每个结点左边标上一个序号，假设为该结点的存储地址。当一个函数调用前序遍历算法时，需要以指向二叉树根结点的指针 1 作为实参，将它传递给算法中的形参 bt，系统工作栈中应包括 bt 和返回地址 r 两个域，假定调用函数的返回地址为 0，那么，此时工作栈中 bt = 1，r = 0，如图 7-10a 所示。因为 bt 不为 NULL，访问根结点，输出 A。递归调用访问左子树，bt = 2，r = 3（结点 A 的右指针指向 C，r 应为 3），系统工作栈状态如图 7-10b 所示。因为 bt 不为 NULL，访问 bt 指向的结点，输出 B。再递归调用，bt = 4，r = 5（E 的地址），系统工作栈状态如图 7-10c 所示。bt 不为 NULL，访问 bt 指向的结点，输出 D。再递归调用，此时左子树为空，右子树也为空，系统退栈，返回遍历 2 的右子树 5，输出 E。因为 5 的左右子树均为空，系统再退栈，遍历 1 的右子树 3，输出 C。左子树空，再遍历其右子树，输出 F。这时左右子树都空，遍历结束，系统返回调用函数地址 0 处。遍历过程中，系统工作栈的变化情况如图 7-10d ～ f 所示。由上述算法的执行过程可知，前序遍历图 7-9 所示的二叉树，访问结点次序为 ABDECF，通常将这个遍历二叉树结点的序列简称为**前序序列**。

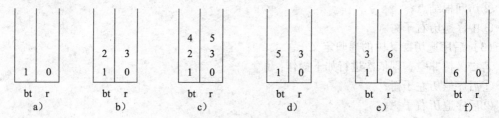

图 7-10　前序遍历二叉树算法的执行过程示意图

类似地，可以写出中序遍历和后序遍历二叉链表的递归算法。

（2）中序遍历算法

```
template < class T >
void BinTNode < T > ::InOrder(BinTree bt)
{
    if(bt){
        bt -> InOrder(bt -> lchild);
        bt -> Visit();
        bt -> InOrder(bt -> rchild);
    }
}
```

（3）后序遍历算法

```
template<class T>
void BinTNode<T>::PostOrder(BinTree bt)
{
    if(bt){
            bt->PostOrder(bt->lchild);
            bt->PostOrder(bt->rchild);
            bt->Visit();
    }
}
```

同样，若按中序遍历算法和后序遍历算法遍历图 7-9 所示的二叉树，则可得到**中序序列**"DBEACF" 和**后序序列**"DEBFCA"。

7.3.3 二叉树递归遍历应用实例

【例7.1】 分别写出图 7-11 所示的二叉树的前、中、后序遍历序列，并用程序验证结果是否正确。

【分析】 按照前面介绍的三种递归或非递归的遍历二叉树算法，很容易给出遍历序列。其中前序序列为 ABDHEICFG；中序序列为 DHBEIAFCG；后序序列为 HDIEBFGCA。

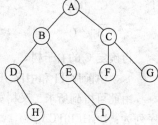

图 7-11 一棵二叉树

```
// 验证文件 j71.cpp
// bintree.h
#include<iostream>
using namespace std;
#include "bintree.h"

void main()
{
        BinTNode<char>BT('E');
        BinTree bt=&BT;
        bt=bt->MakeBTree();
        bt->PreOrder(bt); cout<<endl;
        bt->InOrder(bt);  cout<<endl;
        bt->PostOrder(bt);cout<<endl;
}
```

按 ABCDEFG@ H@ I#序列输入即可。

【例7.2】 已知二叉树的前序和中序遍历序列或中序和后序遍历序列，求其二叉树。

【分析】 根据二叉树的三种遍历算法，可以得出这样一个结论：已知一棵二叉树的前序和中序遍历序列或中序和后序遍历序列，可唯一地确定一棵二叉树。具体方法如下：

①根据前序或后序遍历序列确定二叉树的各层的根；

②根据中序遍历序列确定各层根的左、右子树。

例如，一棵二叉树的前序和中序遍历序列分别为 ABDEGHCFI 和 DBGEHACIF，求其后序遍历序列。要求出后序遍历序列，就必须求出其二叉树。

求解过程如下：

第一步：由前序遍历序列确定二叉树的根为 A，再由中序遍历序列确定 A 的左、右子树。

A ┃BDEGH┃ ┃CFI┃   // 前序遍历序列的根、左子树和右子树

┃DBGEH┃ A ┃CIF┃   // 中序遍历序列的左子树、根和右子树

第二步：确定 A 的左子树。

┃B┃ D ┃EGH┃   // 前序遍历左子树的根、左子树和右子树

┃D┃ B ┃GEH┃   // 中序遍历左子树的左子树、根和右子树

再确定 B 的右子树。

由前序序列 EGH 和中序序列 GEH 唯一确定 E 为根，G、H 分别为左子树和右子树。

第三步：确定 A 的右子树。

C ┃FI┃   // 前序遍历 B 右子树的根和右子树

┃IF┃ C   // 中序遍历 B 右子树的左子树和根

再确定 C 的右子树。

由前序 FI 和中序 IF 确定 F 为根，I 为左子树。

由此可得到所求二叉树如图 7-12 所示。因此，该二叉树的后序遍历序列为：DGHEBIFCA。

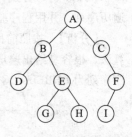

可以使用例 7.1 的程序验证它。它的输入序列为 ABCDE@ F@ @ GH@ @ I#。同样可以使用该程序分别验证图 7-4 至图 7-6、图 7-8 和图 7-9 的二叉树。

【例 7.3】 已知二叉树的链式存储结构，完成求二叉树深度的成员函数 depth 的定义并验证定义的正确性。

图 7-12   二叉树

【分析】 若一棵二叉树为空，则它的深度为 0，否则它的深度等于其左右子树中的最大深度加 1。设 depL 和 depr 分别表示左右子树的深度，则二叉树的深度为：

$$\max(depl, depr) + 1$$

由此可在头文件 bintree.h 中完成成员函数 depth 的定义并编写 j73.cpp 验证。

```cpp
template < class T >
int BinTNode < T >:: depth(BinTree bt)
{
        if(!bt)return 0;
        int lc = depth(bt -> lchild);
        int rc = depth(bt -> rchild);
        if(lc > rc)return ++lc;
        else return ++rc;
}
// j73.cpp
#include < iostream >
using namespace std;
#include "bintree.h"
void main()
{
    BinTNode < char >BT;
    BinTree bt = &BT;
    bt = bt -> MakeBTree();
    cout << "depth = " << bt -> depth(bt) << endl;
}
```

对于图 7-12 所示的二叉树，可求得 depth = 4。

【例 7.4】 以二叉链表为存储结构，试编写在二叉树中查找值为 x 的结点及求 x 所在结点在树中层数的算法。

【分析】 因为头文件定义了 BinTree 指针类型，所以直接使用它作为数据类型。

①按值查找，返回结点地址。该算法比较简单，因为无论利用三种遍历算法的哪一种，都很容易实现，不妨用前序遍历算法：

```
BinTree p = NULL;                    // 用全局变量 p 带回结点地址
template < class T >
void  FindBT(BinTree bt,T x)
{   // 用整数指针变量作为是否查找到的标志,初始化 * found = 0
    if((bt! = NULL) && (! * found))
        if(bt -> data == x) {
            p = bt;                      // 用全局变量 p 带回结点地址
            * found = 1;                 // 置找到的标志 * found = 1
        }
        else {
            FindBT(bt -> lchild,x,found); // 遍历查找左子树
            FindBT(bt -> rchild,x,found); // 遍历查找右子树
        }
}
```

②求结点的层次。依照题意，仍然采用递归算法，并设 p 为指向查找的结点，h 为返回 p 所指结点的所在层数，其初值为 0，树为空时返回 0，lh 指示二叉树 bt 的层数（即高度），其初值为 1，因此，实现算法如下：

```
int Level(BinTree bt, BinTree p, int lh)
{   // 求一结点在二叉树中的层次
        static int h = 0;
        if(bt == NULL) h = 0;
        else if(bt == p)
            h = lh;
        else {
            Level(bt -> lchild,p,lh + 1);
            if(h == 0)
                Level(bt -> rchild,p,lh + 1);
        }
        return h;
}
```

下面使用图 7-13 所示的二叉链表实例，并带有假设的地址，其中 bt 值为 100，p 值是 500，结合图 7-14，分析解释上述算法的执行过程及每一过程中相关的变量值的变化。

如图 7-13 所示，地址 400 的左右孩子结点均为空，所以执行要回溯到图 7-14 的②查找右子树：

```
Level(bt -> rchild,p,lh + 1)  500  'E'  3  3
```

接着回溯到①，因为 h = 3 而不等于 0，不查找右子树，算法结束，得到最终结果为 h = 3，即 p 所指向的结点在二叉树的第三层。

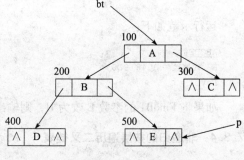

图 7-13　二叉链表

文件 j74.cpp 验证了程序的正确性。

调用	值: bt	bt -> data	h	lh
①Level（bt, p, 1）	100	'A'	0	1
②Level（bt -> lchild, p, lh +1）	200	'B'	0	2
③Level（bt -> lchild, p, lh +1）	400	'D'	0	3
④Level（bt -> lchild, p, lh +1）	0		0	4
⑤Level（bt -> rchild, p, lh +1）	0		0	4

图 7-14   调用过程演示图

由于以上两个算法函数中都要访问 BinTNode 类中的私有成员，因此要将它们在类中说明为友元函数。由于这两个函数是在如下语句

```
typedef BinTNode < char > *BinTree;
```

之前声明的，所以不能使用 BinTree 作为数据类型，而应使用如下的原型声明：

```
friend void   FindBT(BinTNode < T >*bt,T x,int *found);       // 按值查找,返回结点地址
friend int Level(BinTNode < T >*bt, BinTNode < T >*p, int lh); // 求一结点在二叉树中的层次
```

也可简化为如下形式：

```
friend void FindBT(BinTNode *bt, T x);
friend int Level(BinTNode  *bt, BinTNode *p, int lh);
```

```
// j74.cpp        验证程序
#include < iostream >
using namespace std;
#include "bintree.h"
void main()
{
    BinTNode < char >BT;
    int lh =1,n =0; int *found = &n;
    BinTree bt = &BT;
    bt = bt ->MakeBTree();
    FindBT(bt, 'E',found);                                 // 查找带回结点指针 p
    if(*found ==1){
        p ->Visit();
        cout <<"的地址为" <<p <<endl;
        cout <<"Level =" <<Level(bt,p,lh) <<endl;
    }else cout <<"不存在!" <<endl;
}
```

运行示范如下：

```
ABCDE#
E   的地址为 004819D0
Level =3
```

如果将 FindBT 的参数 E 改为 H，则输出结果为"不存在!"。

7.3.4   非递归的按层遍历二叉链表

其算法思想是：用指针数组 Q 表示队列，若树不空，则先访问二叉树根结点，若根结点有

左子树，则将左子树的根结点指针入队，若其有右子树，则将其右子树的根结点入队，再出队，如此下去，直至队列空为止。下面是这个成员函数的算法实现：

```
template < class T >
void BinTNode < T > ::LevelOrder(BinTree bt)
{     // 按层遍历二叉树,从上到下,从左到右
        BinTNode < T > *Q[20];
        int r =1,f =1;                                  // 队列的头、尾指针置初值
        while(f <= r) {                                 // 队列为空则退出循环
            if(bt)bt ->Visit();                         // 访问根结点
            if(bt ->lchild)Q[r ++] = bt ->lchild;
            if(bt ->rchild)Q[r ++] = bt ->rchild;
            bt = Q[f ++];                               // 出队列
        }
}
```

【例7.5】　编写一个演示二叉链表递归遍历和非递归按层遍历及求树深度和树结点数的主程序。

```
#include < iostream >
using namespace std;
#include "bintree.h"                                    // 实现二叉链表模板类的头文件
void main()
{
    BinTNode < char >BT;
    BinTree bt = &BT;
    bt = bt ->MakeBTree();                              // 创建二叉链表
    bt ->PreOrder(bt);    cout << endl;                 // 前序遍历
    bt ->InOrder(bt);     cout << endl;                 // 中序遍历
    bt ->PostOrder(bt);   cout << endl;                 // 后序遍历
    bt ->LevelOrder(bt); cout << endl;                  // 按层遍历
    cout << "depth = " << bt ->depth(bt) << endl;       // 求树深度
    cout << "nodenum = " << bt ->Nodenum(bt) << endl;   // 求树结点数
}
```

假如使用图7-9所示二叉树的结点数据值，演示结果如下：

```
ABCDE@ F#
A B D E C F
D B E A C F
D E B F C A
A B C D E F
depth =3
nodenum =6
```

7.3.5　二叉树的非递归遍历算法

依照递归算法执行过程中递归工作栈的状态变化状况，很容易写出相应的非递归算法。例如，从中序遍历递归算法的执行过程可知，递归工作栈中包括两项，一项是递归调用的语句编号，另一项则是指向根结点的指针。当栈顶记录中的指针值为非空时，应该遍历左子树，即指向左子树根结点的指针进栈；当栈顶记录中的指针值为空时，则应该退至一层，此时，若是从左子树返回，则应访问当前栈顶记录中指针所指向的根结点，若是从右子树返回，则说明当前层已遍历结束，继续退栈。在二叉链表结点类的基础上，再包含第4章中定义的顺序栈类定

义，可以定义 bintree.h 中的相应非递归成员函数。

1. 利用栈的非递归中序遍历算法

```
template < class T >
void BinTNode < T > ::Inorder1 (BinTree bt)
{  // 同样采用二叉链表存储结构,并假定结点值为字符型
    SeqStack < BinTNode* > S;
    BinTree p;
    S.Push(bt);
    while(!S.StackEmpty()){
        while(S.GetTopElem())
            S.Push(S.GetTopElem() ->lchild);      // 一直做到左子树空为止
        S.Pop(p);                                  // 空指针退栈
        if(!S.StackEmpty()) {
            S.GetTopElem() ->Visit();              // 访问根结点
            S.Pop(p);S.Push(p ->rchild);           // 右子树进栈
        }
    }
}
```

2. 用指针数组实现中序遍历算法

根据上面的算法思想，也可以用指针数组实现中序遍历算法如下：

```
template < class T >
void BinTNode < T > ::Inorder2 (BinTree bt)
{   // 二叉树非递归中序遍历算法
    int top =0;                                    // 初始化数组
    BinTNode < T > *ST[50];
    ST[top] =bt;                                   // ST 为一指针数组
    do {
        while (ST[top]! =NULL){                    // 扫描根结点及其所有的左结点并将其地址装入数组
            top =top +1;
            ST[top] =ST[top -1] ->lchild;
        }
        top =top -1;
        if(top > =0){                              // 判数组中地址是否访问完
            ST[top] ->Visit();                     // 访问结点
            ST[top] =ST[top] ->rchild;             // 扫描右子树
        }
    }while(top > =0);
}
```

3. 利用栈的非递归前序遍历算法

该算法思想是：利用栈，先将二叉树根结点指针入栈，然后执行出栈，获取栈顶元素值（即结点指针），若不为空值，则访问该结点，再将右、左子树的根结点指针分别入栈，依次重复出栈、入栈，直至栈空为止。其具体实现算法如下：

```
template < class T >
void BinTNode < T > ::Preorder1 (BinTree bt)
{
    SeqStack < BinTNode * > S;                     // 初始化栈
    S.Push(bt);                                    // 根结点指针进栈
    while(!S.StackEmpty()){
        S.Pop(bt);                                 // 出栈
```

```
        if(bt! = NULL){
            bt ->Visit();                      // 访问结点,假设数据域为字符型
            S.Push(bt ->rchild);               // 右子树入栈
            S.Push(bt ->lchild);               // 左子树入栈
        }
    }
}
```

4. 综合演示遍历算法实例

到此为止,已经将 7.2.3 节的头文件 bintree.h 中的成员函数全部定义完毕,下面给出一个主函数,并使用图 7-9 所示二叉树的结点数据值,对二叉树进行递归和非递归遍历的演示。

```
// fdg.cpp
#include <iostream>
using namespace std;
#include "bintree.h"
#include "seqstack.h"                          // 包含第 3 章定义的顺序栈的头文件
void main()
{
    BinTNode <char >BT;
    BinTree bt = &BT;
    bt =bt ->MakeBTree();

    bt -> InOrder(bt); cout <<endl;            // 递归中序遍历算法
    bt -> InOrder1(bt); cout <<endl;           // 利用栈的非递归中序遍历算法
    bt -> InOrder2(bt); cout <<endl;           // 用指针数组实现的中序遍历算法
    bt -> PreOrder(bt);cout <<endl;            // 递归前序遍历算法
    bt -> PreOrder1(bt);cout <<endl;           // 利用栈的非递归前序遍历算法
    bt -> PostOrder(bt);cout <<endl;           // 递归后序遍历算法
    bt ->LevelOrder(bt); cout <<endl;          // 按层遍历二叉树
}
```

运行示范如下:

```
ABCDE@ F#
D  B  E  A  C  F
D  B  E  A  C  F
D  B  E  A  C  F
A  B  D  E  C  F
A  B  D  E  C  F
D  E  B  F  C  A
A  B  C  D  E  F
```

7.4 线索二叉树

从上一节的讨论中可知,遍历二叉树是按照一定的规则,将二叉树中结点排列成一个线性序列,得到二叉树中结点的前序序列或中序序列,或者后序序列。这实质上是对一个非线性结构的线性化操作,使每个结点(除第一个结点和最后一个结点外)在这个线性序列中有且仅有一个直接前驱和一个直接后继。

但是,当用二叉链表作为二叉树的存储结构时,因为每个结点中只有指向其左、右孩子结点的指针域,所以从任一结点出发只能直接找到该结点的左、右孩子,而一般情况下无法直接找到该结点在某种遍历序列中的前驱和后继结点。若在每个结点中增加两个指针域来存放遍历

时得到的前驱和后继信息，这样就可以通过该指针直接或间接访问其前驱和后继结点，当然，这也将大大降低存储空间的利用率。不过，在有 n 个结点的二叉链表中必定存在 $n+1$ 个空指针域，因此可以利用这些空指针域，存放指向结点在某种遍历次序下的前驱和后继结点的指针，这种指向前驱和后继结点的指针称为"**线索**"，加上线索的二叉链表称为**线索二叉链表**，相应的二叉树称为**线索二叉树**。

在一个线索二叉树中，为了区分一个结点的左、右孩子指针域是指向其孩子的指针，还是指向其前驱或后继的线索，可在结点结构中增加两个线索标志域，一个是左线索标志域，用 ltag 表示，另一个是右线索标志域，用 rtag 表示，ltag 和 rtag 只能取值 0 和 1。增加线索标志域后的结点结构如下所示。

lchild	ltag	Data	rtag	rchild

其中：

$$\text{ltag} = \begin{cases} 0 & \text{lchild 域指向结点的左孩子} \\ 1 & \text{lchild 域指向结点的前驱} \end{cases}$$

$$\text{rtag} = \begin{cases} 0 & \text{rchild 域指向结点的右孩子} \\ 1 & \text{rchild 域指向结点的后继} \end{cases}$$

7.4.1　二叉树的线索化

把对一棵线索二叉链表结构中所有结点的空指针域按照某种遍历次序加线索的过程称为**线索化**。那么，如何对二叉树进行线索化呢？其实，实现起来很简单，只要按某种次序遍历二叉树，在遍历过程中用线索取代空指针即可。具体实现思想如下。

①如果根结点的左孩子指针域为空，则将左线索标志域置 1，同时把前驱结点的指针赋给根结点的左指针域，即给根结点加左线索；

②如果根结点的右孩子指针域为空，则将右线索标志域置 1，同时把前驱结点的指针赋给根结点的右指针域，即给根结点加右线索；

③将根结点指针赋给存放前驱结点指针的变量，以便当访问下一个结点时，此根结点作为前驱结点。

设 pre 为指向前驱结点的指针，它始终指向刚刚访问过的结点，初值置空；设 bt 指向当前正在访问的结点。显然，*pre 是结点 *bt 的前驱结点，反之，*bt 则是 *pre 的后继结点。bt 初始指向二叉树的根结点。假设在 BinThr.h 中定义二叉树按中序线索化的算法如下：

```
// BinThr.h        定义线索二叉链表的结点类
template < class T >
class BinThrNode {
    public:
        BinThrNode(){lchild=rchild=0;}                        // 创建一个空结点
        BinThrNode(T e){data=e;lchild=rchild=0;}
        void Visit(){cout <<data <<" ";}                     // 访问结点
        BinThrNode < T > *MakeBThrTree();                     // 生成二叉链表
        void InOrderThread(BinThrNode *bt);                   // 建中序线索二叉链表
        BinThrNode < T > *InOrderNext(BinThrNode *p);         // 查找中序线索后继结点
        void TinOrderThrTree(BinThrNode *bt);                 // 遍历中序线索二叉链表
    private:
        T data;
        int ltag,rtag;
```

```
            BinThrNode < T > *lchild,*rchild;
    };
    typedef BinThrNode < char > *BinThrTree;        // 定义字符类型的线索二叉链表
```

假设以 bt 为根结点指针的二叉链表已建立，其建立算法与 7.3 节中建立一般二叉链表的算法完全一样，故不再赘述，下面仅给出二叉链表加中序线索的算法描述：

```
template < class T >
void BinThrNode < T > ::InOrderThread(BinThrTree bt)
{     // 定义指向前驱结点的指针 pre(静态变量),保存刚访问过的结点
    static BinThrNode < T > *pre = NULL;
    if(bt! = NULL){                                  // 当二叉树为空时结束递归
        bt -> InOrderThread(bt -> lchild);           // 左子树线索化
        bt -> ltag = (bt -> lchild == NULL) ? 1 : 0 ;
        bt -> rtag = (bt -> rchild == NULL) ? 1 : 0 ;
        if(pre){
            if(pre -> rtag == 1)pre -> rchild = bt;  // 给前驱结点加后继线索
            if(bt -> ltag == 1) bt -> lchild = pre;  // 给当前结点加前驱线索
        }
        pre = bt;                                    // 将刚访问过的当前结点置为前驱结点
        bt -> InOrderThread(bt -> rchild);           // 右子树线索化
    }
}
```

该算法与中序遍历算法类似，只是将遍历算法中访问结点 * bt 的操作改为在 * bt 和中序前驱 * pre 之间建立线索。在递归过程中对每个结点做且仅做一次访问，所以对于 n 个结点的二叉树，线索化的算法时间复杂度为 $O(n)$。例如，图 7-15a 所示的二叉树所对应的中序线索二叉树如图 7-15b 所示，而相应的线索二叉链表如图 7-15c 所示。

类似地，可以得到前序线索化和后序线索化的算法。

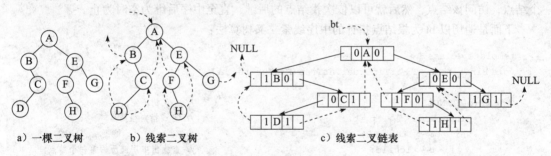

a）一棵二叉树   b）线索二叉树   c）线索二叉链表

图 7-15 线索二叉树及线索二叉链表示意图

7.4.2 线索二叉链表上的运算

1. 在中序线索二叉树上求结点 * p 的中序后继结点的算法

设 p 为指向线索二叉链表中结点的指针，则在中序线索二叉树上查找结点 * p 的中序后继结点要分两种情况。

①若结点 * p 的 rtag 域值为 1，则表明 p -> rchild 为右线索，它直接指向结点 * p 的中序后继结点。比如在图 7-14c 中，若 p 指向数据域值为 'C' 的结点，该结点的 rtag 域值为 1，那么它的中序后继结点就是 p -> rchild 指向的结点，即数据域值为 'A' 的结点。

②若结点 * p 的 rtag 域值为 0，则表明 p -> rchild 指向右孩子结点，结点 * p 的中序后继结

点必是其右子树第一个中序遍历到的结点，因此从结点 $*p$ 的右孩子开始，沿左指针链向下查找，直到找到一个没有左孩子（即 ltag 为 1）的结点为止，该结点是结点 $*p$ 的右子树中"最左下"的结点，它就是结点 $*p$ 的中序后继结点。如在图 7-15c 中，若 p 指向数据域值为'B'的结点，该结点的 rtag 域值为 0，那么它的中序后继结点就是 p -> rchild 所指向结点的左孩子结点，即数据域值为'D'的结点。

根据以上分析，不难给出在中序线索二叉树上求结点 $*p$ 的中序后继结点的算法：

```
template < class T >
BinThrNode < T > *BinThrNode < T >:: InOrderNext(BinThrTree p)
{      // 在中序线索二叉树上求结点*p的中序后继结点
    if(p -> rtag ==1)                                // rchild 域为右线索
        return p -> rchild;                          // 返回中序后继结点指针
    else {
        p = p -> rchild;                             // 从*p的右孩子开始
        while(p -> ltag ==0)
            p = p -> lchild;                         // 沿左指针链向下查找
        return p;
    }
}
```

显然，该算法的时间复杂度不会超过二叉树的高度，即 $O(h)$。

2. 线索二叉树的遍历

遍历某种次序的线索二叉树，只要从该次序下的开始结点出发，反复找到结点在该次序下的后继结点，直至终端结点。因此，在有了求中序后继结点的算法之后，就不难写出在中序线索二叉树上进行遍历的算法。其算法基本思想是：首先从根结点起沿左指针链向下查找，直到找到一个左线索标志为 1 的结点止，该结点的左指针域必为空，它就是整个中序序列中的第一个结点，访问该结点，然后就可以依次找结点的后继，直至中序后继为空时为止。

下面是遍历以 bt 为根结点指针的中序线索二叉树算法：

```
template < class T >
void BinThrNode < T >::TinOrderThrTree(BinThrTree bt)
{
    if(bt! =NULL){                                   // 二叉树不空
        BinThrNode < T > *p =bt;                     // 使 p 指向根结点
        while(p -> ltag ==0)
            p = p -> lchild;                         // 查找出中序遍历的第一个结点
        do{
            cout << p -> data <<"   ";               // 输出访问结点值
            p = bt -> InOrderNext(p);                // 查找结点*p的中序后继
        }while(p! = NULL);                           // 当 p 为空时算法结束
    }
    cout << endl;
}
```

在上述的算法中，while 循环是查找遍历的第一个结点，次数是一个很小的常数，而 do 循环是以右线索为空为终结条件，所以该算法的时间复杂度为 $O(n)$。

上述定义的线索二叉树类及相关的操作等都存储在头文件 BinThr.h 中。头文件中的其他成员函数的定义见 bintree.h。可以编写下面的主函数实现对线索二叉链表的操作。由输出结果可以看到，中序遍历线索二叉树与中序遍历二叉树的结果一样。

```
// BinThr.cpp
#include <iostream>
using namespace std;
#include "BinThr.h"
void main()
{
    BinThrNode <char> BT;
    int lh = 1;
    BinThrTree bt = &BT;
    bt = bt ->MakeBThrTree();                    // 建立二叉链表
    bt ->InOrder(bt);                            // 中序遍历二叉树
    cout <<endl;
    bt ->InOrderThread(bt);                      // 中序线索二叉链表
    bt ->TinOrderThrTree(bt);                    // 中序遍历线索二叉链表
}
```

下面是使用图 7-4 所示二叉树的结点值的运行示范：

```
ABE@ CFG@ @ D@ @ H#
B D C A F H E G
B D C A F H E G
```

类似地，在前序和后序线索二叉树中，找某一点 *p 的后继结点以及遍历这两种线索二叉树也很简单，具体如何实现留给读者自己去分析。

7.5   树和森林

本节将讨论树的存储表示、树的遍历以及森林与二叉树的对应关系。

7.5.1   树的存储结构

树的存储结构通常采用如下三种表示方式。

1. 双亲表示法

在树结构中，每个结点的双亲是唯一的。假设以一组连续空间来存储树的结点，同时为每个结点附设一个指向双亲的指针 parent，就可唯一地表示任何一棵树。其结构类型说明如下：

```
#define MaxTreeSize 100
typedef struct {
    DataType data;                              // 树结点数据域
    int     parent;                             // 双亲位置域
}PTNode;
typedef struct {
    PTNode nodes[MaxTreeSize];
    int n;                                      // 结点数
}Ptree;
```

例如，图 7-16 所示为一棵树及树的双亲表示的存储结构。这种存储结构可以非常方便地求出指定结点的双亲（或祖先，包括根）。但是，在这种存储表示法中，求指定结点的孩子或其他后代，则可能需要遍历整个结构。

2. 孩子链表法

由于树中每个结点可能有多棵子树（即多个孩子），因此可以把每个结点的孩子结点看成一个线性表，并以单链表结构存储其孩子结点，这样，n 个结点就有 n 个孩子链表。为了便于查找，可将树中各结点的孩子链表的头结点存放在一个指针数组中。其存储结构定义如下：

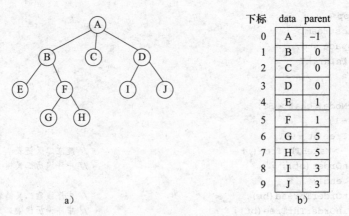

图7-16 树的双亲表示法示意图

```
typedef struct cnode {            // 孩子链表结点类型
    int    child;                 // 孩子结点在指针数组中的序号
    struct cnode *next;
}CNode;
typedef struct {
    DataType data;                // 树中结点数据域
    CNode    *firstchild;         // 孩子结点头指针
}PANode;                          // 指针数组结点类型
typedef struct {
    PANode nodes[MaxTreeSize];    // 指针数组
    int    n,r;                   // n为结点数,r为根结点在指针数组中的位置(即下标)
}CTree;
```

图7-17a 是图7-16a 的孩子链表表示。与双亲表示法相反，孩子链表表示法便于那些涉及孩子结点的操作的实现，而不适用 Parent(T，x) 操作。我们可以把双亲表示法和孩子链表表示法结合起来，即将双亲表示和孩子链表合在一起，这种结构称为带双亲的孩子链表，如图7-17b所示。

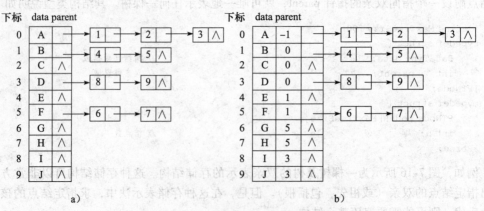

图7-17 孩子链表和带双亲的孩子链表

3. 孩子兄弟表示法

孩子兄弟表示法又称二叉链表表示法，即以二叉链表作为树的存储结构，链表中两个链指针域分别指向该结点的第一个孩子结点和下一个兄弟结点，命名为 firstchild 域和 nextsibling 域。

如图 7-18 所示的就是图 7-16a 所示树的孩子兄弟表示法。这种存储结构的最大优点是,它和二叉树的二叉链表表示完全一样,因此,可利用二叉树的各种算法来实现对树的操作。

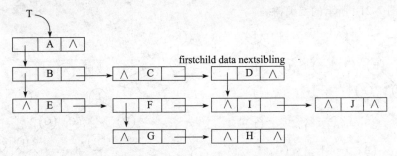

图 7-18　图 7-16a 的二叉链表(孩子兄弟表示)

7.5.2　树、森林与二叉树的转换

树、森林与二叉树之间有一个自然的对应关系,即任何一棵树或一个森林都可唯一地对应于一棵二叉树,而任何一棵二叉树也能唯一地对应于一个森林或一棵树。

1. 树、森林到二叉树的转换

以二叉链表作为媒介可导出树与二叉树之间的一个对应关系。也就是说,给定一棵树,可以找到唯一的一棵二叉树与之对应,从物理结构上来看,它们的结构是相同的,只是解释不同而已。如图 7-19 直观地展示了树与二叉树之间的对应关系。

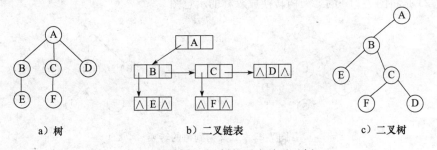

a) 树　　　　　　　　　　b) 二叉链表　　　　　　　c) 二叉树

图 7-19　树与二叉树的对应关系示例

要把树转换为二叉树,就必须找到一种结点与结点之间至多用两个量说明的关系,这是因为二叉树只有左、右子树两个关系。因为树中每个结点至多只有一个最左边的孩子(长子)和一个右邻的兄弟,按照这种关系,只需要按下面的方法,即可将一棵树转换成二叉树。

首先在所有兄弟结点之间加一道连线;再对每个结点,除了保留长子的连线外,去掉该结点与其他孩子的连线。由于树根没有兄弟,所以转换后的二叉树,根结点的右子树必为空。使用上述转换方法,图 7-20a 所示的树就转换成图 7-20b 形式,它实际上就是一棵二叉树,若将所有兄弟之间的连线按顺时针方向旋转 45° 就看得更清楚,如图 7-20c 所示。

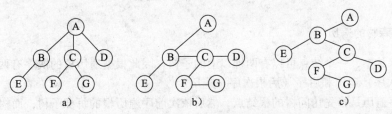

a)　　　　　　　　　　　b)　　　　　　　　　　c)

图 7-20　树到二叉树的转换示意图

将一个森林转换为二叉树的方法是先将森林中的每棵树转化成二叉树，然后再将各二叉树的根结点看做是兄弟连在一起，这就形成了一棵二叉树。如图 7-21a、b、c 中的三棵树构成的森林转换成图 7-21d 所示的二叉树。

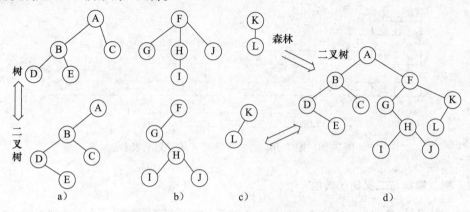

图 7-21　森林到二叉树的转换示意图

2. 二叉树到树、森林的转换

同样，可以把二叉树转换成对应的树或森林，方法是：若二叉树中结点 x 是双亲 y 的左孩子，则把 x 的右孩子，右孩子的右孩子，…，都与 y 用连线连起来，最后去掉所有双亲到右孩子的连线，即可得到对应的树或森林。如图 7-22 所示是将图 7-20c 的二叉树转换成对应树的过程；图 7-23 是将图 7-21d 的二叉树转换成森林的示意图。

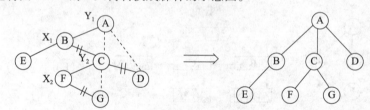

图 7-22　二叉树到树的转换

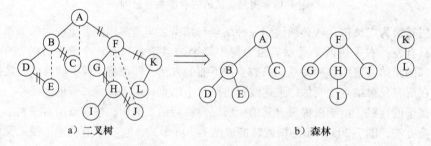

a) 二叉树　　　　　　　　　　　　　　　　　　b) 森林

图 7-23　二叉树到森林的转换

7.5.3　树和森林的遍历

在树和森林中，一个结点可以有两棵以上的子树，因此根据遍历树的次序有两种方法，即前序（先根次序）遍历和后序（后根次序）遍历。

树的前序遍历是指先访问树的根结点，然后依次前序遍历根的每棵子树；而树的后序遍历是指先依次后序遍历每棵子树，然后访问根结点。

例如，对图7-20a所示的树进行前序遍历和后序遍历，得到树的前序序列和后序序列分别为 ABECFGD 和 EBFGCDA。

由此可见，前序遍历一棵树等价于前序遍历该树对应的二叉树；而后序遍历树则等价于中序遍历该树对应的二叉树。

类似地，可得到森林的两种遍历方法：前序遍历和中序遍历。

1. 前序遍历森林

若森林为非空，则可按下述规则遍历：

①访问森林中的第一棵树的根结点；

②前序遍历第一棵树中的根结点的子树森林；

③前序遍历除第一棵树外剩余树构成的森林。

2. 中序遍历森林

若森林为非空，则可按下述规则遍历：

①中序遍历森林中第一棵树的根结点的子树森林；

②访问第一棵树的根结点；

③中序遍历除第一棵树外剩余树构成的森林。

简而言之，前序遍历森林是从左到右依次按前序（先根）次序遍历森林中的每一棵树，而中序遍历森林则是从左到右依次按后序（后根）次序遍历森林中的每一棵树。

若对图7-21所示的森林进行前序遍历和中序遍历，则得到该森林的前序序列和中序序列分别为 ABDECFGHIJKL 和 DEBCAGIHJFLK，而对图7-21d所示的二叉树进行前序遍历和中序遍历，得到同前面一样的遍历序列。

也就是说，前序遍历森林和前序遍历其对应的二叉树结果是相同的；而中序遍历森林和中序遍历其对应二叉树的结果也一样。

7.6 哈夫曼树及其应用

哈夫曼树又称最优树，是一类带权路径长度最短的树，在许多方面有着广泛的应用。

7.6.1 最优二叉树（哈夫曼树）

在介绍树的概念时，已经介绍过路径的概念，本节将再给出路径长度等概念。

在两个结点构成的路径上的分支（边）数目称为**路径长度**，而树根到树中每个结点的路径长度之和称为**树的路径长度**。完全二叉树就是路径长度最短的二叉树。

在许多应用中，常常给树中的结点赋一个具有某种意义的实数，称此实数为该结点的**权**。而从树根结点到某结点之间的路径长度与该结点上权的乘积称为该结点的**带权路径长度**，树中所有叶子结点的带权路径长度之和称为**树的带权路径长度**，通常记为

$$\text{WPL} = \sum_{i=1}^{n} w_i l_i$$

其中 n 表示叶子结点个数，w_i 和 l_i 分别表示叶子结点 k_i 的权值和根到 k_i 之间的路径长度。

在权值为 w_1，w_2，$\cdots$，w_n 的 n 个叶子结点构成的所有二叉树中，带权路径长度 WPL 最小的二叉树称为**哈夫曼树**或**最优二叉树**。

例如，假设给定4个叶子结点 a、b、c、d 分别带权 8、5、2、4，就可以构造出如图7-24所示的三棵二叉树（当然还可以构造更多的二叉树），它们的带权路径长度分别为：

图7-24a，$\text{WPL} = 8 \times 3 + 5 \times 3 + 2 \times 1 + 4 \times 2 = 49$。

图 7-24b，WPL $= 8 \times 3 + 5 \times 2 + 4 \times 1 + 2 \times 3 = 44$。

图 7-24c，WPL $= 8 \times 1 + 5 \times 2 + 2 \times 3 + 4 \times 3 = 36$。

其中图 7-24c 所示树的 WPL 最小，可以验证，它就是一棵哈夫曼树，即它的带权路径长度在所有带权值为 8、5、2、4 的 4 个叶子结点的二叉树中为最小。若叶子结点上的权值均相同，其中完全二叉树一定是最优二叉树，否则不一定是最优二叉树。

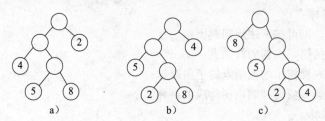

图 7-24　具有不同带权路径长度的二叉树

在用算法语言编写应用程序时，经常会遇到判定问题，利用哈夫曼树可以得到最佳的判定算法。例如，编制一个将百分制成绩转换成"优秀"、"良好"、"中等"、"及格"和"不及格"五个等级的程序。显然，此程序的编写是很简单的，只要利用条件判断语句便可实现。用 C++ 语句实现如下（设成绩为 s）：

```
if(s<60)grade ="不及格";
   else if(s<70)grade ="及格";
      else if(s<80)grade ="中等";
         else if(s<90)grade ="良好";
            else grade ="优秀";
```

这个问题的判定树可以图 7-25a 来表示。如果上述程序需要反复使用，而且每次的输入量都很大，那就应考虑上述程序的质量问题。在实际应用中，学生的成绩在五个等级的分布是不均匀的。假设其成绩分布的概率如表 7-1 所示。

表 7-1　成绩分布概率

成　　绩	0~59	60~69	70~79	80~89	90~100	
所占百分数	5	15	40	30	10	

假定按百分数作为 5 个叶子结点的权，构造一棵哈夫曼树，可得 7-25b 所示的判定过程图。它可使大部分的数据经过较少的比较次数即可得出结果。可按此判定树写出相应的程序。假设有 10 000 个学生成绩数据，如果用图 7-25a 的判定过程进行处理，则总共需要 31 500 次比较；若用图 7-25b 的判定过程进行处理，则仅需要 20 500 次比较。如果需要处理的数据量更多，差距会更大！

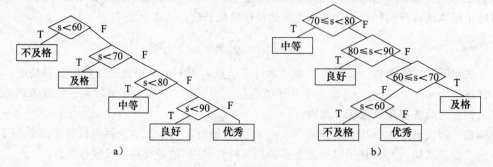

图 7-25　成绩评定判定树

7.6.2 哈夫曼算法

那么，如何构造一棵哈夫曼树呢？哈夫曼首先提出了构造最优二叉树的方法，所以称其为哈夫曼算法，其基本思想如下：

①根据与 n 个权值 $\{w_1, w_2, \cdots, w_n\}$ 对应的 n 个结点构成 n 棵二叉树的森林 $F = \{T_1, T_2, \cdots, T_n\}$，其中每棵二叉树 T_i 都只有一个权值为 w_i 的根结点，其左、右树均为空；

②在森林 F 中选出两棵根结点的权值最小的树作为一棵新树的左、右子树，且置新树的附加根结点的权值为其左、右子树上根结点的权值之和；

③从 F 中删除这两棵树，同时把新树加入到 F 中；

④重复步骤②和③，直到 F 中只有一棵树为止，此树便是哈夫曼树。

例如，图 7-24c 所示的哈夫曼树，按上述算法思想的构造过程如图 7-26 所示。

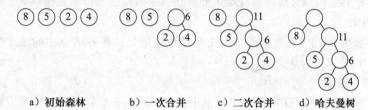

a）初始森林　　　b）一次合并　　　c）二次合并　　　d）哈夫曼树

图 7-26　哈夫曼树的构造过程示例

7.6.3 哈夫曼算法的实现

由哈夫曼算法的定义可知，初始森林中共有 n 棵只含有根结点的二叉树，这是第一步；算法的第二步是将当前森林中的两棵根结点权值最小的二叉树合并成一棵新的二叉树，每合并一次，森林中就减少一棵树，产生一个新结点。显然要进行 $n-1$ 次合并，所以共产生 $n-1$ 个新结点，它们都是具有两个孩子的分支结点。由此可知，最终求得的哈夫曼树中共有 $2n-1$ 个结点，其中 n 个叶子结点是初始森林的 n 个孤立结点，并且哈夫曼树中没有度数为 1 的分支结点，可用一个大小为 $2n-1$ 的一维数组来存储哈夫曼树中的结点。因此，哈夫曼树的存储结构类型和类的描述如下：

```
// Huffman.h
#include < iostream >
using namespace std;
const int n =100;                        // 最多叶子结点数
const int m =2*n -1;                      // 哈夫曼树中结点总数
typedef struct {
    float weight;                         // 权值
    int lchild,rchild,parent;            // 左右孩子及双亲指针
}HTNode;                                  // 树中结点类型
class Huffman {
  public :
      Huffman(int sz){                    // 构造函数,分配树空间并初始化
          size =sz;
          HT = new HTNode[2*size];
          for(int i =1;i <=2*size-1;i ++)
              HT[i].lchild =HT[i].rchild =HT[i].parent =0;
      }
      ~Huffman(){delete [] HT;}           // 析构函数,释放树空间
```

```
        void ChuffmanTree();                // 构造哈夫曼树
        void select(int,int &s1,int &s2);   // 选择权值最小结点
        void HuffmanEncoding(CodeNode HC[]);// 求哈夫曼编码
        void Display();                     // 输出哈夫曼树中结点总数
    private:
        int size;                           // 哈夫曼树叶子结点数
        HTNode *HT;                         // 哈夫曼树结点类型指针
};
```

用指针 HT 申请动态内存存放结点，这时可以将这块连续内存当做数组看待，该数组的下标从 0 开始，即下标的下界为 0。为了用 0 表示空指针，所以数组的大小定义为 $m+1$。树中某结点的 lchild、rchild 和 parent 不等于 0 时，则它们分别表示该结点的左、右孩子和双亲结点在数组中的下标，可以通过判定 parent 的值是否为 0 来区分当前双亲结点是根还是非根结点。

在有了上述存储结构定义后，实现哈夫曼算法可大致描述为以下几步。

1. 结点初始化

将哈夫曼树数组 HT $[1..m]$ 中的 $2n-1$ 个结点初始化：将各结点中的三个指针均置为空（即置为 0 值），权值也置为 0 值。

2. 读入并存入权值

读入 n 个权值存入数组 HT 的前 n 个元素中，它们就是初始森林中 n 个孤立的根结点上的权值。

3. 对森林中的树进行合并

对森林中的树进行 $n-1$ 次合并，共产生 $n-1$ 个新结点，依次存入数组 HT 的第 i 个元素中（$n+1 \leqslant i \leqslant m$）。每次合并的的步骤如下：

①在当前森林的所有结点 HT$[j]$（$1 \leqslant j \leqslant i-1$）中选取具有最小权值和次小权值的两个根结点，分别用 $s1$ 和 $s2$ 记住这两个根结点在数组中的下标。

②将根为 HT$[s1]$ 和 HT$[s2]$ 的两棵树合并，使其成为新结点 HT$[i]$ 的左右孩子，得到一棵以新结点 HT$[i]$ 为根的二叉树，同时修改 HT$[s1]$ 和 HT$[s2]$ 的双亲域 parent，使其指向新结点 HT$[i]$，并将 HT$[s1]$ 与 HT$[s2]$ 的权值之和作为新结点 HT$[i]$ 的权值。

4. 函数描述

对上述构造哈夫曼树的成员函数的算法描述如下：

```
void Huffman::select(int k,int &s1,int &s2)
{   // 在 HT[1..k]中选择 parent 为 0 且权值最小的两个根结点
    // 其序号分别存储到 s1 和 s2 指向的对应变量中
    int i,j;float min1 =101;
    for(i =1;i <= k;i ++)
        if(HT[i].weight <min1 && HT[i].parent ==0){
            j =i;min1 =HT[i].weight;
        }
        s1 =j; min1 =32767;
    for(i =1;i <= k;i ++)
        if(HT[i].weight <min1 && HT[i].parent ==0 && i! =s1){
            j =i; min1 =HT[i].weight;
        }
    s2 =j;
}
void Huffman::ChuffmanTree()
{    // 构造哈夫曼树
```

```
    int i,s1,s2;
    for(i=1;i<=size;i++)                          // 存入前n个叶子结点的权值
        cin >>HT[i].weight;
    for(i=size+1;i<=2*size-1;i++){
        select(i-1,s1,s2);
        HT[s1].parent=i;HT[s2].parent=i;
        HT[i].lchild=s1;HT[i].rchild=s2;
        HT[i].weight=HT[s1].weight+HT[s2].weight;   // 权值之和
    }
}
// 用来演示输出哈夫曼树中结点总数
void Huffman::Display()
{
    for(int j=1;j<=2*size-1;j++)
        cout <<HT[j].weight<<" ";
    cout <<endl;
}
```

【例7.6】 某种系统在通信中只可能出现8种字符：a，b，c，d，e，f，g，h，它们在电文中出现的频率分别为0.06，0.15，0.07，0.09，0.16，0.27，0.08，0.12。现以其出现频率的百分数作为权值，即用数据6，15，7，9，16，27，8，12建立哈夫曼树，按上述算法，此树的建立过程如图7-27所示。

数组下标	1	2	3	4	5	6	7	8	9	10	11	12	13	14	15
初始森林	6	15	7	9	16	27	8	12							
一次合并	[6]	15	[7]	9	16	27	8	12	13						
二次合并	[6]	15	[7]	[9]	16	27	[8]	12	13	17					
三次合并	[6]	15	[7]	[9]	16	27	[8]	[12]	[13]	17	25				
四次合并	[6]	[15]	[7]	[9]	[16]	27	[8]	[12]	[13]	17	25	31			
五次合并	[6]	[15]	[7]	[9]	[16]	27	[8]	[12]	[13]	[17]	[25]	31	42		
六次合并	[6]	[15]	[7]	[9]	[16]	[27]	[8]	[12]	[13]	[17]	[25]	[31]	42	58	
七次合并	[6]	[15]	[7]	[9]	[16]	[27]	[8]	[12]	[13]	[17]	[25]	[31]	[42]	[58]	100

图7-27 哈夫曼树的构造过程

此图仅说明数组BT[1..15]中权值域在算法执行过程中的变化情况。因为n=8，所以一共合并7次。图中第二行表示合并前的初始状态，数组中只有前8个叶子结点的权，其中带方框的是当前两个最小的权，产生一个新结点作为这两个权所对应结点BT[1]和BT[3]的双亲，得到图中第三行所表示的情形。由于权6和7的结点已被合并，有了双亲结点，其权值为13，存储在BT[9].weight中，因此它们不再是根结点，用方括号括起来。这样就得到了一次合并的结果。在一次合并的基础上，继续寻找两个具有最小权值的根结点，那就是在图中第三行上带方框的权9和8，再把它们合并后得到第四行，依此进行下去。最后一个数组元素BT[15]就是所求哈夫曼树的根结点。按此算法构造的哈夫曼树如图7-28所示。

下面是演示主程序。使用 [6 15 7 9 16 27 8 12] 作为输入，可以验证图中的结果。

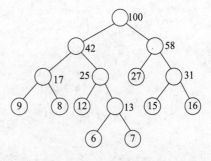

图7-28 用例7.6的数据构造的哈夫曼树

```
// j76.cpp
#include "Huffman.h"
void main()
{
    Huffman hf(8),*p;
    p = &hf;
    hf.ChuffmanTree();
    hf.Display();
}
```

7.6.4 哈夫曼编码

在当今信息爆炸时代，如何采用有效的数据压缩技术来节省数据文件的存储空间和计算机网络的传送时间，已越来越引起人们的重视。哈夫曼编码正是一种应用广泛且非常有效的数据压缩技术。

利用哈夫曼树求得的用于通信的二进制编码称为**哈夫曼编码**。树中从根到每个叶子都有一条路径，对路径上的各分支约定指向左子树的分支表示"0"码，指向右子树的分支表示"1"码，取每条路径上的"0"或"1"的序列作为各个叶子结点对应的字符编码，这就是哈夫曼编码。

通常把数据压缩的过程称为编码，反之，解压缩的过程称为解码。电报通信是传递文字的二进制码组成的字符串。例如，字符串"ABCDBACA"有四种字符，只需要 2 位二进制码表示即可：A，B，C，B 分别为 00，01，10，11。那么上述串可编码为 0001101101001000，总长为 16 位，译码时两位一分即可。但在信息传递时，会希望总长能尽可能短，即采用最短码。如果对每个字符设计长度不等的编码，且要让电文中出现次数较多的字符用尽可能短的编码，那么传送电文的总长便可减短。比如，设计字母 A，B，C，D 的编码分别为 0，1，00，01。则上述 8 个字符的电文可转换成总长为 11 的字符串"01000110001"。这样编码总长虽然短了，但是这样的电文无法译码。例如编码串的前 4 位"0100"既可以译成"ABAA"，也可以译成"ABC"，还可以译为"CD"等。

因此，若设计一种长短不等的编码，则必须是任一字符的编码都不是另一个字符编码的前缀，这种编码称为前缀编码。

可以利用二叉树来设计二进制的前缀编码。如图 7-29a 所示的哈夫曼树：左分支表示字符"0"，右分支表示字符"1"，则可以根结点到叶子结点的路径上分支字符组成的串作为该叶子结点的字符编码，因此，可得到字符 a，b，c，d 的二进制前缀编码分别为 0，10，110，111。

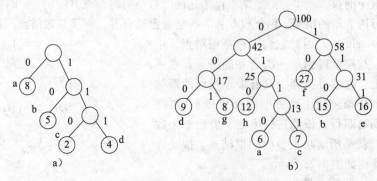

图 7-29　哈夫曼树编码树

例如，将前面的例7.6构造哈夫曼树，在其左分支标上字符"0"，右分支标上字符"1"，如图7-29b所示。从该树可以很容易得到该例子通信电文中八种字符的前缀编码：

a(0110)，b(110)，c(0111)，d(000)，e(111)，f(10)，g(001)，h(010)

假设每种字符在电文中出现的次数为 W_i，编码长度为 L_i，电文中有 n 种字符，则电文编码总长为 $\sum W_i L_i$。若将此对应到二叉树上，W_i 为叶结点的权，L_i 为根结点到叶结点的路径长度。那么，$\sum W_i L_i$ 恰好为二叉树上带权路径长度。

因此，设计电文总长最短的二进制前缀编码，就是以 n 种字符出现的频率作为权，构造一棵哈夫曼树，由哈夫曼树求得的编码就是哈夫曼编码。

在哈夫曼树的存储结构中，因为增加了结点与其双亲的链接，所以在具体实现求哈夫曼编码时，可以从哈夫曼树的叶子结点 $HT[i]$ 出发，一直向上回溯到根结点。回溯过程中，利用双亲指针 parent 找到 $HT[i]$ 的双亲 $HT[p]$，再利用该双亲的指针域 lchiled 和 rchild，可知 $HT[i]$ 是 $HT[p]$ 的左孩子还是右孩子，若是左孩子则生成代码0，否则生成代码1；然后再以 $HT[p]$ 为出发点，重复上述过程，直至找到根结点为止。显然这样生成的代码序列与要求的编码次序相反，因此，可以将生成的代码从后向前依次存放在一个临时串变量 cd 中，并设一个指针 start 指示编码在该串中的起始位置。当某字符编码完成时，从临时串的 start 处将编码复制到该字符相应的编码串 bits 中即可。因为各字符的编码长度不同，但不会超过字符集的大小 n，再加上一个串结束符 "\0"，所以 bits 的大小应为 $n+1$。在 Huffman.h 中增加相应的字符集编码的存储结构及成员函数如下：

```cpp
typedef struct {
    char ch;                        // 存放编码的字符
    char bits[n+1];                 // 存放编码串
    int len;                        // 编码长度
}CodeNode;
void Huffman::HuffmanEncoding(CodeNode HC[])
{   // 根据哈夫曼树 HT 求哈夫曼编码表 HC
    int c,p,i;                      // c和p分别指示HT中孩子和双亲的位置
    char cd[n+1];                   // 临时存放编码串
    int start;                      // 指示编码在 cd 中起始位置
    cd[size] = '\0';                // 最后一位放上串结束符
    for(i=1;i<=size;i++){
        start=size;                 // 初始位置
        c=i;                        // 从叶子结点 HT[i]开始上溯
        while((p=HT[c].parent)>0){  // 直至上溯到 HT[c]是树根为止
        // 若 HT[c]是 HT[p]的左孩子,则生成代码0,否则生成代码1
            cd[--start] = (HT[p].lchild==c) ? '0' : '1';
            c=p;
        }                           // end of while
        strcpy(HC[i].bits,&cd[start]);
        HC[i].len=size-start;
    }                               // end of for
}
```

【例7.7】 编写主函数，使用例7.6的数据验证算法。

```cpp
// j77.cpp
#include "Huffman.h"                // 增加后的头文件
void main()
{
```

```
    Huffman hf(8);
    CodeNode HC[n];
    hf.ChuffmanTree();
    hf.Dispplay();
    hf.HuffmanEncoding(HC);
    for(int i=1;i<=8;i++)
        cout<<HC[i].bits<<endl;
}
```

如果输入例7.6所给的叶子结点权值〔6 15 7 9 16 27 8 12〕，就可以求出哈夫曼编码表。下面左边是输出的编码表，右边是标注的对应编码字符。

编码表	字符
0110	a
110	b
0111	c
001	d
111	e
10	f
000	e
010	f

图7-30是输出的哈夫曼编码表示意图。

	0	1	2	3	4	5	6	7	8
HC[1].bits					0	1	1	0	\0
HC[2].bits						1	1	0	\0
HC[3].bits					0	1	1	1	\0
						0	0	1	\0
						1	1	1	\0
							1	0	\0
						0	0	0	\0
HC[8].bits						0	1	0	\0

图7-30   哈夫曼编码表

哈夫曼树也可用来译码。与编码过程相反，译码过程是从树根结点出发，逐个读入电文中的二进制码，若读入0，则走向左孩子，否则走向右孩子，一旦到达叶子结点，HT[i]便译出相应的字符HC[i].ch，然后重新从根出发继续译码，直到二进制电文结束。具体的译码算法描述留给读者自己去完成。

实验7   二叉树的遍历与查找算法

实验题目和要求如下：

①编写实现递归和非递归遍历二叉树的算法；

②用图7-31的二叉树验证算法的正确性；

③查找是否有值为C、E和H的结点，如果有，输出结点值及其在二叉树中的层次，如果没有，输出无此结点的信息。

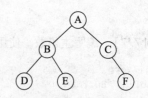

图7-31   实验数据使用的二叉树结构

习题7

一、问答题

(1) 已知一棵度为 m 的树中有 n_1 个度为 1 的结点，n_2 个度为 2 的结点，$\cdots$，n_m 个度为 m 的结点，问树中共有多少个叶子结点？

(2) 分别画出具有 3 个结点的二叉树和具有 3 个结点的树的所有不同形态。

(3) 一棵深度为 L 的满 k 叉树具有如下性质：第 L 层上的结点均为叶子结点，其余各层上每个结点均有 k 棵非空子树，如果按层次自上而下，从左至右，从 1 开始对全部结点编号，回答下列问题：

① 各层的结点数是多少？

② 编号为 n 的结点的双亲结点（若存在）的编号是多少？

③ 编号为 n 的结点的第 i 个孩子结点的编号是多少？

④ 编号为 n 的结点有右兄弟的条件是什么？其右兄弟的编号是多少？

二、单项选择题

(1) 将一棵有 100 个结点的完全二叉树从根开始，每一层从左到右依次对结点进行编号 1，根结点的编号为 1，则编号为 49 的结点的左孩子编号为_____。

A. 99　　　　B. 98　　　　C. 50　　　　D. 48

(2) 设深度为 k 的二叉树上只有度为 0 和度为 2 的结点，则此类二叉树中所包含的结点数至少为_____。

A. $k+1$　　　B. $2k+1$　　　C. $2k-1$　　　D. $2k$

(3) 已知某二叉树的后序遍历序列是 dabec，中序遍历序列是 debac，则它的前序遍历序列是_____。

A. acbed　　　B. cedba　　　C. deabc　　　D. decab

(4) 若某二叉树的前序遍历序列是 abdgcefh，中序遍历序列是 dgbaechf，则其后序遍历序列是_____。

A. bdgcefha　　　B. gdbecfha　　　C. bdgaechf　　　D. gdbehfca

(5) 如果一颗二叉树的前序遍历序列是 stuwv，而中序遍历序列是 uwtvs，那么该二叉树的后序遍历序列应该是_____。

A. uwvts　　　B. vwuts　　　C. wuvts　　　D. wtusv

(6) 按照二叉树的定义，具有 3 个结点的二叉树有_____种。

A. 5　　　　B. 4　　　　C. 3　　　　D. 6

(7) 深度为 4 的二叉树至多有_____个结点。

A. 17　　　　B. 13　　　　C. 18　　　　D. 15

(8) 一棵二叉树如图 7-32 所示，其后序遍历序列为_____。

A. abdgcefh　　　　　　B. bgdaechf

C. gdbehfca　　　　　　D. abcdefgh

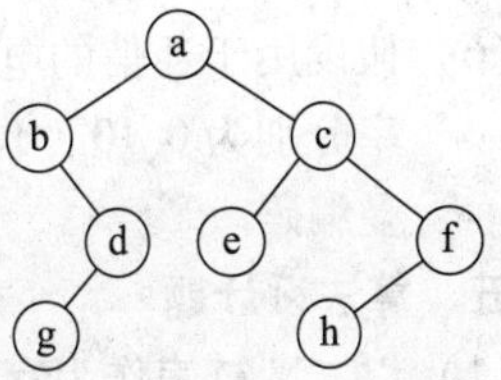

(9) 以二叉链表作为二叉树的存储结构，在具有 n 个结点的二叉链表中（$n>0$），空链域的个数为_____。

A. $2n-1$　　　　　　B. $n+1$

C. $n-1$　　　　　　D. $2n+1$

图 7-32　一棵二叉树

(10) 一棵左子树为空的二叉树在前序线索化后，其空指针域数为_____。

A. 0　　　　B. 1　　　　C. 2　　　　D. 不确定

三、填空题

（1）由二叉树的_____序和_____序遍历可以唯一确定一棵二叉树。

（2）已知二叉树的前序遍历序列为 ABCDEFG，中序遍历序列为 DBCAFEG，则后序遍历序列为_____。

（3）深度为 k 的完全二叉树至多有_____个结点，至少有_____个结点。

（4）在任意一棵二叉树中，若度为 0 的结点个数为 n_0，度为 2 的结点个数为 n_2，则 n_0 等于_____。

（5）一棵二叉树的第 $i(i \geqslant 1)$ 层最多有_____个结点。

四、解答题

（1）一棵树如图 7-33 所示，画出其孩子兄弟表示的存储结构。

（2）对于如图 7-34 所示的二叉树，分别写出其前序、中序、后序遍历序列。

图 7-33　一棵树的数据结构图　　　　图 7-34　二叉树数据示意图

（3）已知一棵二叉树的中序遍历序列为 cbafehgd，后序遍历序列为 cbfhgeda，画出此二叉树。

（4）画出如图 7-35 所示的二叉链表的中序线索二叉树。

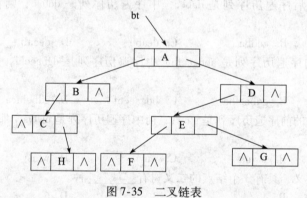

图 7-35　二叉链表

（5）分别以 8、11、13、5、17、25、21 作为叶子结点的权值，构造一棵哈夫曼树，并求该二叉树的带权路径长度 WPL。

（6）假设用于通信的电文仅由 8 种字母 a、b、c、d、e、f、g、h 组成，字母在电文中出现的频率分别为 0.10、0.07、0.16、0.05、0.19、0.23、0.12、0.08。试为这 8 个字母设计哈夫曼编码。

五、算法设计题

（1）以二叉链表作为存储结构，试利用指针数组实现编写非递归前序遍历二叉树的算法。

（2）以中序线索二叉链表作为存储结构，其根结点指针为 bt，试写出从根开始按层遍历二叉树的算法。

（3）以中序线索二叉链表作为存储结构，试编写查找某结点 *p 的中序前驱结点的算法。

第8章 图

图是一种复杂的非线性结构，在人工智能、工程、数学、物理、化学、计算机学科等领域中有着广泛的应用。本章首先从图的概念入手，介绍图的存储结构，讨论图的遍历及有关算法。

8.1 图的定义和基本术语

图（graph）是一种复杂的非线性结构。在线性结构中，数据元素之间满足唯一的线性关系，每个数据元素（除第一个和最后一个外），只有一个直接前驱和一个直接后继；在树形结构中，数据元素之间有着明显的层次关系，并且每个元素只与上一层中一个元素（双亲结点）及下一层中多个元素（孩子结点）相关。而在图形结构中，结点之间的关系可以是任意的，图中任意两个元素之间都可能相关，因此，图比线性表和树形结构更为复杂。

图形结构简称为**图**。图 G 由两个集合 V 和 E 组成，定义为 $G = (V, E)$，其中 V 是顶点的有限非空集合，E 是由 V 中顶点偶对表示的边的集合。通常，$V(G)$ 和 $E(G)$ 分别表示图 G 的顶点集合和边集合。$E(G)$ 也可以为空集，即图 G 只有顶点而没有边。

对于一个图 G，若每条边都是有方向的，则称该图为**有向图**。在有向图中，一条**有向边**是由两个顶点组成的**有序对**，通常用尖括号表示。例如，$<v_i, v_j>$ 就表示一条有向边，此边称为顶点 v_i 的一条**出边**，顶点 v_j 的一条**入边**；另外，称 v_i 为起始端点（或**起点**），v_j 为终止端点（或**终点**）。因此，$<v_i, v_j>$ 和 $<v_j, v_i>$ 是两条不同的有向边。有向边又称为**弧**，边的起点称为**弧尾**，边的终点称为**弧头**。例如，图 8-1a 所示的图 G_1 是一个有向图，该图的顶点集和边集分别为：

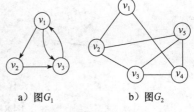

a）图 G_1 b）图 G_2

图 8-1　图的示例

$$V(G_1) = \{v_1, v_2, v_3\}$$
$$E(G_1) = \{<v_1, v_2>, <v_2, v_3>, <v_3, v_1>, <v_1, v_3>\}$$

若一个图的每条边都是没有方向的，则称该图为**无向图**。在一个无向图中，边均是顶点的**无序对**，通常用圆括号表示。即无向图的 (v_i, v_j) 和 (v_j, v_i) 表示同一条边。如图 8-1b 所示的 G_2 就是一个无向图，此图的顶点集和边集分别为：

$$V(G_2) = \{v_1, v_2, v_3, v_4, v_5\}$$
$$E(G_2) = \{(v_1, v_2), (v_1, v_4), (v_2, v_3), (v_2, v_5), (v_3, v_4), (v_3, v_5), (v_4, v_5)\}$$

在无向图中，若存在一条边 (v_i, v_j)，则称顶点 v_i、v_j 为该边的两个端点，并称它们互为**邻接点**，或称 v_i 和 v_j 相邻接；在有向图中，若 $<v_i, v_j>$ 是一条边，则称顶点 v_i **邻接到** v_j，顶点 v_j **邻接于**顶点 v_i。

通常用 n 表示图中的顶点数，用 e 表示图中边或弧的数目，并且在下面的讨论中，不考虑顶点到自身的边，即若 (v_i, v_j) 或 $<v_i, v_j>$ 是 $E(G)$ 的一条边，则要求 $v_i \neq v_j$。因此，对于无向图，e 的取值范围是 0 到 $\frac{1}{2} n(n-1)$。将具有 $\frac{1}{2} n(n-1)$ 条边的无向图称为**无向完全图**。

同理，对于有向图，e 的取值范围是 0 到 $n(n-1)$，称具有 $n(n-1)$ 条边或弧的有向图为**有向完全图**。

在无向图中，顶点 v 的**度**（degree）定义为以该顶点为一个端点的边的数目，记为 $D(v)$。对于有向图，顶点 v 的度分为入度 $ID(v)$ 和出度 $OD(v)$，**入度**是以该顶点为终点的入边数目，**出度**是以该顶点为起点的出边数目，该顶点的度等于其入度和出度之和。

例如，对图 8-1 而言，图 G_2 中的顶点 v_3 的度 $D(v_3)=3$；图 G_1 中的顶点 v_1 的入度 $ID(v_1)=1$，出度 $OD(v_1)=2$，所以 $D(v_1)=ID(v_1)+OD(v_1)=1+2=3$。

一般，如果顶点 v_i 的度为 $D(v_i)$，那么，不管是有向图还是无向图，顶点数 n、边数 e 和度数之间有如下关系：

$$e = \frac{1}{2}\sum_{i=1}^{n} D(v_i)$$

例如，图 G_1 的边数 $e=(D(v_1)+D(v_2)+D(v_3))/2=(3+2+3)/2=4$。

设 $G=<V,E>$，$G'=<V',E'>$ 为两个图（同为无向图或有向图），若 $V'\subseteq V$，$E'\subseteq E$，且 E' 中的边所关联的结点都在 V' 中，则称 G' 是 G 的**子图**，记作 $G'\subseteq G$。例如，图 8-2a 中的图就是图 8-1a 所示图 G_1 的子图；图 8-2b 中的图就是图 8-1b 所示图 G_2 的子图。

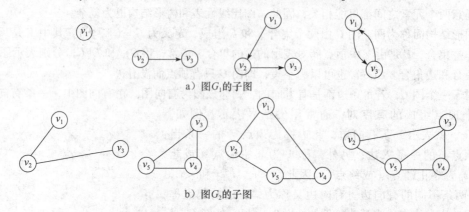

a）图 G_1 的子图

b）图 G_2 的子图

图 8-2　图 8-1 所示的图 G_1、G_2 的子图

在无向图 G 中，若存在一个顶点序列 v_p，v_{i1}，v_{i2}，…，v_{im}，v_q，使得 (v_p, v_{i1})，(v_{i1}, v_{i2})，…，(v_{im}, v_q) 均属于 $E(G)$，则称顶点 v_p 到 v_q 存在一条**路径**。如果 G 是有向图，则路径也是有向的。**路径长度**是指一条路径上经过的边的数目。若一条路径上除了起点和终点可以为同一个顶点外，其余顶点均不相同，则该路径称为一条**简单路径**。若一条简单路径上的起点和终点为同一个顶点，则称该路径为**回路**或**环**。

在无向图 G 中，如果从顶点 v_i 到顶点 v_j 有路径，则称 v_i 和 v_j 是**连通的**。若图 G 中任意两个顶点 v_i 和 v_j 都连通，则称 G 为**连通图**，如图 8-1b 所示的图 G_2 就是一个连通图，图 8-3a 中的图 G_3 则是非连通图。无向图的极大连通子图称为**连通分量**。显然，任何连通图的连通分量只有一个，就是其自身。而非连通的无向图有多个连通分量。例如，图 8-3a 表示的是非连通图 $G3$，它具有如图 8-3b 所示的三个连通分量。

在有向图中，如果对任意两个顶点 v_i 和 v_j 都连通，即从 v_i 到 v_j 和从 v_j 到 v_i 都存在路径，则称这种图为**强连通图**。有向图中的极大连通子图称做有向图的**强连通分量**。"极大"的含义指的是对子图再增加图 G 中的其他顶点，子图就不再连通。如图 8-4a 中的 G_4 有三个强连通分量，分别对应图 8-4b、c 和 d 所示的图。

图   153

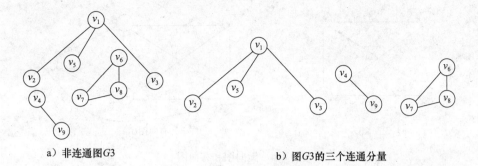

a）非连通图G3   b）图G3的三个连通分量

图 8-3　非连通图及图的连通分量

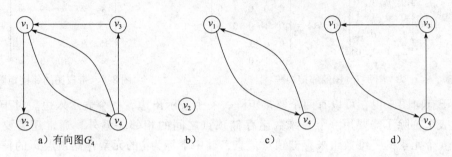

a）有向图 G_4　　　　b）　　　　　c）　　　　　d）

图 8-4　有向图及其强连通分量示意图

可以在一个图的每条边上标上某种数值，该数值称为该边的**权**。边上带权的图称为**带权图**，带权的连通图称为**网络**。权值往往是具有某种意义的数，例如，它们可以表示两个顶点之间的距离、耗资等。图 8-5 表示的图 G_5 就是一个带权图的例子。

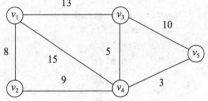

图 8-5　带权值的图 G_5 示意图

8.2　图的存储结构

图的存储结构又称图的存储表示。图的存储表示方法很多，这里主要介绍两种最常用的，即邻接矩阵和邻接表表示法。为了适应 C++语言的描述。从本节起，假定图的顶点序号从 0 开始，即图 G 的顶点集 $V(G) = \{v_0,\ v_1,\ \cdots,\ v_{n-1}\}$。

8.2.1　邻接矩阵表示法

邻接矩阵（adjacency matrix）是表示图形中顶点之间相邻关系的矩阵。设 $G = (V,\ E)$ 是具有 n 个顶点的图，则 G 的邻接矩阵是具有如下定义的 n 阶方阵。

$$A[i][j] = \begin{cases} 1 & \text{若}(v_i,v_j) \text{ 或 } <v_i,v_j> \text{ 是 } E(G) \text{ 的边} \\ 0 & \text{若}(v_i,v_j) \text{ 或 } <v_i,v_j> \text{ 不是 } E(G) \text{ 的边} \end{cases}$$

例如图 8-6 中的无向图 G_6 和有向图 G_7 的邻接矩阵分别如图 8-7 中的 **A1** 和 **A2** 所示。由 **A1** 可以看出，$i = j$ 时，$A[i][j] = 0$，无向图的邻接矩阵是按主对角线对称的。

若 G 是一个带权图，则用邻接矩阵表示也很方便，只要把 1 换为相应边上的权值即可，0 的位置上可以不动或将其换成无穷大 ∞ 来表示。例如图 8-5 所示的带权图的邻接矩阵，可以表示成如图 8-8 所示的矩阵 **A3**。

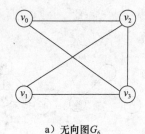

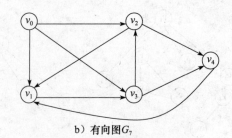

a) 无向图 G_6 b) 有向图 G_7

图 8-6　无向图和有向图

$$A1 = \begin{bmatrix} 0 & 0 & 1 & 1 \\ 0 & 0 & 1 & 1 \\ 1 & 1 & 0 & 1 \\ 1 & 1 & 1 & 0 \end{bmatrix}$$

$$A2 = \begin{bmatrix} 0 & 1 & 1 & 1 & 0 \\ 0 & 0 & 0 & 1 & 0 \\ 0 & 1 & 0 & 0 & 1 \\ 0 & 0 & 1 & 0 & 1 \\ 0 & 1 & 0 & 0 & 0 \end{bmatrix}$$

$$A3 = \begin{bmatrix} \infty & 8 & 13 & 15 & \infty \\ 8 & \infty & \infty & 9 & \infty \\ 13 & \infty & \infty & 5 & 10 \\ 15 & 9 & 5 & \infty & 3 \\ \infty & \infty & 10 & 3 & \infty \end{bmatrix}$$

图 8-7　图的邻接矩阵　　　　　　　　　图 8-8　带权图的邻接矩阵

对于有向图来说，可以有两个邻接矩阵，一个表示出边，一个表示入边。对于图的邻接矩阵表示，除了需要用一个二维数组存储顶点之间的相邻关系外，通常还需要使用一个具有 n 个元素的一维数组来存储顶点信息，其中下标为 i 的元素存储顶点 v_i 的信息。假设图的邻接矩阵表示的存储结构类的头文件为 **AdjMatrix.h**，下面给出它的类声明和部分成员函数的定义：

```
// AdjMatrix.h
#define MaxVertexNum 50                          // 最大顶点数
template < class T >
class MGraph {
        public :
                MGraph(int Vertices, int edges, T noEdge = 0);
                bool Exist(int i, int j);           // 判断(i,j)是否为边
                void CreateGraph(MGraph G);         // 建立图的邻接矩阵
                void DFS(MGraph G, int i);          // 深度优先搜索遍历图
                void BFS(MGraph G, int i);          // 广度优先搜索遍历图
                void visiYN( );                     // 置所有顶点未被访问
        private :
                T NoEdge;
                int n, e;                           // 顶点数和边数
                char vexs[MaxVertexNum];            // 顶点信息数组
                bool visited[MaxVertexNum];         // 设置访问标记
                T arcs[MaxVertexNum][MaxVertexNum]; // 存储邻接矩阵的二维数组
};
// 构造函数:初始化邻接矩阵的二维数组
template < class T >
MGraph < T >:: MGraph (int Vertices, int edges, T noEdge)
{
    n = Vertices;
    e = edges;
    NoEdge = noEdge;
    for (int i = 0; i < n; i ++)
        for (int j = 0; j < n; j ++)
            arcs[i][j] = NoEdge;                    // 置初值
```

图   155

```
        for(i =0;i <n;i ++)
                visited[i] =false;                // 置顶点未被访问标志
}
// 判断顶点 vᵢ、vⱼ 是否有边存在
template <class T >
bool MGraph <T >::Exist(int i,int j)
{
        if(i <0 ||j <0 ||i > =n ||arcs[i][j] ==NoEdge)
                return false;
        else
                return true;
}
// 置所有顶点未被访问
template <class T >
void MGraph <T >::visiYN()
{   for(int i =0;i <n;i ++)
        visited[i] =false;
}
```

由于无向网（即带权的无向图）的邻接矩阵是对称的，可采用压缩存储，即仅存储主对角线以下的元素即可。建立一个无向网的邻接矩阵算法如下：

```
// 建立图的邻接矩阵
template <class T >
void MGraph <T >::CreateGraph(MGraph <T > G)
{    // 采用邻接矩阵表示法构造无向网 G, n、e 表示图的当前顶点数和边数
    int i,j,k,w;
    cout <<"input the vexs:\n";
    for(i =0;i <n;i ++)                     // 输入顶点信息,顶点下标从 0 开始标记
        cin > >vexs[i];
    for(k =1;k <=e;k ++){                   // 读入 e 条边,建立邻接矩阵
        cout <<"input the Edge and weight:\n";
        cin > >i > >j > >w;                 // 读入一条边的两端顶点序号 i、j 及边上的权 w
        // 使用时要注意,数组下标是从 0 开始的
        arcs[i][j] =w;
        arcs[j][i] =w;
    }
}
```

上述算法的执行时间是 $O(n^2 + e + n)$，其中 $O(n^2)$ 是初始化邻接矩阵所耗费的时间。因此，该算法的时间复杂度应为 $O(n^2)$。

【例 8.1】 假设要用邻接矩阵表示图 8-5 所示的带权图，编写实现这一功能的主程序。

需要先输入图 8-5 的顶点数（5）和边数（7），用顶点数和边数以及初始化值构造一个整数对象，使用这个对象的成员函数 CreateGraph 完成对邻接矩阵的赋值。

成员函数 CreateGraph 输出信息"input the vexs:"，提示输入顶点值，图 8-5 有 5 个顶点，原来的定义分别为 $v_1 \sim v_5$，下标序列为 {1 2 3 4 5}。因为程序约定图的顶点序列从 0 开始，所以它们分别变 $v_0 \sim v_4$，下标序列为 {0 1 2 3 4}，输入这个序列即可。

函数询问"input the Edge and weight:"，即要求输入所有的边和权值。边用两个顶点的下标构成，例如输入边 (v_0, v_1) 及权值的输入序列为 {0 1 8}。为免于输错，可从起点 0 开始，依次输入所有从该点出发的边，然后依次选 1，2，3 为起点，输入其他的边（不得重复）。下面是它的主程序：

```
#include <iostream>
using namespace std;
#include "AdjMatrix.h"
void main()
{
        int i,j;
        cout <<"input vex numbers:  \n";
        cin > >i;
        cout <<"input Edge numbers: \n";
        cin > >j;
        MGraph < int > G(i,j,32767);     // 使用 32726 初始化邻接矩阵
        G.CreateGraph(G);                // 建立图的邻接矩阵
}
```

下面给出运行示范，并且使用"∥"给予标注以方便理解。

input vex numbers: // 输入顶点数
5
input Edge numbers: // 输入边数
7
input the vexs: // 输入顶点值
0 1 2 3 4
input the Edge and weight:
0 1 8   // 边 (v_0,v_1)，权值 8
input the Edge and weight:
0 2 13   // 边 (v_0,v_2)，权值 13
input the Edge and weight:
0 3 15   // 边 (v_0,v_3)，权值 15
input the Edge and weight:
1 3 9   // 边 (v_1,v_3)，权值 9
input the Edge and weight:
2 3 5   // 边 (v_2,v_3)，权值 5
input the Edge and weight:
2 4 10   // 边 (v_2,v_4)，权值 10
input the Edge and weight:
3 4 3   // 边 (v_3,v_4)，权值 3

8.2.2 邻接表表示法

邻接表（adjacency list）是图的一种链式存储结构。这种存储表示法类似于树的孩子链表的表示法。对于图 G 中每个顶点 v_i，把所有邻接于 v_i 的顶点 v_j 链成一个单链表，这个单链表称为顶点 v_i 的**邻接表**。

邻接表中每一个表结点有两个域：其一为邻接点域 adjvex，用以存放与顶点 v_i 相邻接的顶点 v_j 的序号 j；其二为指针域 next，用来将邻接表的所有结点链在一起。如果要表示边上的权值，那么就要再增设一个数据域 weight。另外，为每个顶点 v_i 的邻接表设置一个具有两个域的表头结点，其中一个域是顶点信息域 vertex，另一个则是指针域（指向邻接表）link。指针域是 v_i 的邻接表的头指针。为了便于随机访问任一顶点的邻接表，需要把这 n 个表头指针用一个一维数组存储起来，这个数组（向量）就构成了图的邻接表的表示。其中第 i 个分量存储 v_i 邻接表的表头指针。这样，就可以用这个表头数组来表示并存取图。

假设图的邻接表类的头文件为 AdjList.h，下面给出类声明和部分成员函数的定义：

图   157

```
// AdjList.h
#define MaxVertexNum 20
class ALGraph;
class EdgeNode {                        // 边表结点类型
    public :
            friend class ALGraph;
    private:
            int adjvex;                 // 顶点的序号
            int weight;                 // 边权值
            EdgeNode *next;             // 指向下一条边的指针
};

class VNode {                           // 顶点表结点类型
    public :
            friend class ALGraph;
    private:
            char vertex;                // 顶点信息域
            EdgeNode *link;             // 指向邻接表的表头指针域,即邻接表的头指针
};
class ALGraph{
    public :
            ALGraph(int Vertices, int edges);
            void CreateGraph(ALGraph G);
            void visiYN();
            void DFS1(ALGraph G, int i);
            void BFS1(ALGraph G, int i);
            void DFS2(ALGraph G, int vi);
    private:
            bool visited[MaxVertexNum];
            VNode *Adj;
            int n,e;
};
 // 构造函数
 ALGraph::ALGraph(int Vertices, int edges)
 {
    n = Vertices;e = edges;
    Adj = new VNode[n +1];
    for(int i =0;i <n;i ++)
        visited[i] = false;
 }
// 置所有顶点未被访问过
void ALGraph::visiYN()
{
    for(int i =0;i <n;i ++)
        visited[i] = false;
}
```

对于无向图而言，v_i 的邻接表中每个表结点都对应于与 v_i 相关联的一条边。对于有向图来说，v_i 的邻接表中每个表结点都对应于以 v_i 为起点射出的一条边。因此，将无向图邻接表称为**边表**，将有向图的邻接表称为**出边表**，将邻接表的表头向量称为**顶点表**。例如，对于前面的图 8-6 中的无向图 G_6，其邻接表的表示如图 8-9 所示。

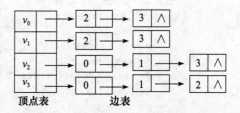

图 8-9　无向图 G_6 的邻接表

若无向图中有 n 个顶点和 e 条边，则它的邻接表共有 n 个头结点和 $2e$ 个表结点。在无向图的邻接表中，顶点 v_i 的度恰好是第 i 个链表中的结点数；而在有向图的邻接表中，第 i 个链表的结点数只是顶点 v_i 的出度。为了求入度，必须遍历整个邻接表。在所有链表中其邻接点域值为 i 的结点的个数是顶点 v_i 的入度。

有向图除了有一个邻接表（以 v_i 为起点），有时还需要建立一个**逆邻接表**（入边表），即以 v_i 为端点的**邻接表**。图 8-10 给出的是图 8-6 中的有向图 G_7 的邻接表和逆邻接表示意图。

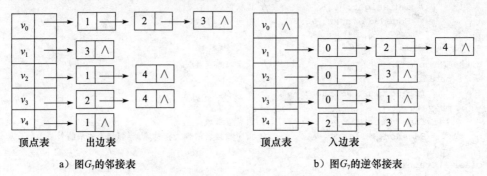

a）图G_7的邻接表　　　　　　　　b）图G_7的逆邻接表

图 8-10　图 G_7 的邻接表和逆邻接表示意图

图的邻接表表示不是唯一的，这是因为在每个顶点的邻接表中，各边结点的链接次序可以是任意的，其具体链接次序与边的输入次序和生成算法有关。

在邻接表上很容易找到任一顶点的第一个邻接点和下一个邻接点，但要判断任意两个顶点（v_i 和 v_j）之间是否有边相连，则需要搜索第 i 个或第 j 个链表，因此，它不如邻接矩阵表示法方便。

在邻接表（或逆邻接表）表示中，每个边表对应于邻接矩阵的一行（或一列），边表中结点的个数等于邻接矩阵的一行（或一列）中非零元素的个数。

在邻接矩阵表示中，很容易判定（v_i，v_j）或 <v_i，v_j> 是否为图的一条边，只要判定矩阵中的第 i 行第 j 列上的元素是否为零即可；但是在邻接表表示中，需要扫描第 i 个边表，最坏情况下要耗费 $O(n)$ 时间。

下面给出一个无向图邻接表的建表算法：

```cpp
void ALGraph::CreateGraph(ALGraph G)
{   // n 为顶点数,e 为图的边数
    int i,j,k;  EdgeNode * p;
    cout << "input the vertex:\n";
    for(i =0;i < n;i ++){                // 建立顶点表
        cin >> Adj[i].vertex;            // 读入顶点信息
        Adj[i].link =NULL;               // 边表头指针置空
    }
    cout << "input the edge:\n";
    for(k =1;k <=e;k ++){                // 采用头插法建立每个顶点的邻接表
        cin >> i >> j;                   // 读入边(vᵢ,vⱼ)的顶点序号
        p = new EdgeNode;                // 生成新的边表结点
        p ->adjvex =j;                   // 将邻接点序号 j 赋给新结点的邻接点域
        p ->next =Adj[i].link;
        Adj[i].link =p;                  // 将新结点插到顶点 vᵢ 的边表头部
        p =new EdgeNode;                 // 生成新的边表结点
        p ->adjvex =i;                   // 将邻接点序号 i 赋给新结点的邻接点域
        p ->next =Adj[j].link;
```

图 159

```
        Adj[j].link=p;              // 将新结点插到顶点 v_j 的边表头部
    }
}
```

在以上建立邻接表的算法中，输入的顶点信息即为顶点的序号，因此，建立邻接表的时间复杂度为 $O(n+e)$。

【例 8.2】 假设要用邻接表来表示图 8-5 所示的无向图（不涉及权值），编写实现这一功能的主程序。

需要先输入图 8-5 的顶点数（5）和边数（7），用顶点数和边数构造一个对象，使用这个对象的成员函数 CreateGraph 完成对邻接表的赋值。

成员函数 CreateGraph 输出信息 "input the vexs:"，提示输入顶点值，图 8-5 有 5 个顶点，原来的定义分别为 $v_1 \sim v_5$，与例 8.1 同理，变编号为 $v_0 \sim v_4$，下标序列为 $\{0\,1\,2\,3\,4\}$，输入这个序列即可。

函数询问 "input the Edge:"，即要求输入所有的边。边用两个顶点的下标构成，例如输入边 (v_0, v_1)，使用序列 $\{0\,1\}$。以 0 为起点，输入所有边，然后依次选 1，2，3 为起点，输入所有的边。下面是它的主程序：

```
#include <iostream>
using namespace std;
#include "AdjList.h"
// 使用图 8-5 所示的图 G_5 为例，采用邻接表存储结构
void main()
{   int i,j;
    cout << "input vex numbers: \n";
    cin >> i;
    cout << "input Edge numbers: \n";
    cin >> j;
    ALGraph G(i,j);
    G.CreateGraph(G);           // 建立图的邻接表存储结构
}
```

程序运行示范如下：

```
input vex numbers:           // 输入顶点数
5
input Edge numbers:          // 输入边数
7
input the vexs:              // 输入顶点值
0 1 2 3 4
input the Edge :             // 输入边，即边的两个点。根据输入顺序建立对应的邻接表
0 1
0 2
0 3
1 3
2 3
2 4
3 4
```

邻接表不是唯一的，它决定于输入顺序，读者可以根据本输入顺序画出对应的邻接表。

建立有向图的邻接表与此类似，只是更加简单，每当读入一个顶点对 $<i, j>$ 时，仅需要生成一个邻接点序号为 j 的边表结点，将其插到 v_i 的出边表头即可。如若要建立网络的邻接

表，则需要在边表的每个结点中增加一个存储边上权值的数据域。

8.3 图的遍历

与树的遍历类似，图的遍历也是从某个顶点出发，沿着某条搜索路径对图中每个顶点做一次且仅做一次访问。遍历图的算法是求解图的连通性、图的拓扑排序等算法的基础。

然而，图的遍历要比树的遍历复杂得多，因为图的任一顶点都可能和其余的顶点相邻接，所以在访问了某个顶点之后，可能顺着某条路径搜索又回到了该顶点，为了避免顶点的重复访问，可设一个布尔数组 visited $[0..n-1]$，用来标记某个顶点是否被访问过，初始值均为假，若该顶点已被访问，则以顶点序号作为下标，将其所对应的数组元素置为真。

图的遍历方法很多，但最常用的是深度优先搜索遍历和广度优先搜索遍历两种方法。下面将分别来介绍这两种遍历方法，而且它们对无向图和有向图都是适用的。

8.3.1 深度优先搜索

深度优先搜索（Depth First Search，DFS）遍历类似于树的前序（先根）遍历。假设初始状态是图中所有顶点都未曾访问过，则可从图中任选一顶点 v 作为初始出发点，首先访问出发点 v，并将其标记为已访问过；然后依次从 v 出发搜索 v 的每个邻接点 w，若 w 未曾访问过，则以 w 作为新的出发点出发，继续进行深度优先搜索遍历，直到图中所有和 v 有路径相通的顶点都被访问到；若此时图中仍有顶点未被访问，则另选一个未曾访问的顶点作为起点，重复上述过程，直到图中所有顶点都被访问到为止。下面以图 8-11 中的无向图 G_8 为例，分析深度优先搜索遍历图的过程。

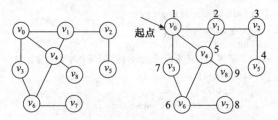

a）无向图 G_8 b）G_8 的深度优先搜索遍历过程示意图

图 8-11 无向图及其深度优先搜索示意图

假设以 v_0 为出发点（起点）进行搜索，在访问了顶点 v_0 之后，将 visited[0] 置为真，接着选择 v_0 的邻接点 v_1，因为 v_1 未曾访问过，访问 v_1，再从顶点 v_1 出发进行搜索，接着访问 v_2 和 v_5。这时，顶点 v_5、v_2 的邻接点都已访问过，因此，回溯到顶点 v_1，由于 v_1 的邻接点 v_0 和 v_2 已访问过，只有其邻接点 v_4 未被访问，所以访问 v_4。在访问了 v_4 之后，由于 v_4 的邻接点 v_0 和 v_1 已访问过，则搜索到 v_6，访问 v_6，再从 v_6 搜索访问 v_3 和 v_7，然后回溯到 v_4。由于 v_4 的另一个邻接点 v_8 未曾访问，访问 v_8，至此，所有顶点都已访问过，搜索结束。整个搜索过程及访问顶点的顺序如图 8-11b 所示。由此，可得到深度优先搜索遍历图 G_8 的顶点访问序列为

$$v_0, v_1, v_2, v_5, v_4, v_6, v_3, v_7, v_8$$

对图进行深度优先搜索遍历时，按访问顶点的先后次序得到的顶点序列称为图的深度优先搜索遍历序列，或简称为 DFS 序列。

显然，上述图的深度优先搜索遍历的过程是递归的，假设 visited [MaxVertexNum] 为一个全局数组，用以标记某个顶点是否被访问过，其初值均为假（false）。下面分别以邻接矩阵和邻接表作为图的存储结构，给出相应的深度优先搜索遍历的递归算法。

1. 以邻接矩阵为存储结构的深度优先搜索遍历算法

```
template < class T >
void MGraph < T >::DFS(MGraph < T > G, int i)
```

图   *161*

```
{    // 从顶点 v_i 出发,深度优先搜索遍历图 G(邻接矩阵结构)
    cout << "v" << i << "→";              // 假定访问顶点 v_i 以输出该顶点的序号代之
    visited[i] = true;                    // 标记 v_i 已访问过
    for(int j = 0; j < n; j++)            // 依次搜索 v_i 的每个邻接点
        if(G.Exist(i,j) && !visited[j])
            DFS(G,j);                      // 若(v_i,v_j)∈E(G),且 v_j 未被访问过,则从开始递归调用
}
```

因为 C++ 数组下标是从 0 开的,所以当指定访问顶点从 i 开始时,应使用 $i-1$ 作为参数调用。例如在例 8.1 的主程序中,增加如下语句:

```
cout << "input DFS start vex: \n";
cin >> i;                                // 从 i 点开始递归遍历
G.DFS(G,i-1);                             // 深度优先搜索遍历
```

当输入 2(即标号为 V_1 的第 2 个顶点)时,对图 8-5 所示的图 G_5 遍历的结果为:

v1→v0→v2→v3→v4→

2. 以邻接表为存储结构的递归深度优先搜索遍历算法

```
void ALGraph::DFS1(ALGraph G,int i)
{    // 从顶点 v_i 出发,深度优先搜索遍历图 G(邻接表结构)
    EdgeNode *p; int j;
    cout << "v" << i << "→";              // 假定访问顶点 v_i 以输出该顶点的序号代之
    visited[i] = true;                    // 标记 v_i 已访问过
    p = Adj[i].link;                       // 取 v_i 邻接表的表头指针
    while(p! = NULL) {                      // 依次搜索 v_i 的每个邻接点
        j = p->adjvex;                      // j 为 v_i 的一个邻接点序号
        if(!visited[j])
            DFS1(G,j);                       // 若(v_i,v_j)∈E(G),且 v_j 未被访问过,则从开始递归调用
        p = p->next;                        // 使 p 指向 v_i 的下一个邻接点
    }// End_while
}
```

分析上述算法,在遍历图时,对图中每个顶点至多调用一次 DFS 函数,因为一旦某个顶点被标记为已访问过,就不再从该顶点开始搜索。因此,遍历图的过程实际上是对每个顶点查找其邻接点的过程。当用邻接矩阵表示图时,需要对 n 个顶点进行访问,所以共需搜索 n^2 个矩阵元素,而在邻接表上则需要将边表中所有 $2e$ 个结点搜索一遍。因此,深度优先搜索遍历算法的时间复杂度为 $O(n^2)$ 或 $O(n+e)$。

针对例 8.2 为图 8-5 产生的邻接表,现从第 2 个顶点(即 v_1)开始深度递归搜索,则输出如下序列:

v1→v3→v4→v2→v0→

3. 以邻接表为存储结构的非递归深度优先搜索遍历算法

对于一个以邻接表表示的连通图 G,还可以使用深度优先搜索遍历(从顶点 v 出发)的非递归算法。其算法思想是:第一步首先访问图 G 的指定起始顶点 v。第二步则从 v 出发,访问一个与 v 邻接的顶点 $p\uparrow$(代表 p→指向的结点),再从 $p\uparrow$ 出发,访问与 $p\uparrow$ 邻接而未被访问过的顶点 $q\uparrow$,然后从 $q\uparrow$ 出发,重复上述过程,直到找不到未被访问过的邻接顶点为止。第三步需回退到访问过的但尚有未被访问过邻接点的顶点,从该顶点出发重复第二和第三步,直到所有被访问过的顶点的邻接点都已被访问为止。这需要用一个栈 S 来保存被访问过的顶点,以

便回溯查找被访问过结点的未被访问过的邻接点。下面给出实现本题功能的算法。

```
void ALGraph::DFS2(ALGraph G, int i)
{   EdgeNode *S[MaxVertexNum];           // 定义指针数组模拟一个栈,存放访问过的结点
    EdgeNode *p; int top;
    cout << "v" << i+1 << "--";          // 访问顶点 vᵢ
    visited[i] = true;                    // 标记 vᵢ 已访问过
    top = 0;   p = Adj[i].link;           // 取 vᵢ 边表头指针
    while(top > 0 || p! = NULL){
    while(p)
      if(visited[p ->adjvex])p = p ->next;
      else {
            cout << "v" << Adj[p ->adjvex].vertex << "--";
            visited[p ->adjvex] = true;
            top = top +1;                 // 将访问过的结点入栈
            S[top] = p;
            p = Adj[p ->adjvex].link;
      }
      if(top! = 0){
            p = S[top];
            top = top -1;
            p = p ->next;
      }
    }
    cout << endl;
}
```

仍然使用例 8.2 产生的邻接表,从第 2 个顶点开始深度非递归搜索,则结果相同。

8.3.2　广度优先搜索

广度优先搜索(Breadth First Search,BFS)遍历类似于树的按层次遍历。其基本思想是:首先访问出发点 v_i,接着依次访问 v_i 的所有未被访问过的邻接点 v_{i1},v_{i2},…,v_{it},并均标记为已访问过,然后再按照 v_{i1},v_{i2},…,v_{it} 的次序,访问每一个顶点的所有未曾访问过的顶点,并均标记为已访问过,依此类推,直到图中所有和初始出发点 v_i 有路径相通的顶点都被访问过为止。

例如,对于图 8-11 中的图 G_8,按图 8-12 给出的按层搜索遍历的示意图,很容易给出以 v_0 为出发点的广度优先搜索遍历序列为:

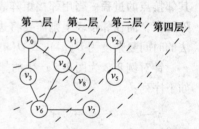

图 8-12　广度优先搜索遍历示意图

$$v_0,v_1,v_3,v_4,v_2,v_6,v_8,v_5,v_7$$

在广度优先搜索遍历中,先被访问的顶点,其邻接点也先被访问,即符合队列先进先出的性质,所以在算法实现中可使用队列来依次记住被访问过的顶点。算法开始时,将初始点 v_i 访问后入队列,以后每从队列中删除一个元素,就依次访问它的每一个未曾访问过的邻接点,并将其入队列,这样,当队列为空时,表明所有与初始点有路径相通的顶点都已访问完毕,算法结束。

同深度优先搜索遍历一样,假设 visited[MaxVertexNum] 为一全局数组,用以标记某个顶点是否被访问过,其初值均为假(false)。下面分别以邻接矩阵和邻接表作为图的存储结构,给出相应的广度优先搜索遍历的算法。

图 163

1. 以邻接矩阵为存储结构的广度优先搜索遍历算法

```
template < class T >
void MGraph < T > ::BFS(MGraph < T > G,int i)
{    // 从顶点 vᵢ 出发,广度优先搜索遍历图 G(邻接矩阵结构)
    int k;
    CirQueue < int > Q(20);              // 定义一个队列,需使用 CirQueue.h
    cout << endl << "v" << i << "→";     // 假定访问顶点 vᵢ 以输出该顶点的序号代之
    visited[i] = true;                   // 标记 vᵢ 已访问过
    Q.EnQueue(i);                        // 将已访问的顶点序号 i 入队
    while(!Q.QueueEmpty()){              // 当队列非空时,循环处理 vᵢ 的每个邻接点
        Q.DeQueue(k);                    // 删除队头元素
        for(int j = 0;j < n;j ++){       // 依次搜索 vₖ 的每一个可能的邻接点
            if(G.Exist(k,j) && !visited[j]){
                cout << "v"
                    << j << "→";         // 访问未曾访问过的顶点 vⱼ
                visited[j] = true;       // 标记 vⱼ 已访问过
                Q.EnQueue(j);            // 顶点序号 j 入队
            }// end_if
        }// end_for
    }// end_while
    cout << endl;
}
```

【例 8.3】 假设用邻接矩阵表示图 8-5 所示的带权图,编写演示遍历算法的主程序。

DFS 算法的演示简单,在上一节已经说明。BFS 算法需要用到 CirQueue.h,它的定义见第 4 章。

```
#include < iostream >
using namespace std;
#include "AdjMatrix.h"
#include "CirQueue.h"
void main()
{    int i,j;
    cout << "input vex numbers: \n";
    cin >> i;
    cout << "input Edge numbers: \n";
    cin >> j;
    MGraph < int > G(i,j,32767);
    G.CreateGraph(G);                    // 建立图的邻接矩阵
    cout << "input DFS start vex: \n";
    cin >> i;
    G.DFS(G,i - 1);                      // 深度优先搜索遍历
    G.visiYN();                          // 置结点未访问
    cout << "\ninput BFS start vex:\n";
    cin >> i;
    G.BFS(G,i - 1);                      // 广度优先搜索遍历
}
```

数据的输入方法见例 8.1。假设分别指定 DFS 从第 2 个顶点开始,BFS 从第 5 个顶点开始,则得到如下遍历结果:

```
v1→v0→v2→v3→v4→              // 深度优先搜索遍历顶点序列
v4→v2→v3→v0→v1→              // 广度优先搜索遍历顶点序列
```

2. 以邻接表为存储结构的广度优先搜索遍历算法

```
void ALGraph::BFS1(ALGraph G,int i)
{  // 从顶点 vᵢ 出发,广度优先搜索遍历图 G
    CirQueue <int> Q;                              // 定义一个队列,需使用 CirQueue.h
    EdgeNode *p;int j,k;
    cout << "v" << i << "→";                       // 假定访问顶点 vᵢ 以输出该顶点的序号代之
    visited[i]=true;                               // 标记 vᵢ 已访问过
    Q.EnQueue(i);                                  // 将已访问的顶点序号 i 入队
    while(!Q.QueueEmpty()){                        // 循环处理 vᵢ 的每个邻接点
        Q.DeQueue(k);                              // 删除队头元素
        p=Adj[k].link;                             // 取 v_k 邻接表的表头指针
        while(p!=NULL){                            // 依次搜索 v_k 的每一个可能的邻接点
            j=p->adjvex;                           // v_j 为 v_k 的一个邻接点
            if(!visited[j]){                       // 若 v_j 未被访问过
                cout << "v" << j << "→";           // 访问未曾访问过的顶点 v_j
                visited[j]=true;                   // 标记 v_j 已访问过
                Q.EnQueue(j);                      // 顶点序号 j 入队
            }// end_if
            p=p->next;                             // 使 p 指向 v_k 邻接表的下一个邻接点
        }// end_while
    }// end_while
    cout << endl;
}
```

与图的深度优先搜索遍历一样,对于图的广度优先搜索遍历,若采用邻接矩阵表示,其算法时间复杂度为 $O(n^2)$,若采用邻接表表示,其时间复杂度为 $O(n+e)$,两者的空间复杂度均为 $O(n)$。

从图的某个顶点出发进行广度优先搜索遍历时,访问各顶点的次序可能由于邻接表的不同而遍历序列也不同,这一点也与图的深度优先搜索遍历时的情形一样。

【例 8.4】 使用例 8.2 产生的邻接表,编写演示遍历算法的主程序。

DFS1 和 DFS2 算法的演示简单。BFS1 算法需要用到 CirQueue.h,它的定义见第 4 章。

```
#include <iostream>
using namespace std;
#include "CirQueue.h"
#include "AdjList.h"
// 使用图 8-5 的图 G₅ 为例,采用邻接表存储结构,实现对图的深度优先搜索和广度优先搜索遍历操作
void main()
{    int i,j;
    cout << "input vex numbers:\n";
    cin >> i;
    cout << "input Edge numbers: \n";
    cin >> j;
    ALGraph G(i,j);
    G.CreateGraph(G);                              // 建立图的邻接表
    cout << "input DFS start vex: \n";
    cin >> i;j=i;
    G.DFS1(G,i-1);                                 // 递归深度优先搜索遍历
    G.visiYN();                                    // 置结点未访问
    cout << endl;
    G.DFS2(G,j-1);                                 // 非递归深度优先搜索
    G.visiYN();                                    // 置结点未访问
    cout << "\ninput BFS start vex:\n";
```

图 165

```
    cin >> i;
    G.BFS1(G,i-1);                    // 广度优先搜索遍历
}
```

数据的输入方法见例 8.2。假设分别指定 DFS 从第 2 个顶点开始，BFS 从第 4 个顶点开始，则得到如下遍历结果：

```
v1→v3→v4→v2→v0→                  // 递归深度优先搜索遍历顶点序列
v1 -- v3 -- v4 -- v2 -- v0 --     // 非递归深度优先搜索遍历顶点序列
v3→v4→v2→v1→v0→                  // 广度优先搜索遍历顶点序列
```

【例 8.5】 假设有如图 8-13 所示的图 G_9，试写出该图的邻接矩阵和邻接表以及该图从顶点 v_3 开始搜索所得的深度优先（DFS）和广度优先（BFS）遍历序列。

根据邻接矩阵定义，可得到如图 8-13b 所示的邻接矩阵，从而得到如下的深度优先搜索和广度优先搜索遍历序列。

DFS 序列：v_3，v_0，v_1，v_2，v_4

BFS 序列：v_3，v_0，v_2，v_4，v_1

如果使用例 8.3 的程序验证，v_3 对应"$i = 4$"，顶点序列为 [0 1 2 3 4]。权重应使用"1"，则得到上述输出序列。

根据邻接表的定义，按由小到大顺序建立的邻接表如图 8-14 所示。

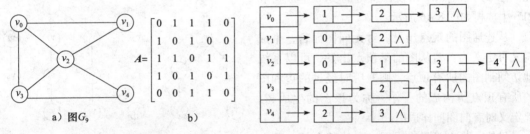

图 8-13　一个无向图及其邻接矩阵　　　　图 8-14　图 G_9 的邻接表

下面给出从顶点 v_3 出发的 DFS1 和 BFS1 遍历序列及对应的程序输出序列。

DFS1 序列：v_3，v_4，v_2，v_1，v_0

BFS1 序列：v_3，v_4，v_2，v_0，v_1

如果在上例图 8-14 所给的图 G_9 的邻接表中，改为从 v_0 出发进行深度优先搜索遍历，所得到的 DFS1 遍历序列为"v_0，v_3，v_4，v_2，v_1"。

同理，只要调整输入数据，也可以使用例 8.4 的程序验证它们。

8.4　图的生成树和最小生成树

8.4.1　图的生成树

在图论中，常常将树定义为一个无回路的连通图。一个连通图 G 的一个子图如果是一棵包含 G 的所有顶点的树，则该子图称为 G 的**生成树**，生成树是连通图的包含图中所有顶点的一个**极小连通子图**（边最少）。一个图的极小连通子图，恰为一个无回路的连通图，也就是说，如若在图中任意添加一条边，就会出现回路，若在图中去掉任何一条边，都会使之成为非连通图。因此，一棵具有 n 个顶点的生成树有仅有 $n-1$ 条边，但有 $n-1$ 条边的图不一定是生成树。同一个图可以有不同的生成树。例如，对于图 8-15a，图 8-15b 和图 8-15c 都是它的生成树。

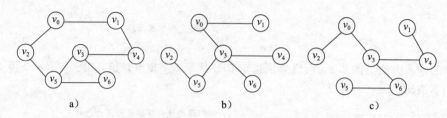

图 8-15　生成树示例

那么，对于给定的连通图，如何求得其生成树呢？设图 $G = (V, E)$ 是一个具有 n 个顶点的连通图，从 G 的任一顶点（源点）出发，做一次深度优先搜索或广度优先搜索，就可以将 G 中的所有 n 个顶点都访问到。显然，在这两种遍历搜索方法中，从一个已访问过的顶点 v_i 搜索到一个未曾访问过的邻接点 v_j，必定要经过 G 中的一条边 (v_i, v_j)，而这两种搜索方法对图中的 n 个顶点都仅访问一次，因此，除初始出发点外，对其余 $n-1$ 个顶点的访问一共要经过 G 中的 $n-1$ 条边，这 $n-1$ 条边将 G 中 n 个顶点连接成包含 G 中所有顶点的极小连通子图，所以它是 G 的一棵生成树，其源点就是生成树的根。

通常把由深度优先搜索所得的生成树称之为**深度优先生成树**，简称为 DFS 生成树；而由广度优先搜索所得的生成树称之为**广度优先生成树**，简称为 BFS 生成树。例如，从图 8-11 中的无向图 G_8 的顶点 v_0 出发，所得的 DFS 生成树和 BFS 生成树如图 8-16 所示。

从连通图的观点出发，对无向图而言，生成树又可定义为：若从图的某顶点出发，可以系统地访问到图的所有顶点，则遍历时经过的边和图的所有顶点所构成的子图，称为该图的生成树。此定义对有向图同样适用。

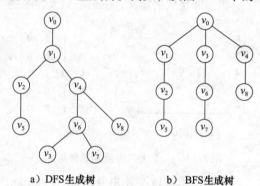

a) DFS 生成树　　　b) BFS 生成树

图 8-16　图 G_8 的 DFS 和 BFS 生成树

显然，若 G 是强连通图，则从其中任一顶点 v 出发，都可以访问遍历 G 中的所有顶点，从而得到以 v 为根的生成树。若图 G 是有根的有向图，设根为 v，则从根 v 出发也可以完成对 G 的遍历，因而也能得到以 v 为根的生成树。

8.4.2　最小生成树

采用不同的遍历方法，可以得到不同的生成树，从不同的顶点出发进行遍历，也可以得到不同的生成树，所以图的生成树不是唯一的。对于连通的带权图（网）G，其生成树也是带权的。通常把生成树各边的权值总和称为该树的权，把权值最小的生成树称为图的**最小生成树**（Minimum Spanning Tree，MST）。

最小生成树有许多重要的应用。假设图 G 的顶点表示城市，边表示连接两个城市之间的通信线路，边的权表示建造通信线路的费用。在 n 个城市之间最多可能建立 $n(n-1)/2$ 条通信线路，如何在这些可能的线路中选择 $n-1$ 条线路接通所有的城市，并使通信网的总建造费用达到最小，这就是一个构造最小生成树的问题。

最小生成树有一个非常重要的性质（简称为 **MST 性质**）。假设 $N = (V, \{E\})$ 是一个连通网，U 是顶点集 V 的一个非空子集。若 (u, v) 是一条具有最小权值的边，其中 $u \in U$，$v \in V - U$，则必存在一棵包含边 (u, v) 的最小生成树。

图 *167*

MST 性质证明：用反证法，假设连通网 N 的任何一棵最小生成树都不包含边 (u, v)。设 T 是连通网上的一棵最小生成树，当把边 (u, v) 加入到 T 中时，由生成树的定义知，T 中必存在一条包含 (u, v) 的回路。而另一方面，由于 T 是生成树，则在 T 上必存在另一条边 (u', v')，其中 $u' \in U$，$v' \in V - U$，且 u 和 u' 之间，v 和 v' 之间均有路径相通。删去边 (u', v')，便可消除上述回路，同时得到另一棵包含边 (u, v) 的生成树 T'。因为 (u, v) 的代价不大于 (u', v') 的代价，所以 T'的代价也不大于 T 的代价。这与假设矛盾，因此命题成立。

以下仅讨论无向图的最小生成树。构造最小生成树可有多种算法，其中多数算法利用了 MST 性质。常用的算法只有两种，即普里姆算法和克鲁斯卡尔算法。

1. 普里姆（Prim）算法

假设 $G = (V, E)$ 是一个具有 n 个顶点的连通网，$T = (U, TE)$ 是 G 的最小生成树，其中 U 是 T 的顶点集，TE 是 T 的边集，U 和 TE 的初值均为空。算法开始时，首先从 V 中任取一个顶点（假定取 v_1），将它并入 U 中，此时 $U = \{v_1\}$，然后只要 U 是 V 的真子集（即 $U \subset V$），就从那些一个端点已在 T 中而另一个端点仍在 T 外的所有边中找一条最短（即权值最小）的边，假定为 (v_i, v_j)，其中 $v_i \in U$，$v_j \in V - U$，并把该边 (v_i, v_j) 和顶点 v_j 分别并入 T 的边集 TE 和顶点集 U，如此进行下去，每次往生成树里并入一个顶点和一条边，直到 $(n-1)$ 次后把所有 n 个顶点都并入到生成树 T 的顶点集中，此时 $U = V$，TE 中包含有 $(n-1)$ 条边，T 就是最后得到的最小生成树。

为了实现算法要求及加深对算法的理解，附设一个辅助数组 minedge[vtxptr]，记录从 U 到 $V - U$ 具有最小代价的边（轻边）。对每个顶点 $v \in V - U$，在辅助数组中存在一个分量 minedge[v]，它包括两个域，其中 lowcost 存储该边上的权值，ver 域存储该边的依附在 U 中的顶点。$minedge[v] = \min \{cost(u, v), u \in U\}$（$cost(u, v)$ 表示该边的权）。

因为首先要把数据表示为邻接矩阵，所以把求最小生成树的普里姆算法设计为 MGraph 类的成员函数 Prim，具体实现如下：

```
#define MaxVertexNum 30
struct {
    int ver;
    int lowcost;
}minedge[MaxVertexNum];                    // 从顶点集U到V-U的代价最小的边的辅助数组
template < class T >
void MGraph < T > ::Prim(int u, int n)
{    // 采用邻接矩阵存储结构表示图
    int k = u;                             // 取顶点u在辅助数组中的下标
    for(int v = 1; v <= n; v ++)           // 辅助数组初始化
        if(v != k){
            minedge[v].ver = u;
            minedge[v].lowcost = arcs[k][v];
        }
    minedge[k].lowcost = 0;                // 初始,U = {u}
    for(int v1 = 1; v1 <= n; v1 ++) {
        int min = 32767; k = 1;
        for(int j = 1; j <= n; j ++)       // 找一个满足条件的最小边(u,k),u∈U,k∈V-U
            if(minedge[j].lowcost < min && minedge[j].lowcost) {
                k = j;
                min = minedge[j].lowcost;
            }
        if(minedge[k].ver != 0) {
```

```
        cout << "(" << minedge[k].ver << "," << vexs[k] << "),";      // 输出生成树的边
        minedge[k].lowcost = 0;                                       // 第 k 个顶点并入 U
        for(v = 1; v <= n; v++)
            if(arcs[k][v] < minedge[v].lowcost){                      // 重新选择最小边
                minedge[v].ver = vexs[k];
                minedge[v].lowcost = arcs[k][v];
            }
        }
    }
}
```

分析上述算法可知，对于具有 n 个顶点的无向网络，第一个进行初始化的循环语句的频度为 n，第二个循环语句的频度为 $n-1$。其中有两个内循环其频度分别为 $n-1$ 和 n。因此，普里姆算法的时间复杂度是 $O(n^2)$，与网中边数无关。

【例 8.6】 利用普里姆算法，给出求图 8-17a 所示的无向网络的最小生成树的过程。

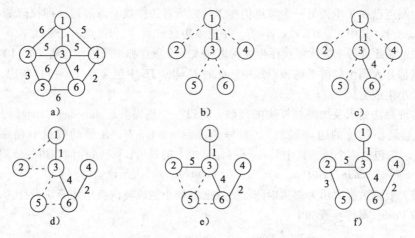

图 8-17　最小生成树的构造过程示意图

【分析】 算法一开始取 $U = \{1\}$，然后到 $V - U$ 中找一条代价最小且依附于顶点 1 的边，$(u_0, v_0) = (1, 3)$，将 $v_0 = 3$ 加入集合 U 中，修改辅助数组中的值。使 minedge[3].lowcost = 0，以表示顶点 3 已并入 U，然后由于边 (3, 6) 上的权值是一条最小且依附于顶点集 U 中顶点的边，因此修改 minedge[6] 的值，依次类推，直到 $U = V$。其过程如表 8-1 所示。为了绘图的方便，顶点的序号仍从 1 开始顺序编排。

表 8-1　普里姆算法求最小生成树辅助表

minedge ＼ v	2	3	4	5	6	U	V – U	说明
ver lowcost	① 6	① ☐1	① 5			{1}	{2, 3, 4, 5, 6}	U (1, 3) 边最短
ver lowcost	③ 5	0	① 5	③ 6	③ ☐4	{1, 3}	{2, 4, 5, 6}	U(3, 6) 边最短
ver lowcost	③ 5	0	⑥ ☐2	③ 6	0	{1, 3, 6}	{2, 4, 5}	U(6, 4) 边最短
ver lowcost	③ ☐5	0	0	③ 6	0	{1, 3, 6, 4}	{2, 5}	U(3, 2) 边最短

图 169

（续）

minedge ＼ v	2	3	4	5	6	U	V − U	说明
ver lowcost	0	0	0	② 3	0	{1, 3, 6, 4, 2}	{5}	$U(2, 5)$ 边最短
ver lowcost	0	0	0	0	0	{1, 3, 6, 4, 2, 5}	∅	

由此不难看出，普里姆算法构造一棵最小生成树的过程是从一个顶点 $U = \{u_0\}$ 作为初始状态，不断增大与 U 中顶点相邻且代价最小的边的另一个顶点，不断扩大 U 集合直至 $U = V$。

在表 8-1 中用方框括起来的数字表示当前行中边权值最小的数据，因而选取由它上方的圆圈框起来的顶点与其列中最上方的邻接顶点所构成的边，此边也就是所谓的轻边。由此表不难画出图的最小生成树，结果如图 8-17 所示。

下面给出使用邻接矩阵存储结构通过成员函数 Prim 实现最小生成树算法的完整程序：

```cpp
// j86.cpp
#include <iostream>
using namespace std;
#define MaxVertexNum 30
struct {
    int ver;
    int lowcost;
}minedge[MaxVertexNum];                         // 从顶点集 U 到 V−U 的代价最小的边的辅助数组
template <class T>
class MGraph {
    public :
            MGraph(int Vertices, int edges,T noEdge =0);
            void CreateGraph();                 // 建立图的邻接矩阵
            void Prim(int u,int n);             // 实现最小生成树算法
    private:
            T NoEdge;
            int n,e;                            // 顶点数和边数
            int vexs[MaxVertexNum];             // 顶点信息数组
            bool visited[MaxVertexNum];         // 设置访问标记
            T arcs[MaxVertexNum][MaxVertexNum]; // 存储邻接矩阵的二维数组
};
// 构造函数
template <class T>
MGraph <T>:: MGraph(int Vertices,int edges,T noEdge)
{
 n =Vertices;
 e =edges;
 NoEdge =noEdge;
 for(int i =1;i <=n;i ++)
     for(int j =1;j <=n;j ++)
         arcs[i][j] =NoEdge;
     for(i =1;i <=n;i ++)
         visited[i] =false;
}
// 由于无向网的邻接矩阵是对称的,可采用压缩存储,即仅存储主对角线以下的元素即可
// 建立一个无向网的算法如下
```

```cpp
template < class T >
void MGraph < T >::CreateGraph()
{    // 采用邻接矩阵表示法构造无向网 G,n、e 表示图的当前顶点数和边数
     int i,j,k,w;
     cout << "input the vexs values:\n";
     for(i =1;i <=n;i ++)                          // 输入顶点信息
         cin >> vexs[i];
     cout << "input the edge and weight:\n";
     for(k =1;k <=e;k ++){                         // 读入 e 条边及其权值,建立邻接矩阵
         cin >> i >> j >> w;                       // 读入一条边的两端顶点序号 i、j 及边上的权 w
         arcs[i][j] =w;
         arcs[j][i] =w;
     }
}
template < class T >
void MGraph < T >::Prim(int u,int n)
{    // 采用邻接矩阵存储结构表示图
     int k =u;                                     // 取顶点 u 在辅助数组中的下标
     for(int v =1;v <=n;v ++)                      // 辅助数组初始化
         if(v!=k){
             minedge[v].ver =u;
             minedge[v].lowcost =arcs[k][v];
         }
     minedge[k].lowcost =0;                        // 初始,U = {u}
     for(int v1 =1;v1 <=n;v1 ++) {
         int min =32767;k =1;
         for(int j =1;j <=n;j ++)                  // 找一个满足条件的最小边(u,k),u∈U,k∈V-U
           if(minedge[j].lowcost <min && minedge[j].lowcost) {
               k =j;
               min =minedge[j].lowcost;
           }
     if(minedge[k].ver!=0) {
             cout << "(" << minedge[k].ver << "," << vexs[k] << "),";
                                                   // 输出生成树的边
             minedge[k].lowcost =0;                // 第 k 个顶点并入 U
             for(v =1;v <=n;v ++)
                 if(arcs[k][v] <minedge[v].lowcost){
                                                   // 重新选择最小边
                 minedge[v].ver =vexs[k];
                 minedge[v].lowcost =arcs[k][v];
                 }
         }
     }
}
void main()
{    int i,j;
     cout << "input the vers numbers : ";
     cin >> i;
     cout << "input the edge numbers : ";
     cin >> j;
     MGraph < int > G (i,j,32767);
     G.CreateGraph();
     G.Prim(1,6);
}
```

图 171

程序运行示范如下：

```
input the vers numbers :6                    // 输入顶点数
input the edge numbers : 10                  // 输入边数
input the vexs values:                       // 输入顶点值
1 2 3 4 5 6
input the edge and weight:                   // 输入边及其权值
1 2 6
1 3 1
1 4 5
2 3 5
2 5 3
3 4 5
3 5 6
3 6 4
4 6 2
5 6 6
(1,3),(3,6),(6,4),(3,2),(2,5),              // 输出最小生成树的边
```

注意：程序中不使用0作为数组下标。

2. 克鲁斯卡尔（Kruskal）算法

假设 $G = (V, E)$ 是一个具有 n 个顶点的连通网，$T = (U, TE)$ 是 G 的最小生成树，U 的初值等于 V，即包含 G 中的全部顶点。T 的初始状态是只含有 n 个顶点而无边的森林 $T = (V, \varnothing)$。该算法的基本思想是：将图 G 中的边按权值从小到大的顺序依次选取 E 中的边 (u, v)，若选取的边使生成树 T 不形成回路，则把它并入 TE 中，保留作为 T 的一条边，若选取的边使生成树 T 形成回路，则将其舍弃，如此进行下去，直到 TE 中包含 $n-1$ 条边为止，此时的 T 即为最小生成树。

例如，按克鲁斯卡尔算法构造图 8-17a 的最小生成树的过程如图 8-18 所示。在图 8-18 中，按权值递增顺序依次考虑边 (1, 3)、(4, 6)、(2, 5)、(3, 6)、(1, 4)、(2, 3)、(3, 4)、(1, 2)、(5, 6) 和 (3, 5)，因为前四条边上的权值最小，而且又满足不在同一个连通分量上（不形成回路）的条件，所以依次将它们加入到 T 中。接着要考虑当前权值最小的边 (1, 4)，因该边的两个端点在同一个连通分量上（即形成回路），故舍去这条边。然后再选择边 (2, 3) 加入到 T 中，便得到要求的一棵最小生成树。

下面给出克鲁斯卡尔算法的抽象描述。

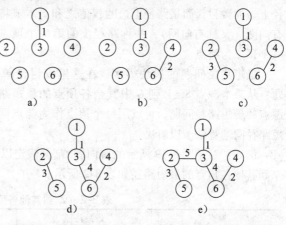

图 8-18 克鲁斯卡尔最小生成树的构造过程示意图

```
Kruskal（G）
{  //求连通网 G 的一棵 MST
   T =（V, ∅）;//初始化 T 为只含有 n 个顶点而无边的森林
   按权值升序对边集 E 中的边进行排序，结果存入 E [0..e-1] 中
```

```
for (i = 0; i < e; i ++) { //e 为图 G 的边总数
     取第 i 条边 (u, v);
     if (u 和 v 分别属于两棵不同的树) then
           T = T∪{(u, v)};
     if (T 已经是一棵树) then
           return T;
  } //end of for
  return T;
}
```

上述的克鲁斯卡尔算法，初始化时间为 $O(n)$；对边的排序需要时间 $O(e\log e)$；在 for 循环中，至多对 e 条边各扫描一次，而每次选择最小代价的边仅需要 $O(\log e)$ 的时间（这是可以证明的），因此，整个 for 循环需要的执行时间为 $O(e\log e)$。从而克鲁斯卡尔算法的时间复杂度为 $O(e\log e)$。

由于一个网（带权图）中会有权值相同的边，所以从不同的顶点出发，可以得到不同的最小生成树。例如，在前例中的图 8-17a，如若从顶点 v_2 出发，会得到一棵与图 8-17f 完全不同的 MST。

8.5 最短路径

在交通网络中，常常会提出许多这样的问题：两地之间是否有路相通？在有多条通路的情况下，哪一条最近或哪一条花费最少等等。交通网络可以用带权图表示，图中顶点表示城镇，边表示两城镇之间的道路，边上的权值可表示两城镇间的距离、交通费用或途中所需的时间等。以上提出的这些问题就是在带权图中求最短路径的问题。此时的路径长度的度量不再是路径上边的数目，而是路径上边的权值之和。本节将讨论的是带权有向图（又称**有向网**），并称路径上的第一个顶点为**源点**，最后一个顶点为**终点**。

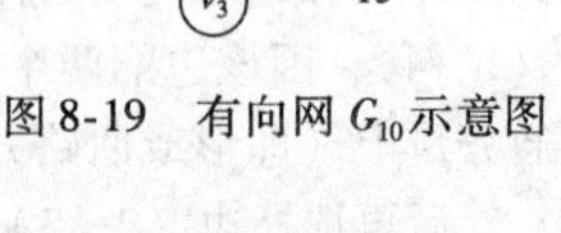

最短路径问题的提法很多，在这里仅讨论**单源最短路径**问题：从某个源点 $S \in V$ 到 G 中其余各顶点的最短路径。对于求多源点的最短路径问题，可以用每个顶点作为源点调用一次单源最短路径问题算法予以解决。

例如：对于图 8-19 所示的有向图 G_{10}，假定以 v_1 为源点，则 v_1 到其他各顶点的最短路径如表 8-2 所示。

图 8-19   有向网 G_{10} 示意图

表 8-2 v_1 到其他各顶点的最短路径

源点	最短路径	终点	路径长度
v_1	v_1, v_3, v_2,	v_2	5
v_1	v_1, v_3	v_3	3
v_1	v_1, v_3, v_2, v_4	v_4	10
v_1	v_1, v_3, v_5	v_5	18

从图 G_{10} 可看出，顶点 v_1 到 v_4 的路径有 3 条：(v_1, v_2, v_4)，(v_1, v_4)，(v_1, v_3, v_2, v_4)，其路径长度分别为 15、20 和 10。因此 v_1 到 v_4 的最短路径为 (v_1, v_3, v_2, v_4)。

那么，如何求得给定有向图的单源最短路径呢？迪杰斯特拉（Dijkstra）提出了按路径长

图   *173*

度递增的顺序产生诸顶点的最短路径的算法，称之为**迪杰斯特拉算法**。

迪杰斯特拉算法求最短路径的实现思想是：设有向图 $G = (V, E)$，其中，$V = \{1, 2, \cdots, n\}$，cost 是表示 G 的邻接矩阵，$cost[i][j]$ 表示有向边 $<i, j>$ 的权。若不存在有向边 $<i, j>$，则 $cost[i][j]$ 的权为无穷大（假定取值为 32767）。设 S 是一个集合，其中的每个元素表示一个顶点，从源点到这些顶点的最短距离已经求出。设顶点 v_1 为源点，集合 S 的初态只包含顶点 v_1。数组 dist 记录从源点到其他各顶点当前的最短距离，其初值为 $dist[i] = cost[v_1][i]$，$i = 2, \cdots, n$。从 S 之外的顶点集合 $V - S$ 中选出一个顶点 w，使 $dist[w]$ 的值最小。从源点到达 w 只通过 S 中的顶点，把 w 加入集合 S 中，并调整 dist 中记录的从源点到 $V - S$ 中每个顶点 v 的距离，即从原来的 $dist[v]$ 和 $dist[w] + cost[w][v]$ 中选择较小的值作为新的 $dist[v]$。重复上述过程，直到 S 中包含 V 中其余顶点的最短路径。

该算法最终结果是：S 记录了从源点到该顶点存在最短路径的顶点集合，数组 dist 记录了从源点到 V 中其余各顶点之间的最短路径长度，path 是最短路径的路径数组，其中 path $[i]$ 表示从源点到顶点 i 的最短路径上顶点的前驱顶点。

同理，把迪杰斯特拉算法设计为 MGraph 类的成员函数 Dijkstra，具体实现如下：

```
// 迪杰斯特拉算法描述
#define MaxVertexNum 50                          // 最大顶点数
typedef int Distance[MaxVertexNum];
typedef int Path[MaxVertexNum];
template < class T >
void MGraph < T >::Dijkstra(MGraph < T > G,int v1,Distance D,Path P)
{     // 求有向图 G 的 v₁ 顶点到其他顶点 v 的最短路径 P[v]及其权 D[v]
      // 设 G 是有向网的邻接矩阵,若边 <i,j>不存在,则 G[i][j]=INFINITY
      // F[v]为真当且仅当 v∈S,即已求得从 v₁ 到 v 的最短路径
      int v,i,w,min;
      bool F[MaxVertexNum];
      for(v =1;v <=n;v ++){                       // 初始化 F 和 D
        F[v]=false;                               // 置空最短路径终点集
        D[v]=G.arcs[v1][v];                       // 置初始的最短路径值
        if(D[v]<NoEdge)                           // NoEdge 表示∞
            P[v]=v1;                              // v₁ 是 v 的前驱(双亲)
        else
            P[v]=0;                               // v 无前驱
      }// end_for
      D[v1]=0;   F[v1]=true;                      // S 初始时只有源点,源点到源点的距离为 0
      // 开始循环,每次求得 v₁ 到某个顶点 v 的最短路径,并将 v 加到 S 集中
      for(i =2;i <=n;i ++){                       // 其余 n-1 个顶点
          min =NoEdge;                            // 当前所知离 v₁ 顶点的最近距离
          for(w =1;w <=n;w ++)
              if(!F[w])                           // w 顶点在 V-S 中
                  if(D[w]<min){
                      v=w;min=D[w];
                  }                               // w 顶点离 v₁ 顶点更近
          F[v]=true;                              // 离 v₁ 顶点最近的 v 加入 S 集中
          for(w =1;w <=n;w ++)                    // 更新当前最短路径及距离
              if(!F[w]&&(min +G.arcs[v][w]<D[w])){   // w∈V-S
                  D[w]=min +G.arcs[v][w];
                  P[w]=P[v];                      // P[w]=P[v]+P[w]
              }// end_if
      }// end_for
}
```

例如，图 G_{10} 的带权邻接矩阵为：

$$\begin{bmatrix} \infty & 10 & 3 & 20 & \infty \\ \infty & \infty & \infty & 5 & \infty \\ \infty & 2 & \infty & \infty & 15 \\ \infty & \infty & \infty & \infty & 9 \\ \infty & \infty & \infty & \infty & \infty \end{bmatrix}$$

若对 G_{10} 执行上述迪杰斯特拉算法，则从 v_1 到其余各顶点的最短路径，以及运算过程中 D 数组的变化状态如表 8-3 所示。

表 8-3　迪杰斯特拉算法中 D 数组的变化情况

终点	从 v_1 到各终端的 D 值和最短路径的求解过程			
	$i=2$	$i=3$	$i=4$	$i=5$
$D[2]v_2$	$10(v_1,v_2)$	$5(v_1,v_3,v_2)$		
$D[3]v_3$	$3(v_1,v_3)$			
$D[4]v_4$	$20(v_1,v_4)$	$20(v_1,v_4)$	$10(v_1,v_3,v_2,v_4)$	
$D[5]v_5$	$\infty(v_1,v_5)$	$18(v_1,v_3,v_5)$		
v_j	v_3	v_2	v_4	v_5
S	$\{v_1,v_3\}$	$\{v_1,v_2,v_3\}$	$\{v_1,v_2,v_3,v_4\}$	$\{v_1,v_2,v_3,v_4,v_5\}$

【例 8.7】　已知有向图如图 8-20 所示，根据 Dijkstra 算法画出求从源点 v_1 开始的单源最短路径的过程示意图以及算法的动态执行情况。

【分析】　按 Dijkstra 算法及题目的要求，初始时，记录从源点到该顶点存在最短路径的顶点集合 S 中只有一个源点 v_1，初始 $N=V-S$ 顶点集中 $v_j(j=2,3,4,5)$ 的估计距离 $D[j]$ 均为有向边 $<v_1,v_j>$ 上的权值，因为边 $<v_1,v_3>$ 和边 $<v_1,v_4>$ 不存在，所以 $D[3]=D[4]=\infty$，见图 8-21a。在图 8-21a 中，当前 N 集中顶点 v_2 的估计距离 $D[2]=9$ 最小，故将其加入到 S 集中，即从源点 v_1 到顶点 v_2 的最短路径已找到，其长度为 9；因为顶点 v_2 到顶点 v_3 有一条权为 5

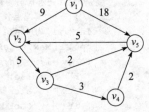

图 8-20　一个有向网

的边，所以从源点 v_1 到 v_3 且中间经过顶点 v_2 的新路径 $<1,2,3>$ 的长度是 14，它小于顶点 v_3 的原估计距离 ∞，因此必须将顶点 v_3 的估计距离 $D[3]$ 调整为 14；顶点 v_4、v_5 的原估计距离没有因为新顶点 v_3 的产生而减小，故无须调整，见图 8-21b；在当前 N 顶点集中，顶点 v_3 的估计距离 $D[3]=14$ 最小，故将其加入到集合 S 中；又因为新加入 S 的顶点 v_3 到顶点 v_4 有一条权为 3 的边，所以从源点 v_1 到顶点 v_4 中间经过的新路径 $<1,2,3,4>$ 的长度是 17，它小于顶点 v_4 的原估计值 ∞，因此必须将顶点 v_4 的估计距离 $D[4]$ 调整为 17，而顶点 v_3 到顶点 v_5 有一条权为 2 的边，那么从源点 v_1 到顶点 v_5 中间经过的新路径 $<1,2,3,5>$ 的长度是 16，它小于顶点 v_5 的原估计值 18，因此将顶点 v_5 的估计距离 $D[5]$ 调整为 16，见图 8-21c；最后将顶点 v_5、v_4 加入到集和 S 中，如图 8-21d 所示。

对图 8-20 所示的有向网，运行 Dijkstra 算法，从源点 v_1 开始，执行过程中顶点集 S 的每次循环，所得到的 S、D、P 的变化状况如表 8-4 所示。

图 175

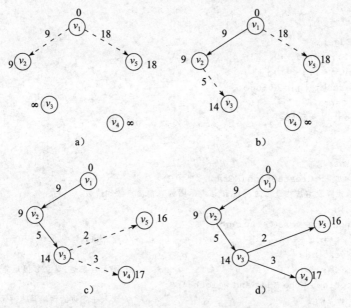

图 8-21 Dijkstra 算法求图 8-20 的单源最短路径示意图

表 8-4 Dijkstra 算法的动态执行情况

循环	集合 S	j	D[1]	D[2]	D[3]	D[4]	D[5]	P[1]	P[2]	P[3]	P[4]	P[5]
初始化	{1}	1	0	9	∞	∞	18	0	1	0	0	1
2	{1, 2}	2	0	9	14	∞	18	0	1	2	0	1
3	{1, 2, 3}	3	0	9	14	17	16	0	1	2	0	3
4	{1, 2, 3, 5}	4	0	9	14	17	16	0	1	2	5	3
5	{1, 2, 3, 5, 4}	5	同上					同上				

下面是求解这个问题的完整程序和运行示范:

```cpp
// j87.cpp
#include <iostream>
using namespace std;
#define MaxVertexNum 50                          // 最大顶点数
typedef int Distance[MaxVertexNum];
typedef int Path[MaxVertexNum];
template <class T>
class MGraph {
 public :
      MGraph(int Vertices, int edges, T noEdge =0);
      void CreateGraph(MGraph <T> G);            // 建立图的邻接矩阵
      void Dijkstra(MGraph G, int v1, Distance D, Path P);
 private:
      T NoEdge;
      int n,e;                                   // 顶点数和边数
      char vexs[MaxVertexNum];                    // 顶点信息数组
      bool visited[MaxVertexNum];                 // 设置访问标记
      T arcs[MaxVertexNum][MaxVertexNum];         // 存储邻接矩阵的二维数组
};
template <class T>
MGraph <T>:: MGraph(int Vertices, int edges, T noEdge)
{
```

```
    n = Vertices;
    e = edges;
    NoEdge = noEdge;
    for(int i =1;i <=n;i ++)
        for(int j =1;j <=n;j ++)
            arcs[i][j] = NoEdge;
    for(i =1;i <=n;i ++)
        visited[i] = false;
}


template < class T >
void MGraph < T >::CreateGraph(MGraph < T > G)
{   // 采用邻接矩阵表示法构造无向网 G,n、e 表示图的当前顶点数和边数
    int i,j,k,w;
    cout << "input the vexs value:\n";
    for(i =1;i <=n;i ++)                          // 输入顶点信息
        cin >> vexs[i];
    for(k =1;k <=e;k ++){                         // 读入 e 条边,建立邻接矩阵
        cout << "input the Edge and weigth:\n";
    cin >> i >> j >> w;                           // 读入一条边的两端顶点序号 i、j 及边上的权 w
    arcs[i][j] = w;
    }
}


template < class T >
void MGraph < T >::Dijkstra(MGraph < T > G,int v1,Distance D,Path P)
{     // 求有向图 G 的 v1 顶点到其他顶点 v 的最短路径 P[v] 及其权 D[v]
      // 设 G 是有向网的邻接矩阵,若边 <i,j> 不存在,则 G[i][j] = INFINITY
      // F[v] 为真当且仅当 v∈S,即已求得从 v1 到 v 的最短路径
int v,i,w,min;
bool F[MaxVertexNum];
for(v =1;v <=n;v ++){                             // 初始化 F 和 D
    F[v] = false;                                 // 置空最短路径终点集
    D[v] = G.arcs[v1][v];                         // 置初始的最短路径值
    if(D[v] < NoEdge)                             // NoEdge 表示∞
        P[v] = v1;                                // v₁ 是 v 的前驱(双亲)
    else
        P[v] = 0;                                 // v 无前驱
}// end_for
  D[v1] = 0;   F[v1] = true;                      // S 初始时只有源点,源点到源点的距离为 0
// 开始循环,每次求得 v1 到某个顶点 v 的最短路径,并将 v 加到 S 集中
    for(i =2;i <=n;i ++){                         // 其余 n-1 个顶点
    min = NoEdge;                                 // 当前所知离 v₁ 顶点的最近距离
    for(w =1;w <=n;w ++)
        if(!F[w])                                 // w 顶点在 V-S 中
            if(D[w] < min){
                v =w;min = D[w];
        }                                         // w 顶点离 v₁ 顶点更近
    F[v] = true;                                  // 离 v₁ 顶点最近的 v 加入 S 集中
    for(w =1;w <=n;w ++)                          // 更新当前最短路径及距离
        if(!F[w] &&(min +G.arcs[v][w] < D[w])){   // w∈V-S
            D[w] = min +G.arcs[v][w];
            P[w] = P[v];                          // P[w] = P[v] + P[w]
        }// end_if
```

图 177

```
    }// end_for
}
// 使用图8-20 的有向图作为实例,实现求图的单源最短路径
void main()
{
    Distance D; Path P;int i,j,k;
    cout << "input the vexs numbers:\n";
    cin >> i;
    cout << "input the edge numbers:\n";
    cin >> j;
    MGraph < int > G(i,j,32767);
    G.CreateGraph(G);
    cout << "输入源点:\n";
    cin >> k;
    G.Dijkstra(G,k,D,P);
    for(i =1;i <=5;i ++)
        cout << k << " --> " << i << " dist = " << D[i] << endl;
}
```

程序运行示范如下:

input the vexs numbers:	// 输入顶点数
5	
input the edge numbers:	// 输入边数
7	
input the vexs value:	// 输入结点值
1 2 3 4 5	
input the Edge and weight:	// 边 (v_1,v_2),权值9
1 2 9	
input the Edge and weight:	
1 5 18	
input the Edge and weight:	
2 3 5	
input the Edge and weight:	
3 5 2	
input the Edge and weight:	
3 4 3	
input the Edge and weight:	
4 5 2	
input the Edge and weight:	
5 2 5	
输入源点:	
1	
1 -->1 dist = 0	
1 -->2 dist = 9	
1 -->3 dist = 14	
1 -->4 dist = 17	
1 -->5 dist = 16	

8.6 拓扑排序

通常,在实现一项较大的工程时,经常会将该工程划分为若干个子工程,把这些子工程成为**活动**。在整个工程中,有些子工程必须在其他相关子工程完成之后才能开始,也就是说,一个子工程的开始是以它的所有前序子工程的结束为先决条件的。但有些子工程没有先决条件,

可以安排在任何时间开始。为了形象地反映出整个工程中各个子工程之间的先后关系，可用一个有向图来表示，图中的顶点代表活动（子工程），图中的有向边代表活动的先后关系，即有向边的起点活动是终点活动的前驱活动，只有当起点活动完成以后，其终点活动才能进行。通常，我们把这种顶点表示活动、边表示活动间先后关系的有向无环图（Directed Acyclic Graph, DAG）称为**顶点活动网**，简称 **AOV 网**。在网中，若从顶点 v_i 到顶点 v_j 有一条有向路径，则顶点 v_i 是 v_j 的前驱，v_j 是 v_i 的后继。若 $<v_i, v_j>$ 是网中一条弧，则顶点 v_i 是 v_j 的直接前驱，v_j 是 v_i 的直接后继。

例如，一个计算机应用专业的学生必须修完一系列基本课程（如表 8-5 所示），其中有些课程是基础课，它独立于其他课程，如《高等数学》，它无须先修其他课程；而在学习《数据结构》之前，就必须先修课程《离散数学》和《算法语言》。若用 AOV 网来表示这种课程安排的先后关系，则如图 8-22 中图 G_{11} 所示。图中每个顶点代表一门课程，每条有向边代表起点课程是终点课程的先修课程。从图中可以清楚地看出各课程之间的先修和后续的关系。例如，课程 C4 的先修课程为 C1，后续课程为 C3 和 C8；C5 的先修课程为 C3 和 C6，而它无后续课程。

表 8-5　计算机应用专业必修课

课程编号	课程名称	先修课程	课程编号	课程名称	先修课程
C1	计算机基础	无	C6	计算机原理	C9
C2	高等数学	无	C7	离散数学	C1，C2
C3	数据结构	C4，C7	C8	编译原理	C3，C4
C4	算法语言	C1	C9	普通物理	C2
C5	操作系统	C3，C6			

对于一个有向无环图，若将 G 中所有顶点排成一个线性序列，使得图中任意一对顶点 u 和 v，若 $<u, v> \in E(G)$，则 u 在线性序列中出现在 v 之前，这样的线性序列称为**拓扑序列**。也就是说，在 AOV 网中，若不存在回路（即环），所有活动可排成一个线性序列，使得每个活动的所有前驱活动都排在该活动的前面，此序列就是拓扑序列。由 AOV 网构造拓扑序列的过程称为**拓扑排序**。

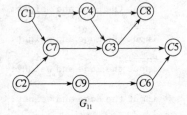

G_{11}

图 8-22　课程表的 AOV 图

在 AOV 网中，不应该出现有向环（即回路），因为存在环即意味着某项活动以自己为先决条件。若设计出这样的流程，工程将无法进行。因此，对给定的 AOV 网应首先判定网中是否存在环。检测的方法是对有向图构造其顶点的拓扑序列，若网中所有顶点都在它的拓扑序列中，则该 AOV 网必定不存在环。

AOV 网的拓扑序列不是唯一的。例如，对图 G_{11} 进行拓扑排序，至少可得到如下的两个拓扑序列：{C1, C4, C2, C7, C3, C8, C9, C6, C5} 和 {C2, C9, C6, C1, C7, C4, C3, C5, C8}。当然，还可以有更多的拓扑序列。学生必须按拓扑序列的顺序来安排自己的学习计划。那么，又如何进行拓扑排序呢？解决的方法很简单，其排序思想描述如下。

①在有向图中选一个没有前驱（入度为零）的顶点，且输出之。

②从有向图中删除该顶点及与该顶点有关的所有边。

③重复执行上述两个步骤，直到全部顶点都已输出或图中剩余的顶点中没有前驱顶点为止。

④输出剩余的无前驱顶点（若有的话）。

图 *179*

例如，以图 8-22 所示的 AOV 网为例，画出拓扑排序过程如图 8-23 所示。

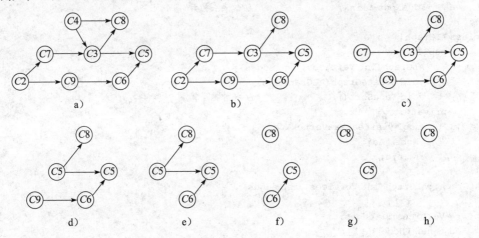

a)　　　　　　　　　　　b)　　　　　　　　　　　c)

d)　　　　　e)　　　　　f)　　　　　g)　　　　　h)

图 8-23　拓扑排序过程

在图 8-22 中顶点 $C1$ 和 $C2$ 的入度均为零，可以输出任何一个。若先输出 $C1$，则在删除相应的边后便得到图 8-23a，该图中 $C4$、$C2$ 的入度数为零，输出 $C4$，则得图 8-23b，依此类推，直到得到图 8-23h，这时仅有一个入度为零的顶点 $C8$，输出 $C8$ 后整个拓扑排序过程结束。所得的拓扑排序序列为 $C1$，$C4$，$C2$，$C7$，$C9$，$C3$，$C6$，$C5$，$C8$，如果以 $C2$ 作为第一个输出，可得拓扑排序序列为 $C2$，$C1$，$C9$，$C7$，$C4$，$C3$，$C6$，$C8$，$C5$。

在拓扑排序算法中，需要设置一个含 n 个元素的一维数组，假定用 inde 表示，用它来保存 AOV 网中每个顶点的入度值。设一个栈暂存所有入度为零的顶点，以后每次选入度为零的顶点时，只需要做出栈操作即可。算法中删除顶点及其所有边的操作只需要检查出栈的顶点 v_i 的出边表，把每条出边 $<v_i, v_j>$ 的终点 v_j 所对应的入度 $\text{inde}[j]$ 减 1，若 v_j 的入度为零，则将 j 入栈。

由此可见，可以利用顺序栈来设计拓扑排序算法。假设用邻接表作为存储结构，设计一个邻接表类 ALGraph，将拓扑排序算法设计为该类的一个成员函数 TopuSort，将它们放在一个源文件 TopuSort.cpp 中，下面是完整的演示文件：

```cpp
// TopuSort.cpp
#include <iostream>
using namespace std;
#include "seqstack.h"                    // 顺序栈，见第 4 章
#define MaxVertexNum 20
class ALGraph;
class EdgeNode {                          // 边表结点类型
    public :
        friend class ALGraph;
        int adjvex;                       // 顶点的序号
        int weight;                       // 边权值
        EdgeNode *next;                   // 指向下一条边的指针
};

class VNode {                             // 顶点表结点
    public :
        friend class ALGraph;
    private:
```

```
            char vertex;                    // 顶点域
            EdgeNode *link;                 // 边表头指针
};
class ALGraph{
    public :
        ALGraph(int Vertices, int edges);
        void CreateGraph(ALGraph G);
        void TopuSort();                    // 拓扑排序算法
    private:
        bool visited[MaxVertexNum];
        VNode *Adj;
        int n,e;
};
ALGraph::ALGraph(int Vertices, int edges)
{
    n = Vertices;e = edges;
    Adj = new VNode[n +1];
    for(int i =1;i <=n;i ++)
        visited[i] = false;
}
void ALGraph::CreateGraph(ALGraph G)
{    // 建立有向图的邻接表,n 为顶点数,e 为图的边数
    int i,j,k;   EdgeNode *p;
    cout << "input the vertex value :\n";
    for(i =1;i <=n;i ++){                    // 建立顶点表
        cin >> Adj[i].vertex;               // 读入顶点信息
        Adj[i].link = NULL;                 // 边表头指针置空
    }
    getchar();
    cout << "input the edge:\n";
    for(k =1;k <=e;k ++){                    // 采用头插法建立每个顶点的邻接表
        cin >> i >> j;                       // 读入边 (vᵢ,vⱼ) 的顶点序号
        p = new EdgeNode;                    // 生成新的边表结点
        p -> adjvex = j;                     // 将邻接点序号 j 赋给新结点的邻接点域
        p -> next = Adj[i].link;
        Adj[i].link = p;                     // 将新结点插到顶点 vᵢ 的边表头部
    }
}
// 拓扑排序
void ALGraph::TopuSort()
{    // 对用邻接表 G 表示的有向图进行拓扑排序
    int i,j,m =0;                            // m 用来统计输出的顶点数
    int inde[MaxVertexNum];                  // 定义入度数组
    SeqStack <int > S;
    EdgeNode * p;
    for(i =1;i <=n;i ++)                     // 初始化数组 inde 的每个元素值为 0
        inde[i] =0;
    for(i =1;i <=n;i ++){                    // 扫描每个顶点 vᵢ 的出边表,统计每个顶点的入度数
        p = Adj[i].link;
        while(p){
            inde[p -> adjvex] ++;
            p = p -> next;
        }
    }
    for(i =1;i <=n;i ++)
```

图   *181*

```
            if(inde[i]==0){
                S.Push(i);                    // 入度为 0 的顶点入栈
            }

    while(!S.StackEmpty()){                    // 拓扑排序开始
        S.Pop(i);                             // 删除入度为 0 的顶点
        cout << "v" << i << "→";              // 输出一个顶点
        m++;
        p=Adj[i].link;
        while(p){                             // 扫描顶点 i 的出边表
            j=p->adjvex;
            inde[j]--;                        // v_j 的入度减 1，相当于删除边 <v_i,v_j>
            if(inde[j]==0)                    // 若 v_j 的入度为 0，则入栈
                S.Push(j);
            p=p->next;
        }
    }
    cout << endl;
    if(m<n)                                   // 当输出的顶点数小于图中的顶点数时，说明图有回路，排序失败
        cout << "The Graph has a cycle! \n";
}
// 以图 8-22 所示的 AOV 网作为实例，实现图的拓扑排序
void main()
{
    int i,j;
    cout << "input the vexs numbers: \n";
    cin >> i;
    cout << "input the edge numbers: \n";
    cin >> j;
    ALGraph G(i,j);
    G.CreateGraph(G);
    G.TopuSort();
}
```

程序运行示范如下：

```
input the vexs numbers:
9                                          // 输入顶点数
input the edge numbers:
11                                         // 输入边数
input the vertex value :                   // 输入 9 个顶点值
1 2 3 4 5 6 7 8 9
input th edge :                            // 输入有向边 <i,j>
1 4
1 7
2 7
2 9
3 8
3 5
4 3
4 8
6 5
7 3
9 6
v2→v9→v6→v1→v4→v7→v3→v8→v5→              // 输出一个拓扑序列
```

拓扑排序实际上是对邻接表表示的图 G 进行遍历的过程，每次访问一个入度为 0 的顶点。若图 G 中没有回路，则需要扫描邻接表中的所有边结点，再加上在算法开始时为建立入度数组 inde 需要访问表头数组中的每个域以及其单链表中的每个结点，所以该算法的时间复杂度为 $O(n+e)$。

实验 8　实现无向网络的最小生成树的普里姆算法

在头文件中实现无向网络的最小生成树的普里姆算法，使用图 8-17a 所示的无向网络图，在主文件中验证算法并根据输出画出最小生成树。

习题 8

一、问答题

（1）n 个顶点的连通图至少有多少条边？强连通图呢？

（2）对 n 个顶点的无向图和有向图，采用邻接矩阵和邻接表表示时，回答下列问题：

①图中有多少条边？

②任意两个顶点 v_i 和 v_j 是否有边相连？

③任意一个顶点的度是多少？

（3）DFS 和 BFS 遍历图各是采用什么样的数据结构来存储顶点的？当要求连通图的生成树的高度（深度）最小时，应采用哪种遍历方式？

二、单项选择题

（1）在一个具有 n 个顶点的无向图中，要连通全部顶点至少需要_____条边。

　　A. n　　　　　　B. $n+1$　　　　　C. $n-1$　　　　　D. $n/2$

（2）无向图的邻接矩阵是一个_____。

　　A. 对角矩阵　　B. 对称矩阵　　　C. 上三角矩阵　　　D. 零矩阵

（3）采用邻接表存储的图的深度优先遍历算法类似于二叉树的_____。

　　A. 按层遍历　　B. 前序遍历　　　C. 中序遍历　　　D. 后序遍历

（4）采用邻接表存储的图的广度优先遍历算法类似于二叉树的_____。

　　A. 按层遍历　　B. 前序遍历　　　C. 后序遍历　D. 中序遍历

（5）设无向图 G 中顶点数为 n，则图 G 中最少有_____条边。

　　A. $n(n-1)$　　B. $n-1$　　　　C. $n+1$　　　　D. $2n$

（6）若图 G 为 n 个顶点的有向图，则图 G 中最多有_____条边。

　　A. $n(n-1)$　　B. $n-1$　　　　C. $n(n+1)$　　　D. $n(n+1)$

（7）在一个图 G 中，所有顶点的度数之和等于所有边数的_____倍。

　　A. 3　　　　　　B. 1/2　　　　　C. 4　　　　　　D. 2

（8）在具有 n 个顶点的无向完全图 G 中边的总数为_____个。

　　A. $n+1$　　　B. $n(n-1)/2$　　C. $n(n+1)$　　　D. $n-1$

（9）在具有 6 个顶点的无向图 G 中至少应有_____条边才能确保它是一个连通图。

　　A. 8　　　　　　B. 7　　　　　　C. 6　　　　　　D. 5

（10）一个具有 n 个顶点的无向图，若采用邻接矩阵表示，则该矩阵的大小是_____。

　　A. $n-1$　　　B. $n+1$　　　　C. n^2　　　　　D. $(n-1)^2$

三、填空题

（1）邻接表是图的_____存储结构。

（2）一个无向连通图的生成树是含有该连通图的全部顶点的_____子图。

图   183

（3）一个带权的无向连通图的最小生成树有_____。

（4）n 个顶点的连通图最多有_____条边。

（5）设图 G 有 n 个顶点和 e 条边，进行深度优先搜索的时间复杂度至多为_____，进行广度优先搜索的时间复杂度至多为_____。

（6）在无向图 G 的邻接矩阵 A 中，若 $A[j, i]$ 等于 1，则 $A[i, j]$ 等于_____。

（7）已知图 G 的邻接表如图 8-24 所示，其从顶点 v_1 出发的深度优先搜索序列为_____，其从顶点 v_1 出发的广度优先搜索序列为_____。

（8）已知一个有向图 G 的邻接矩阵表示，计算第 i 个结点的入度的方法是_____。

（9）图的生成树_____唯一的，一个连通图的生成树是一个_____连通子图，n 个顶点的生成树有_____条边。

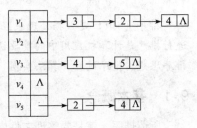

图 8-24　一个图的邻接表

（10）对于一个具有 n 个顶点和 e 条边的无向图，若采用邻接表表示，则表头向量的大小为_____，所有邻接表中的结点总数是_____。

四、应用题

（1）已知一个如图 8-25 所示的图的邻接矩阵，假设顶点是 v_0，v_1，…，画出对应的图。

（2）对于如图 8-26 所示的有向图，试给出：

①图的邻接矩阵；

②邻接表和逆邻接表；

③强连通分量。

图 8-25　一个图的邻接矩阵

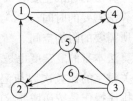

图 8-26　一个有向图

（3）按顺序输入顶点对（边）：(1, 4)，(2, 3)，(3, 5)，(4, 5)，(1, 3)，(3, 4)，(1, 2)，用尾插法画出邻接表；若从顶点 v_3 出发，分别写出按深度优先搜索遍历和按广度优先搜索遍历的顶点序列。

（4）已知一个如图 8-27 所示的带权网络图，使用普里姆算法构造该图的最小生成树。

（5）已知一个如图 8-28 所示的带权网络图，使用克鲁斯卡尔算法构造该图的最小生成树。

（6）设有一个有向图 G 如图 8-29 所示。写出图 G 的两个拓扑排序序列。

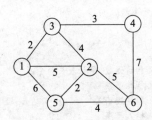

图 8-27　一个带权图

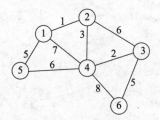

图 8-28　一个带权图

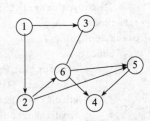

图 8-29　一个有向图

第9章 排　序

排序（sort）是数据处理中经常使用的一种重要的运算。如何进行排序，特别是高效率地进行排序是计算机应用中的重要课题之一。本章着重介绍有关内部排序的一些常用方法，包括排序思想、排序过程、算法实现、时间和空间性能的分析及各种排序方法的比较和选择。

9.1　基本概念

所谓排序，就是要整理文件中的记录，使得它按给定的关键字递增（或递减）的次序排列。如果待排序文件中存在多个关键字相同的记录，经过排序后，这些具有相同关键字的记录之间的相对次序保持不变，则称这种排序方法是**稳定的**；反之，则是**不稳定的**。

若整个待排序数据都在内存中处理，不涉及数据的内、外存交换，则称这种排序为**内部排序**（简称内排序）；反之为**外排序**。按所用排序策略的不同，内部排序方法又可以分为五类：插入、交换、选择、归并和分配排序。在本章中仅讨论内排序。

通常，在排序过程中需要进行比较两个关键字的大小和改变指向记录的指针（或移动记录本身）两种基本操作。而待排序记录的存储方式一般有三种：顺序结构、链式结构和辅助表形式。

评价排序算法的标准主要有两条：

①执行算法需要的时间；

②算法所需要的附加空间。

另外，算法本身的复杂度也是考虑的重要因素之一。排序的时间开销，一般情况下可以用算法执行中关键字的比较次数和记录的移动次数来衡量。在本章的讨论中，如没有特别的声明，都假定排序操作是按递增要求的，并且假定关键字为整数，也就是说关键字是结构的整数域，从而免去模板类。要排序的结构数据存入动态内存区，对结构关键字排序，也就相当于对数组排序（前面说过，对动态内存的操作类似于数组）。

在 SeqList.h 中定义待排序记录的数据类型及排序文件顺序表类：

```
// SeqList.h
typedef int KeyType;
typedef int InfoType;
typedef struct{
    KeyType key;
    InfoType otherinfo;
}RecNode;
class SeqList {
    public :
        SeqList(int MaxListSize =100);           // 构造函数,默认表长为100
        ~SeqList(){delete[] data;}               // 析构函数
        void CreateList(int n);                  // 顺序表输入
        void InsertSort();                       // 插入排序
        void ShellInsert(int dk);                // 希尔排序一趟划分
        void SeqList::BubbleSort();              // 冒泡排序
```

```
        friend void   DbubbleSort(SeqList &R,int n);        // 双向扫描冒泡排序
        int Partition(int i,int j);                         // 快速排序一趟划分
        void SelectSort();                                  // 直接选择排序
        void Sift(int i,int h);                             // 调整堆
        friend void HeapSort(SeqList &R,int n);             // 堆排序
        friend void Merge(SeqList &R,SeqList &MR,int low,int m,int high);
                                                            // 二路归并排序
        friend void MergePass(SeqList &R,SeqList &MR,int len,int n);
                                                            // 一趟归并排序
        void PrintList();                                   // 输出表
    private:
        int length;                                         // 实际表长
        int MaxSize;                                        // 最大表长
        RecNode * data;                                     // 结构 RecNode 的指针
};
SeqList ::SeqList(int MaxListSize)
{   // 构造函数,申请表空间
    MaxSize =MaxListSize;
    data = new RecNode[MaxSize +1];
    length =0;
}
void SeqList::CreateList(int n)
{   // 建立顺序表
    for(int i =1;i <=n;i ++)
        cin >> data[i].key;
    length =n;
}
void SeqList::PrintList()
{   // 顺序表输出
    for(int i =1;i <=length;i ++)
        cout << data[i].key << "  ";
    cout << endl;
}
```

以后将随讲述内容逐步定义相应成员函数及友元函数。

9.2　插入排序

插入排序的基本思想是:将一个待排序的记录,每次按其关键字的大小插到前面已排好序的文件中的适当位置,直到全部记录插入完为止。插入排序主要包括直接插入排序和希尔排序两种。

9.2.1　直接插入排序

直接插入排序是一种比较简单的排序方法,它的基本操作是:假设待排序的记录存储在数组 $data[1..n]$ 中,在排序过程的某一时刻,data 被划分成两个子区间: $data[1..i-1]$ 和 data $[i..n]$。其中前一个为已排好序的有序区,而后一个为无序区,开始时有序区中只含有一个元素 $data[1]$,无序区为 $data[2..n]$。排序过程中只需要每次从无序区中取出第一个元素,把它插到有序区的适当位置,使之成为新的有序区,依次这样经过 $n-1$ 次插入后,无序区为空,有序区中包含了全部 n 个元素,至此,排序完毕。其算法描述如下:

```
void SeqList::InsertSort()
{   // 对顺序表 R 做直接插入排序
```

```
for(int i =2;i <=length;i ++)
    if(data[i].key <data[i -1].key){          // 若R[i].key >=有序区中所有
                                              // 的 key,则 R[i]不动
        data[0] =data[i];                     // 当前记录复制为哨兵
        for(int j =i -1;data[0].key <data[j].key;j --)  // 找插入位置
            data[j +1] =data[j];              // 记录后移
        data[j +1] =data[0];                  // R[i]插到正确位置
    }
}
```

算法中的 R[0] 有两个作用：一是在进入查找循环之前，保存 R[i] 的副本；但主要的作用还是用来在查找循环中"监视"数组下标变量 j 是否越界，一旦越界（即 $j=0$），R[0].key 自比较，使循环条件不成立而结束循环。因此，常把 R[0] 称为**哨兵**。

直接插入排序算法有两重循环：外循环表示要进行 $n-1$ 趟排序；内循环表明完成一趟排序所进行的记录关键字间的比较和记录的后移。在每一趟排序中，最多可能进行 i 次比较，移动 $i-1+2=i+1$ 个记录（内循环前后做两次移动）。所以，在最坏情况下（反序），插入排序的关键字之间比较次数和记录移动次数达最大值。

$$最大比较次数：C_{max} = \sum_{i=2}^{n} i = \frac{(n+2)(n-1)}{2}$$

$$最大移动次数：M_{max} = \sum_{i=2}^{n} (i-1) = \frac{(n+4)(n-1)}{2}$$

由上述分析可知，当待排序文件的初始状态不同时，直接插入排序的时间复杂度有很大差别。最好情况是文件初始为正序，此时的时间复杂度是 $O(n)$，最坏情况是文件初始状态为反序，相应的时间复杂度为 $O(n^2)$。容易证明，该算法的平均时间复杂度也是 $O(n^2)$，这是因为对当前无序区 data[2..i-1]（$2 \leq i \leq n$），平均比较次数为 $(i-1)/2$，所以总的比较和移动次数约为 $n(n-1)/4 \approx n^2/4$。因为插入排序不需要增加附加空间，所以其空间复杂度为 $O(1)$。若排序算法所需要的额外空间相对于输入数据量来说是一个常数，则称该类排序算法为**就地排序**。因此，直接插入排序是一个就地排序。

例如，给定一组关键字（46，39，17，23，28，55，18，<u>46</u>），图 9-1 是按直接插入排序算法给出的每一趟排序结果。

经过了 8 趟排序，即可得到排序结果。从排序结果中可以看到，两个相同关键字 46，在排序结束后，它们的相对次序仍保持不变，根据排序稳定性的定义可知，直接插入排序算法是稳定的。当然，排序的稳定性不能只看一个特例。

```
初始关键字:          [46] [39, 17, 23, 28, 55, 18, 46]

i=2 R[0].key=39     [39, 46] [17, 23, 28, 55, 18, 46]

i=3        17       [17, 39 46] [23, 28, 55, 18, 46]

i=4        23       [17, 23, 39, 46] [28, 55, 18, 46]

i=5        28       [17, 23, 28, 39, 46] [55, 18, 46]

i=6        55       [17, 23, 28, 39, 46, 55] [18, 46]

i=7        18       [17, 18, 23, 28, 39, 46, 55] [46]
```

图 9-1 直接插入排序算法的排序示意图

9.2.2 希尔排序

希尔排序又称"缩小增量排序"，它是由希尔（D. L. Shell）在 1959 年提出的，其基本思想是：先取定一个小于 n 的整数 d_1 作为第一个增量，把数组 data 中的全部元素分成 d_1 个组，所有下标距离为 d_1 的倍数的元素放在同一组中，即 data[1]，data[$1+d_1$]，data[$1+2d_1$]，…为第一组，data[2]，data[$2+d_1$]，data[$2+2d_1$]，…为第二组，……，接着在各组内进行直接插入排序；然后再取 d_2（$d_2 < d_1$）为第二个增量，重复上述分组和排序，直到

所取的增量 $d_t = 1$ ($d_t < d_{t-1} < \cdots < d_2 < d_1$)，把所有的元素放在同一组中进行直接插入排序为止。图9-2 给出对初始关键字序列为（36，25，48，27，65，25，43，58，76，32）以及增量序列取值依次为5，3，1 的排序过程。

通过上面的例子可以看到，两个相同关键字 25，排序后，25 排到了 25 的前面，因此，希尔排序肯定是不稳定的。在希尔排序过程中，开始增量较大，分组较多，每个组内的记录个数较少，因而记录比较和移动次数都较少；越到后来增量越小，分组就越少，每个组内的记录个数也较多，但同时记录次序也越来越接近有序，因而记录的比较和移动次数也都较少。无论是从理论上还是

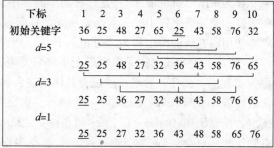

图 9-2　希尔排序示例

实验上都已证明，在希尔排序中，记录的总比较次数和总移动次数都要比直接插入排序少得多，特别是当 n 越大时越明显。下面是希尔排序算法的一趟插入排序的成员函数 ShellInsert 的具体描述：

```
void SeqList::ShellInsert(int dk)
{   // 希尔排序中的一趟插入排序,dk 为当前增量
    int i,j;
    for(i = dk +1;i <= length;i ++)          // 将 data[dk +1..n]分别插入有序区
      if(data[i].key < data[i - dk].key){
          data[0] = data[i];                 // 暂存在 data[0]中
          j = i - dk;
          while(j > 0&&data[0].key < data[j].key){
             data[j + dk] = data[j];         // 记录后移,查找插入位置
             j = j - dk;                     // 查找前一记录
          }
          data[j + dk] = data[0];            // 插入 data[i]到正确位置
      }
}
```

设计一个 C ++ 函数 ShellSort，使用 SeqList 类对象的引用作为参数，调用一趟插入排序的成员函数 ShellInsert 即可完成希尔排序。

```
void ShellSort(SeqList &R,int d[],int t)
{   // 按增量序列 d[0..t -1]对顺序表 R 进行希尔排序
    for(int k = 0;k < t;k ++)
        R.ShellInsert(d[k]);
}
```

因为希尔排序的时间依赖于增量序列，如何选择该序列使得比较次数和移动次数最少，至今未能从数学上解决。但已有人通过大量的实验给出目前较好的结果：当 n 较大时比较和移动次数大约在 $n^{1.25}$ 至 $1.6n^{1.25}$ 之间。尽管有各种不同的增量序列，但都有一共同特征，那就是最后一个增量必须是 1，而且应尽量避免增量序列中的增量 d_i 互为倍数的情况。

9.3　交换排序

交换排序的基本思想是：两两比较待排序记录的关键字，如果发现两个记录的次序相反即进行交换，直到所有记录都没有反序时为止。本节将介绍两种交换排序方法：冒泡排序和快速排序。

9.3.1 冒泡排序

冒泡排序（bubble sort）是一种简单的排序方法。其基本思想是通过相邻元素之间的比较和交换，使关键字较小的元素逐渐从底部移向顶部，就像水底下的气泡一样逐渐向上冒泡，因此将使用该方法的排序称为"冒泡"排序。当然，随着排序关键字较小的元素逐渐上移（前移），排序关键字较大的元素也逐渐下移（后移），小的上浮，大的下沉，所以冒泡排序又被称为"起泡"排序。冒泡排序过程具体描述为：首先将 $data[n].key$ 和 $data[n-1].key$ 进行比较，若 $data[n].key < data[n-1].key$，则交换 $data[n]$ 和 $data[n-1]$，使轻者上浮，重者下沉；接着比较 $data[n-1].key$ 和 $data[n-2].key$，同样使轻者上浮，重者下沉，依次类推，直到比较 $data[2].key$ 和 $data[1].key$，若反序则交换，第一趟排序结束，此时，记录 $data[1]$ 的关键字最小；然后再对 $data[n] \sim data[2]$ 的记录进行第二趟排序，使次小关键字的元素被上浮到 $data[2]$ 中；重复进行 $n-1$ 趟后，整个冒泡排序结束。其算法描述如下：

```
void SeqList::BubbleSort()
{   // 采用自后向前扫描数组 R[1..n]做起泡排序
    int i,j,flag;
    for(i =1;i <=length;i ++){              // 最多做 n -1 趟排序
        flag =0;                           // flag 表示每一趟是否有交换,先置 0
        for(j =length;j > =i +1;j --)        // 进行第 i 趟排序
            if(data[j].key <data[j-1].key){
                data[0] =data[j-1];         // R[0]作为交换时的暂存单元
                data[j-1] =data[j];
                data[j] =data[0];
                flag =1;                    // 有交换,flag 置 1
            }
        if(flag = =0) return;
    }
}
```

例如，假定有 8 个记录的关键字序列为 (36, 28, 45, 13, 67, 36, 18, 56)，图 9-3 给出了该序列起泡排序的全过程，其中方括号内为下一趟排序的区间，方括号前面的一个关键字为本趟排序上浮出来的最小关键字。

从冒泡排序的算法可以看出，若待排序记录为有序的（最好情况），则一趟扫描完成，关键比较次数为 $n-1$ 次且没有移动，比较的时间复杂度为 $O(n)$；反之，若待排序记录为逆序，则需要进行 $n-1$ 趟排序，每趟排序需要进行 $n-i$ 次比较，而且每次比较

初始关键字	[36	28	45	13	67	36	18	56]
第一趟	13	[36	28	45	18	67	36	56]
第二趟	13	18	[36	28	45	36	67	56]
第三趟	13	18	28	[36	36	45	56	67]
第四趟	13	18	28	36	[36	45	56	67]

图 9-3 自后向前扫描的冒泡排序示例

都必须移动记录三次才能达到交换目的。因此，总共比较次数为 $\sum_{i=1}^{n-1}(n-i) = n(n-1)/2$ 次，总移动次数为 $\sum_{i=1}^{n-1}3(n-i) = 3n(n-1)/2$ 次；在平均情况下，比较和移动记录的总次数大约为最坏情况下的一半，所以，冒泡排序算法的时间复杂度为 $O(n^2)$。从上面的例子中可以看出，原本要七趟的排序，但实际上只排了四趟，这是因为在第四趟排序时，已经没有要交换的记录（即无反序记录），循环语句结束。另外，冒泡排序算法是稳定的。

【例 9.1】 设计一个修改冒泡排序算法以实现双向冒泡排序的算法。

【分析】 冒泡排序算法是从最下面两个相邻的关键字进行比较，且使关键字较小的记录换至关键字较大的记录之上（即小的在上，大的在下），使得经过一趟冒泡排序后，关键字最小的记录到达最上端；接着，再在剩下的记录中找关键字最小的记录，并把它换在第二个位置上；依次类推，一直到所有的记录都有序为止。双向冒泡排序则是交替改变扫描方向，即一趟从下向上比较两个相邻关键字，将关键字最小的记录换至最上面位置，再一趟则是从第二个记录开始向下比较两个相邻记录关键字，将关键字最大的记录换至最下面的位置；然后再从倒数第二个记录开始向上两两比较至顺数第二个记录，将其中关键字较小的记录换至第二个记录位置，再从第三个记录向下至倒数第二个记录两两比较，将其中较大关键字的记录换至倒数第二个位置；依次类推，直到全部有序为止。

下面给出对应的友元函数 DbubbleSort 的具体算法：

```
void  DbubbleSort(SeqList &R,int n)
{     // 自底向上、自顶向下交替进行双向扫描冒泡排序
    int  i,j;
    int  NoSwap;                       // 逻辑变量,表示一趟扫描是否有交换,为假表示无交换
    NoSwap = true;                     // 首先假设有交换,表无序
    i = 1;
    while(NoSwap){                      // 当有交换时做循环
      NoSwap = false;                  // 置成无交换
      for(j = n - i + 1;j > = i + 1;j --)     // 自底向上扫描
        if(R.data[j].key < R.data[j-1].key){
                                       // 若反序(后面的小于前一个),即交换
            R.data[0] = R.data[j];
            R.data[j] = R.data[j-1];
            R.data[j-1] = R.data[0];
            NoSwap = true;             // 说明有交换
        }
      for(j = i +1;j <= n - i;j ++)           // 自顶向下扫描
        if(R.data[j].key > R.data[j+1].key){// 若反序(前面的大于后一个),即交换
            R.data[0] = R.data[j];
            R.data[j] = R.data[j+1];
            R.data[j+1] = R.data[0];
            NoSwap = true;             // 说明有交换
        }
      i = i +1;
    }
}
```

9.3.2　快速排序

快速排序（quick sort）又称为划分交换排序。快速排序是对冒泡排序的一种改进，在冒泡排序中，进行记录关键字的比较和交换是在相邻记录之间进行的，记录每次交换只能上移或下移一个相邻位置，因而总的比较和移动次数较多；在快速排序中，记录关键字的比较和交换是从两端向中间进行的，待排序关键字较大的记录一次就能够交换到后面单元中，而关键字较小的记录一次就能够交换到前面单元中，记录每次移动的距离较远，因此，总的比较和移动次数较少，速度较快，故称为"快速排序"。

快速排序的基本思想是：首先在当前无序区 data[low..high] 中任取一个记录作为排序比较

的基准（不妨设为 x），用此基准将当前无序区划分为两个较小的无序区：data［low..$i-1$］和 data［$i+1$..high］，并使左边的无序区中所有记录的关键字均小于等于基准的关键字，右边的无序区中所有记录的关键字均大于等于基准的关键字，而基准记录 x 则位于最终排序的位置 i 上，即 data［low..$i-1$］中的关键字 $\leqslant$ x.key $\leqslant$ data［$i+1$..high］中的关键字。这个过程称为一趟快速排序（或一次划分）。当 data［low..$i-1$］和 data［$i+1$..high］均非空时，分别对它们进行上述的划分，直到所有的无序区中的记录均已排好序为止。

一趟快速排序的具体操作是：设两个指针 i 和 j，它们的初值分别为 low 和 high，基准记录 x = data［i］，首先从 j 所指位置起向前搜索找到第一个关键字小于基准 x.key 的记录存入当前 i 所指向的位置上，i 自增 1，然后再从 i 所指位置起向后搜索，找到第一个关键字大于 x.key 的记录存入当前 j 所指向的位置上，j 自减 1；重复这两步直至 i 等于 j 为止。其一趟排序过程的实例如图 9-4a 所示。一次划分算法成员函数 Partition 的具体实现如下：

```cpp
int SeqList::Partition(int i,int j)
{   // 对 data[i]…data[j]区间内的记录进行一次划分排序
    RecNode x = data[i];                        // 用区间的第一个记录为基准
    while(i < j){
        while(i < j&&data[j].key > = x.key)
            j--;                                // 从 j 所指位置起向前(左)搜索
        if(i < j){
            data[i] = data[j];
            i++;
        }
        while(i < j&&data[i].key <= x.key)
            i++;                                // 从 i 所指位置起向后(右)搜索
        if(i < j){
            data[j] = data[i];
            j--;
        }
    }
    data[i] = x;                                // 基准记录 x 位于最终排序的位置 i 上
    return i;
}
```

有了一趟划分算法之后，可以直接定义 C++ 函数调用它以完成快速排序的递归算法：

```cpp
void QuickSort(SeqList &R,int low,int high)
{   // 对顺序表 R 中的子区间进行快速排序
    if(low < high){                             // 长度大于 1
        int p = R.Partition(low,high);          // 做一次划分排序
        QuickSort(R,low,p-1);                   // 对左区间递归排序
        QuickSort(R,p+1,high);                  // 对右区间递归排序
    }
}
```

如果需要对整个记录文件（数组）data［1..n］进行快速排序，只要调用 QuickSort（R, 1, n）即可。例如，有一组记录关键字序列（45，53，18，36，76，32，49，97，13，36），一次划分排序以及整个快速排序过程如图 9-4 所示。

从排序结果可以说明，快速排序是不稳定的。一般说来快速排序有非常好的时间复杂度，它优于其他各种排序算法。可以证明，对 n 个记录进行快速排序的平均时间复杂度为 $O(n\log_2 n)$。但是，当待排序文件的记录已按关键字有序或基本有序时（递增或递减有序），复

杂度反而增大了。原因是在第一趟快速排序中，经过 $n-1$ 次比较后，第一个记录仍定位在它原来的位置上，并得到一个包含 $n-1$ 个记录的子文件；第二次递归调用，经过 $n-2$ 次比较，第二个记录仍定位在它原来的位置上，从而得到一个包括 $n-2$ 个记录的子文件；依此类推。最后得到排序的总比较次数为：

$$\sum_{i=1}^{n-1}(n-i) = n(n-1)/2 \approx n^2/2$$

```
初始关键字  [45  53  18  49  36  76  13  97  36  32]
x.key=45    i                                   j

           [32  53  18  49  36  76  13  97  36  32]
            i                                   j

           [32  53  18  49  36  76  13  97  36  53]
            i                               j

           [32  36  18  49  36  76  13  97  36  53]
            i                               j

           [32  36  18  49  36  76  13  97  36  53]
                i                           j

           [32  36  18  49  36  76  13  97  49  53]
                i                       j

           [32  36  18  49  36  76  13  97  49  53]
                    i               j

           [32  36  18  13  36  76  13  97  49  53]
                            i       j

           [32  36  18  13  36  76  13  97  49  53]
                            i   j

           [32  36  18  13  36  76  76  97  49  53]
                              i=j

           [32  36  18  13  36] 45 [76  97  49  53]
```

a）一趟划分排序过程

```
依次可得各趟排序结果如下：

    初始关键字    [45  53  18  49  36  76  13  97  36  32]

    一次划分后    [32  36  18  13  36] 45 [76  97  49  53]

    二次划分后    [13  18] 32 [36  36] 45 [53  49]  76  [97]

    三次划分后     13 [18] 32  36 [36] 45 [49]  53  76  97
```

b）

图9-4　快速排序示意图

　　这使得快速排序转变成冒泡排序，其时间复杂度为 $O(n^2)$。在这种情况下，可以对排序算法加以改进。从时间上分析，快速排序比其他排序算法要快，但从空间上来看，由于快速排序过程是递归的，因此需要一个栈空间来实现递归，栈的大小取决于递归调用的深度。若每一趟排序都能使待排序文件比较均匀地分割成两个子区间，则栈的最大深度为 $\lceil \log_2 n \rceil + 1$，即使在最坏情况下，栈的最大深度也不会超过 n。因此，快速排序需要附加空间，空间复杂度为 $O(\log_2 n)$。

【例 9.2】 假设有一组关键字 (47, 33, 61, 82, 72, 11, 24, 47)，写出快速排序的每一趟结果。

下面是分析求解的详细过程。

初始关键字　　[47　33　61　82　72　11　25　47]
　　　　　　　　 i　　　　　　　　　　　　　　　j

两个指针 i 和 j，其初始状态分别指向文件中的第一个记录和最后一个记录，即 i = 1，j = 8。首先将第一个记录暂存于变量 x 中，即 x.key = 47，然后令 j 自右向左扫描，直到找到满足 data[j].key < x.key 的记录时，就将 data[j] 存储到 data[i] 中，i 自增 1，从例题关键字中可以看到，j 从 8 到 7，data[7].key < x.key，此时将 data[7] 存入 data[1]，i+1 后为 2，j = 7，因此，经此一趟扫描移动后得：

[25　33　61　82　72　11　$\boxed{25}$　47]
　 i　　　　　　　　　　　　　 j

然后再从 i 位置起向右扫描，直到 data[i].key > x.key 时，将 data[i] 存储到 data[j] 中，j 自减 1，从上一趟结果中可以看到，i 从 2 到 3 时，有 data[3].key > x.key，此时将 data[3] 存入 data[7] 中，i = 3，j−1 后值为 6，因此得到结果：

[25　33　$\boxed{61}$　82　72　11　61　47]
　　　　 i　　　　　　 j

j 再从位置 6 向左扫描，因 data[6].key < x.key，所以将 data[6] 存储到 data[3] 中，i+1 后为 4，j = 6，因此得结果如下：

[25　33　11　82　72　$\boxed{11}$　61　47]
　　　　　　 i　　　　 j

i 从位置 4 向右扫描，因 data[4].key > x.key，所以将 data[4] 存储到 data[6] 中，i = 4，j−1 后值为 5，因此得：

[25　33　11　$\boxed{82}$　72　82　61　47]
　　　　　　　 i　 j

j 从位置 5 向左扫描，因为 data[5].key 不小于 x.key，所以 j−1 后再向左扫描，此时 i = 4，j = 4，即 i = j，结束一趟排序，因此 4 的位置就是基准 x 的位置，将 x 存至 data[4] 中得：

[25　33　11] 47 [72　82　61　47]
　　　　 i = j

以上就是第一趟快速排序的结果。

同样道理，将基准 x 的左边部分记录关键字 [25　33　11] 和右边部分 [72　82　61　47] 分别作为初始关键字再进行上述方法排序，即可得到后面几趟的排序结果。

二趟排序之后：[11]　　25　　[33]　　47　　[47　61]　72　　[82]

三趟排序之后：11　　25　　33　　47　　47 [61]　72　　82

最后结果为：　11　　25　　33　　47　　47　61　　72　　82

9.4 选择排序

选择排序的基本思想：每一趟在待排序的记录中选出关键字最小的记录，依次存放在已排好序的记录序列的最后，直到全部记录排序完为止。

　　本节主要介绍直接选择排序和堆排序两种选择排序方法，并分别介绍使用顺序表结构和使用链式存储结构实现直接选择排序的算法。

9.4.1　使用顺序表结构实现直接选择排序

　　直接选择排序（straight select sort）是一种简单的排序方法，其基本思想是：每次从待排序的无序区中选择出关键字值最小的记录，将该记录与该区中的第一个记录交换位置。初始时，data[1..n] 为无序区，有序区为空。第一趟排序是在无序区 data[1..n] 中选出最小的记录，将它与 data[1] 交换，data[1] 为有序区；第二趟在无序区 data[2..n] 中选出最小的记录与 data[2] 交换，此时 data[1..2] 为有序区；依次类推，做 $n-1$ 趟排序后，区间 data[1..n] 中记录按递增有序。例如有一组关键字（38，33，65，82，76，38，24，11），直接选择排序过程如图 9-5 所示，其中方括号内为待排序的无序区，方括号前面为已排好序的记录。

初始关键字：	[38　33　65　82　76　38　24　11]
一趟排序后：	11　[33　65　82　76　38　24　38]
二趟排序后：	11　24　[65　82　76　38　33　38]
三趟排序后：	11　24　33　[82　76　38　65　38]
四趟排序后：	11　24　33　38　[76　82　65　38]
五趟排序后：	11　24　33　38　38　[82　65　76]
六趟排序后：	11　24　33　38　38　65　[82　76]
七趟排序后：	11　24　33　38　38　65　76　[82]

图 9-5　直接选择排序过程示例

　　下面是 SelectSort 成员函数实现直接选择排序的算法描述：

```
void SeqList::SelectSort()
{    // 对 data 做直接选择排序
    int i,j,k;
    for(i =1;i < length;i ++){          // 做 n -1 趟排序
        k =i;                           // 设 k 为第 i 趟排序中关键字最小的记录位置
        for(j =i +1;j <=length;j ++)    // 在[i..n]选择关键字最小的记录
            if(data[j].key < data[k].key)
                k =j;                   // 若有比 data[k].key 小的记录,记住该位置
        if(k!=i) {                      // 与第 i 个记录交换
            data[0] =data[i];
            data[i] =data[k];
            data[k] =data[0];
        }
    }
}
```

　　通过上述的例子可以看到，在直接选择排序中，共需要进行 $n-1$ 次选择和交换，无论待排序记录初始状态如何，每次选择需要做 $n-i$ 次比较，而每次比较需要移动 3 次。因此，总比较次数是 $\sum_{i=1}^{n-1}(n-i) = \frac{n(n-1)}{2}$ 次，总移动次数（最大值）是 $3(n-1)$ 次。

　　由此可见，直接选择排序的平均时间复杂度为 $O(n^2)$。由于在直接选择排序中存在着不相邻记录之间的交换，因而可能会改变具有相同关键字记录的前后位置，所以此排序方法是不稳定的。

9.4.2　使用链式存储结构实现直接选择排序

如果要在链式存储结构上实现直接选择排序，就需要使用第 3 章的知识。假设采用单链表作为存储结构，并采用两种方法实现，一种是交换结点的数据域和关键字域值，而另一种则是使用重新建立一个新表的方法。

排序前要先建立链表。假设想用数字 0 作为建立链表的结束标志，就要再设计一个成员函数实现这一功能。将这三个成员函数加入 3.3 节设计的线性链表的头文件 LList.h 中即可。下面给出三个成员函数在头文件中的原型声明和实现方法：

```
void CreateListR1();                    // 建立排序数据的链表
void LselectSort1();                    // 交换结点的数据域和关键字域值的算法
void LselectSort2(LinkList <T> &T);     // 将数据加入到一个新链表中的排序算法
```

1. 建立链表的算法

这个成员函数用于接收要排序的数据，输入数据以数字 0 作为结束符。

```
template <class T>
void  LinkList <T>::CreateListR1()
{   ListNode <T> * s,* rear =NULL;      // 尾指针初始化
    T ch;  cin >> ch;
    while(ch!=0){                       // 读入数据不是结束标志符时做循环
        s = new ListNode <T>;          // 申请新结点
        s ->data =ch;                  // 数据域赋值
        if(head = =NULL)
            head =s;
        else
            rear ->next =s;
        rear =s;
        cin >> ch;                     // 读入下一个数据
    }
    rear ->next =NULL;                 // 表尾结点指针域置空值
}
```

2. 交换结点的数据域和关键字域值的算法

它是对要排序的链表通过交换结点的数据域和关键字域值的方法实现直接排序算法。

```
template <class T>
void  LinkList <T>::LselectSort1()
{   // 先找最小的和第一个结点交换,再找次小的和第二个结点交换,依次类推
    ListNode <T> * p, * r, * s;
    ListNode <T>  q;   p =head;
    while(p!=NULL) {                    // 假设链表不带头结点
        s =p;                          // s 为保存当前关键字值最小的结点的地址指针
        r =p ->next;
        while(r!=NULL){                 // 向后比较,找关键字值最小的结点
            if(r ->data <s ->data)
                s =r;                  // 若 r 指向结点的关键字值小,使 s 指向它
            r =r ->next;               // 比较下一个
        }
        if(s!=p) {                      // 说明有关键字值比 s 的关键字值小的结点,需交换
            q =(*p);                   // 整个结点记录赋值
            p ->data =s ->data;   p ->data =s ->data;
            s ->data =q.data;     s ->data =q.data;
        }
```

```
        p = p -> next;                        // 指向下一个结点
    }
}
```

3. 将数据加入到一个新链表中的排序算法

按直接选择排序算法思想，每次选择到最大的结点后，将其脱链并加入到一个新链表中（头插法建表），这样可避免结点域值交换，最后将新链表的头指针返回。

```
template < class T >
void LinkList < T > ::LselectSort2 (LinkList < T > &T)
{   // 找最大的作为新表的第一个结点,找次大的作为第二个结点,依次类推
    ListNode < int > * p, * q, * r, * s,* t;
    t = NULL;                                 // 置空新表
    while (head != NULL) {
        s = head;                             // 先假设 s 指向关键字值最大的结点
        p = head; q = NULL;                   // q 指向 p 的前驱结点
        r = NULL;                             // r 指向 s 的前驱结点
        while (p != NULL) {
            if(p -> data > s -> data){        // 使 s 指向当前关键字值大的结点
                s = p; r = q;                 // 使 r 指向 s 的前一个结点
            }
            q = p;   p = p -> next;           // 指向后继结点
        }
        if (s == head)                        // 循环前的假设成立
            head = head -> next;              // 指向后继结点
        else
            r -> next = s -> next;            // 删除最小结点
        s -> next = t;   t = s;               // 插入新结点
    }
    T.head = t;
}
```

【例 9.3】　假设采用单链表作为存储结构，试编写一个主程序对输入序列使用直接选择排序，分别实现降序和升序排序的输出结果。

【解答】　包含新的头文件就可以使用本节编制的三个成员函数实现数据的降序及升序排序。因为降序排序破坏了原来的链表，所以先进行升序排序，调用输出成员函数输出排序结果，然后再对升序数据进行降序排序并输出结果。

```
// j93.cpp
#include < iostream >
using namespace std;
#include "LList.h"                            // 改写后的链表类型的类定义头文件
void main ()
{
    LinkList < int > L,T;
    L.CreateListR1 ();                        // 为建立的空链表输入数据
    L.PrintList ();
    L.LselectSort1 ();
    L.PrintList ();                           // 输出交换结点数据的选择排序结果
    L.LselectSort2 (T);
    T.PrintList ();                           // 输出使用排序建立的新链表的内容
}
```

运行示范如下：

```
38 33 65 82 76 38 24 11 0
38   33   65   82   76   38   24   11
11   24   33   38   38   65   76   82
82   76   65   38   38   33   24   11
```

9.4.3 堆排序

堆排序（heap sort）是对直接选择排序法的一种改进。从前面的讨论中可以看到，采用直接选择排序时，为了从 n 个关键字中找最小关键字需要进行 $n-1$ 次比较，然后再在余下的 $n-1$ 个关键字中找出次小关键字，需要进行 $n-2$ 比较。事实上，在查找次小关键字所进行的 $n-2$ 次比较中，有许多比较很可能在前面的 $n-1$ 次比较中已做过，只是当时并没有将这些结果保存下来，因此，在后一趟排序时又重复进行了这些比较操作。树形排序可以克服这一缺点。

堆排序是一种树形选择排序，它的基本思想是：在排序过程中，将记录数组 data$[1..n]$ 看成是一棵完全二叉树的顺序存储结构，利用完全二叉树中双亲结点和孩子结点之间的内在关系，在当前无序区中选择关键字最大（或最小）记录。

堆的定义如下：n 个记录的关键字序列 k_1, k_2, …, k_n 称为堆，当且仅当满足以下关系

$$k_i \leqslant k_{2i} \quad 且 \quad k_i \leqslant k_{2i+1}; \quad 或 \ k_i \geqslant k_{2i} \quad 且 \quad k_i \geqslant k_{2i+1} \qquad (1 \leqslant i \leqslant \lfloor n/2 \rfloor)$$

前者称为小根堆，后者称为大根堆。例如，关键字序列（76，38，59，27，15，44）就是一个大根堆，还可以将此调整为小根堆（15，27，44，76，38，59），它们对应的完全二叉树如图 9-6a）和 b）所示。

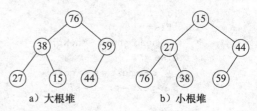

a）大根堆 b）小根堆

图 9-6 堆的完全二叉树表示

堆排序正是利用大根堆（或小根堆）来选取当前无序区中关键字最大（或最小）的记录实现排序的。每一趟排序的操作是将当前无序区调整为一个大根堆，选取关键字最大的堆顶记录，将它和无序区中最后一个记录交换，这正好与选择排序相反。堆排序就是一个不断建堆的过程。

因此，堆排序的关键就是如何构造堆，其具体做法是：把待排序的文件的关键字存放在数组 data$[1..n]$ 之中，将 R 看做一棵完全二叉树的存储结构，每个结点表示一个记录，源文件的第一个记录 data$[1]$ 作为二叉树的根，以下各记录 data$[2..n]$ 依次逐层从左到右顺序排列，构成一棵完全二叉树，任意结点 data$[i]$ 的左孩子是 data$[2i]$，右孩子是 data$[2i+1]$，双亲是 data$\lfloor i/2 \rfloor$。这里假设建大根堆，假如完全二叉树的某一个结点 i 的左子树、右子树已经是堆，只需要将 data$[2i]$.key 和 data$[2i+1]$.key 中的较大者与 data$[i]$.key 比较，若 data$[i]$.key 较小则交换，这样有可能破坏下一级的堆，于是继续采用上述方法构造下一级的堆，直到完全二叉树中以结点 i 为根的子树成为堆。此过程就像过筛子一样，把较小的关键字逐层筛下去，而较大的被逐层选上来，所以把这种建堆的方法称为筛选法。

成员函数 Sift 用来实现调整为大根堆的算法：

```
void SeqList::Sift(int i,int h)
{   // 将 data[i..h]调整为大根堆,假定 data[i]的左、右子树均满足堆性质
    int j;
    RecNode x = data[i];                    // 把待筛结点暂存于 x 中
    j = 2*i;                                // data[j]是 data[i]的左孩子
    while(j<=h) {                           // 当 data[i]的左孩子不空时执行循环
        if(j<h &&data[j].key<data[j+1].key)
            j++;                            // 若右孩子的关键字较大,j 为较大右孩子的下标
```

```
    if(x.key > = data[j].key)
        break;                              // 找到 x 的最终位置,终止循环
    data[i] = data[j];                      // 将 data[j] 调整到双亲位置上
    i = j; j = 2 * i;                       // 修改 i 和 j 的值,使 i 指向新的调整点
    }
    data[i] = x;                            // 将被筛结点放入最终的位置上
}
```

根据堆的定义和上面的建堆过程可以知道,序号为 1 的结点 data[1](即堆顶),是堆中 n 个结点中关键字最大的结点。因此堆排序的过程比较简单,首先把 data[1] 与 data[n] 交换,使 data[n] 为关键字最大的结点,接着对 data[$1..n-1$] 中的结点进行筛选,又得到 data[1] 为当前无序区 data[$1..n-1$] 中具有最大关键字的结点,再把 data[1] 与当前无序区内最后一个结点 data[$n-1$] 交换,使 data[$n-1$] 为次大关键字结点,依次这样,经过 $n-1$ 次交换和筛选运算之后,所有结点成为递增有序,即排序结束。

设计的友元函数 HeapSort 用来调用成员函数 Sift 实现堆排序算法:

```
void HeapSort(SeqList &R, int n)
{   // 对 data[1..n]进行堆排序,设 data[0]为暂存单元
    for(int i = n/2; i > 0; i --)
        R.Sift(i, n);                       // 对初始数组 data[1..n]建大根堆
    for(i = n; i > 1; i --){                // 对 data[1..i]进行堆排序,共 n - 1 趟
        R.data[0] = R.data[1];
        R.data[1] = R.data[i];
        R.data[i] = R.data[0];              // 交换
        R.Sift(1, i - 1);                   // 对无序区 data[1..i - 1]建大根堆
    }
}
```

下面的图 9-7 给出了对待排序关键字序列 (45, 36, 72, 18, 53, 31, 48, 36) 构建初始大根堆的全过程。因结点数 $n=8$,故从第 4 个结点起至树根为止,依次对每个结点进行筛选。初始存储结构和完全二叉树如图 9-7 所示,最后得到的大根堆为: 72 53 48 36 36 31 45 18。

【例9.4】 已知关键字序列为 (47, 33, 11, 82, 72, 61, 25, 47),采用堆排序方法对该序列进行排序,画出建初始堆的过程和每一趟排序结果。

【分析】 堆排序的基本思想是:对于一组待排序记录的关键字,首先把它们建成一个堆,从而输出堆顶的最大关键字 (假设利用大根堆来排序)。然后对剩余的关键字再建堆,便得到次大的关键字,如此反复进行,直到全部关键字排成有序序列为止。这实际上就是一个不断地建堆的过程,只要建堆概念搞清楚了,堆排序就很容易实现。下面以实例对建堆算法思想做进一步的分析,以加深对它的认识和理解。

建堆的具体方法是将待排序的关键字按层次顺序分放到一棵二叉树的各个结点中,显然这棵二叉树是一棵完全二叉树,它的所有 $i > \lfloor n/2 \rfloor$ 的结点 k_i 都没有子结点,而且以 k_i 为根的子树已经是堆,即结点 k_5, k_6, k_7, k_8 已经是堆,如图 9-8a 所示。

下面是建立大根堆的过程。

由于 $i = n/2 = 4$,第 4 个结点为根的子树已经是堆,无须调整。

再看 $i = n/2 - 1 = 3$,因此要调整以第 3 个结点为根的子树为堆,因为该结点的左子树结点值大,则与左子树交换,11 被筛至下一层,得序列为 47, 33, 61, 56, 72, 11, 25, 47,因此得到二叉树如图 9-8c 所示。

接着,$i = 2$,以 33 为根结点的子树不是大根堆,需要调整,将 33 与左子树的根结点 72 交

换即可，调整交换后的结果如图 9-8d 所示。

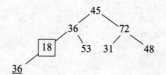

```
1  2  3  4  5  6  7  8
45 36 72 18 53 31 48 36
```
i=4   需要调整，因
        左孩子 36>18

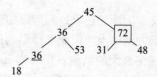

```
45 36 72 36 53 31 48 18
```
i=3   无须调整，因以72
        为根的子树已经是堆

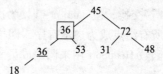

```
45 36 72 36 53 31 48 18
```
i=2   需要调整，因
        右孩子 53>36

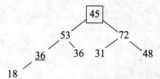

```
45 53 72 36 36 31 48 18
```
i=1   需要调整，因
        右孩子 72>45

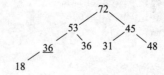

```
72 53 45 36 36 31 48 18
```
当45和72交换后，
使得以45为根的
子树不成堆，需
要调整

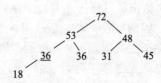

```
72 53 45 36 36 31 45 18
```

图 9-7　初始堆的建堆过程

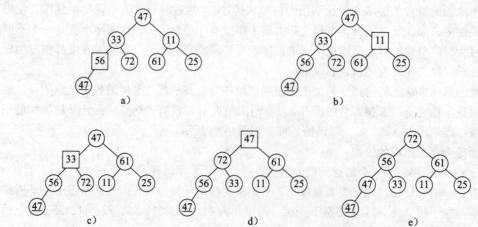

图 9-8　建堆过程

当 $i=1$ 时，以 47 为根结点的子树不是堆，需要调整，因为左子树根结点值较大，所以 47
与 72 交换筛至下一层，但此时以 47 为根结点的子树不为堆，因此需要再调整，47 再与 56 交
换，建堆结束，得到的大根堆序列为

$$72\ 56\ 61\ 47\ 33\ 11\ 25\ \underline{47}$$

由此所得的完全二叉树如图 9-8e 所示。

有了初始堆之后，就可以进行堆排序了，首先将关键字最大的堆顶记录 data[1] 和最后一
个记录 data[n]（n=8）交换，这时得到的关键字序列为

$$[47\ 56\ 61\ 47\ 33\ 11\ 25]\ [72]$$

前面方括号内是无序区，后面方括号内是有序区，也就是第一趟排序结果。因为无序区的
7 个关键字不为堆，因此需要将其调整为堆，调整结果为

$$[61\ 56\ 47\ 47\ 33\ 11\ 25]\ [72]$$

由此可得到第二趟排序结果为

$$[25\ 56\ \underline{47}\ 47\ 33\ 11]\ [61\ 72]$$

依此类推可得如图 9-9 所示的各趟排序结果。

在堆排序中，需要进行 $n-1$ 趟选择，
每次从待排序的无序区中选择一个最大值
（或最小值）的结点，而选择的方法是在
各子树已是堆的基础上对根结点进行筛选
运算，其时间复杂度为 $O(\log_2 n)$，所以整
个堆排序的时间复杂度为 $O(n\log_2 n)$。显
然，堆排序比直接选择排序的速度快得

第三趟排序结果：	[11 47 $\underline{47}$ 25 33]	[56 61 72]
第四趟排序结果：	[11 33 $\underline{47}$ 25]	[47 56 61 72]
第五趟排序结果：	[25 33 11]	[$\underline{47}$ 47 56 61 72]
第六趟排序结果：	[11 25]	[33 $\underline{47}$ 47 56 61 72]
第七趟排序结果：	[11]	[47 33 $\underline{47}$ 47 56 61 72]

图 9-9　第 3~7 趟的排序结果

多。从上例中可以看出，堆排序和直接选择排序一样，都是不稳定的。

9.5　归并排序

归并排序（merge sort）的基本思想是：首先将待排序文件看成为 n 个长度为 1 的有序子文
件，把这些子文件两两归并，得到 $\lceil n/2 \rceil$ 个长度为 2 的有序子文件；然后再把这 $\lceil n/2 \rceil$ 个有序的
子文件两两归并；如此反复，直到最后得到一个长度为 n 的有序文件为止，这种排序方法称为
二路归并排序。例如，有初始关键字序列（72，18，53，36，48，31，$\underline{36}$），其二路归并排序
过程如图 9-10 所示。

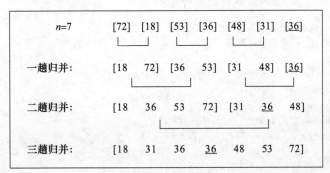

图 9-10　二路归并排序示例

二路归并排序中的核心操作是将数组中前后相邻的两个有序序列归并为一个有序序列，函
数 Merge 在头文件中声明为友元函数，其算法实现如下：

```
void Merge(SeqList &R,SeqList &MR,int low,int m,int high)
{   // 对有序的 R.data[low..m]和 R.data[m+1..high]归并为有序的 MR.data[low..high]
    int i,j,k;
    i=low;j=m+1;k=low;                      // 初始化
    while(i<=m && j<=high)
        if(R.data[i].key<=R.data[j].key)
            MR.data[k++]=R.data[i++];
        else
            MR.data[k++]=R.data[j++];
    while(i<=m)
        MR.data[k++]=R.data[i++];        // 将 R[low..m]中剩余的复制到 MR 中
    while(j<=high)
        MR.data[k++]=R.data[j++];        // 将 R[m+1..high]中剩余的复制到 MR 中
}
```

一趟归并排序的基本思想是：在某趟归并中，设各子文件长度为 len（最后一个子文件的长度可能会小于 len），则归并前 R.data[1..n] 中共有 $\lceil n/\text{len}\rceil$ 个有序子文件。调用归并操作对子文件进行归并时，必须对子文件的个数可能是奇数和最后一个子文件的长度可能小于 len 这两种特殊情况进行处理。若子文件个数为奇数，则最后一个子文件无须和其他子文件归并；若子文件个数为偶数，则要注意最后一对子文件中后一个子文件的区间上界为 n。一趟归并排序算法函数 MergePass 也被设计为友元函数，它通过调用友元函数 Merge 实现具体的一趟归并排序算法：

```
void MergePass(SeqList &R,SeqList &MR,int len,int n)
{   // 对 R.data[1..n]做一趟归并排序
    int i,j;
    for(i=1;i+2*len-1<=n;i=i+2*len)
        Merge(R,MR,i,i+len-1,i+2*len-1);
    if(i+len-1<n)                          // 尚有两个子文件,其中最后一个长度<len,其上界为 n
        Merge(R,MR,i,i+len-1,n);
    else
        for(j=i;j<=n;j++)
            MR.data[j]=R.data[j];          // 文件个数为奇数,最后一个子文件直接复制到 MR 中
}
```

为了实现整个归并排序算法，设计一个函数 MergeSort，使用 SeqList 类对象的引用作为传递参数，调用友元函数 MergePass 实现归并排序：

```
void MergeSort(SeqList &R,SeqList &MR,int n)
{   // 对 R.data[1..n]进行归并排序
    int len=1;
    while(len<n){
        MergePass(R,MR,len,n);
        len=len*2;
        MergePass(MR,R,len,n);
        len=len*2;
    }
}
```

二路归并排序的过程需要进行 $\lceil \log_2 n\rceil$ 趟。每一趟归并排序的操作，就是将两个有序子文件进行归并，而每一对有序子文件归并时，记录的比较次数均小于等于记录的移动次数，记录移动的次数均等于文件中记录的个数 n，即每一趟归并的时间复杂度为 $O(n)$。因此，二路归并

排序的时间复杂度为 $O(n\log_2 n)$。

　　二路归并排序是稳定的，因为在每两个有序子文件归并时，若分别在两个有序子文件中出现具有相同关键字的记录时，Merge 算法能够使前一个子文件中同一关键字的记录先复制，而后一子文件中的后复制，从而确保它们的相对次序不会改变。

9.6　分配排序：基数排序

　　在前面几节讨论的排序算法中，都是基于关键字之间的比较来实现的，从理论上已经证明：对于以上采用的比较方式的排序，无论用何种方法都至少需要进行 $\lceil n\log n\rceil$ 次比较。而有一种不需要比较的排序方法，可使时间复杂度降为线性阶 $O(n)$。分配排序就是不需要比较的排序算法，常用的分配排序有箱排序和基数排序。

　　箱排序又称桶排序，其基本思想是：设置若干个箱子，依次扫描待排序的记录 $R[0]$，$R[1]$，…，$R[n-1]$，把关键字等于 k 的记录全部都装入到第 k 个箱子里（分配），然后按序号依次将各非空的箱子首尾连接起来。

　　基数排序（radix sort）是对箱排序的改进和推广。箱排序只适用于关键字取值范围较小的情况，否则所需要箱子的数目 m 太多，会导致存储空间的浪费和计算时间的增长，但若仔细分析关键字的结构，就可能得出对箱排序结果的改进。

　　例如 $n=10$，被排序的记录关键字 k_i (36, 25, 48, 10, 32, 25, 6, 58, 56, 82)，其取值是在 0..99 之间的整数。因为 k_i 是两位整数，所以我们可以将其分解，先对 k_i 的个位数（$k_i\%10$）进行箱排序，然后在排序的基础上再对 k_i 的十位数（$k_i/10$）进行箱排序，这样只需要标号为 0，1，…，9 的 10 个箱子进行二趟箱排序即可完成排序操作，而不需要 100 个箱子来进行一趟箱排序。第一趟箱排序是对输入的记录序列顺序扫描，将它们按关键字的个位数字装箱，然后依箱号递增将各个非空箱子首尾连接起来，即可得到第一趟排序结果，显然结果已按个位有序；第二趟箱排序是在前一趟排序结果的基础上进行的，即顺序扫描第一趟的结果，将扫描到的记录按关键字的十位数字装箱，再将非空箱子首尾连接后，即可得到最终的排序结果。整个排序过程及结果如表 9-1 所示。

表 9-1　两次装箱排序示意表

箱子编号	0	1	2	3	4	5	6	7	8	9
一趟排序（按个位装箱）	10		32 82			25 25	36 6 56		48 58	
一趟排序结果	10	32	82	25	25	36	6	56	48	58
二趟排序（按十位装箱）	6	10	25 25	32 36	48	56 58			82	
二趟排序结果	6	10	25	25	32	36	48	56	58	82

　　因为箱子个数 m 的数量级不会大于 $O(n)$，所以上述排序方法的时间复杂度为 $O(n)$。一般情况下，记录数组 $R[1..n]$ 中任一记录 $R[i]$ 的关键字都是由 d 个分量 $k_i^0 k_i^1 \cdots k_i^{d-1}$ 构成的，每个分量的取值范围相同 $C_0 \leqslant k_i^j \leqslant C_{rd-1}(0 \leqslant j \leqslant d-1)$，我们把每个分量可能取值的个数 rd 称为**基数**。基数的选择和关键字的分解因关键字的类型而异。例如，若关键字为数值型，且其值在 $0 \leqslant k_i \leqslant 999$ 范围内，则可把每一个十进数字看成一个关键字，即可认为 k_i 由三个关键字（$k_i^0 k_i^1 k_i^2$）组成，其中 k_i^0 是百位数，k_i^1 是十位数，k_i^2 是个位数；又若关键字是 4 个小写字母组

成的字符串时，则可看成由 4 个关键字（$k_i^0 k_i^1 k_i^2 k_i^3$）组成，其中 k_i^j 是表示串中第 $j+1$ 个字符。因此，若关键字是十进整数值时，rd = 10（0..9）；若关键字为字母组成的字符串时，rd = 26（'a'.. 'z'）。

基数排序的基本思想是：首先按关键字的最低位 k_i^{d-1} 进行箱排序，然后再按关键字的 k_i^{d-2} 进行箱排序，…，最后按最高位 k_i^0 进行箱排序。在 d 趟箱排序中，需要设置箱子的个数就是基数 rd。前面给出的例子，就是一个基数 rd 为 10，d 为 2 的基数排序。

实际上，只需要对前面介绍的 BinSort 算法做适当的修改就可以得到基数排序的算法。首先设置一个指针数组 B，$B[i]$ 表示第 i 个箱子，它带有两个指针域，一个是 $B[i].f$ 指向箱链表的表头，一个是 $B[i].r$ 指向表尾。其实，基数排序就是一个不断装箱的过程，首先按个位进行装箱，个位相同的按其出现的先后顺序装箱，后装入的记录用尾指针指向，装完后，按箱子序号从小到大排成一个新序列；再对新序列按百位进行装箱，即百位数字相同的按其出现的先后装入相应的箱子中，再按箱子的序号从小到大排成一个新序列；依此进行，直到新序列全部有序为止。

【例 9.5】 已知关键字序列 {278，109，063，930，589，184，505，269，008，083}，写出基数排序（升序）的排序过程。

初始状态：p→278→109→063→930→589→184→505→269→008→083

第一趟分配，即按个位装箱后状态如下（按尾插法进行装入，即尾指针总是指向新插入的记录，下同）：

B[0].f B[1].f B[2].f B[3].f B[4].f b[5].f B[6].f b[7].f B[8].f B[9].f

930   063   184   505   278   109
083   008   589
                                                   269

B[0].r B[1].r B[2].r B[3].r B[4].r b[5].r B[6].r b[7].r B[8].r B[9].r

第一趟收集后，已按个位有序：

p→930→063→083→184→505→278→008→109→589→269

第二趟分配，即按十位装箱后的状态如下：

B[0].f B[1].f B[2].f B[3].f B[4].f b[5].f B[6].f b[7].f B[8].f B[9].f

505   930   063   278   083
008   269   184
109   589

B[0].r B[1].r B[2].r B[3].r B[4].r b[5].r B[6].r b[7].r B[8].r B[9].r

第二趟收集后，已按十位和个位有序：

p→505→008→109→930→063→269→278→083→184→589

第三趟分配，即按百位装箱后的状态如下：

B[0].f B[1].f B[2].f B[3].f B[4].f b[5].f B[6].f b[7].f B[8].f B[9].f
↓　　　↓　　　↓　　　　　　　　　　　↓　　　　　　　　　　　　↓

008　　109　　269　　　　　　　　505　　　　　　　　　　930

↓　　　↓　　　↓　　　　　　　　　　↓

063　　184　　278　　　　　　　　589

↓

083

↑

B[0].r B[1].r B[2].r B[3].r B[4].r b[5].r B[6].r b[7].r B[8].r B[9].r

第三趟收集后，已按三位有序：

p→008→063→083→109→184→269→278→505→589→930

整个排序任务结束。在基数排序中，没有进行关键字的比较和记录的移动，而只是扫描链表和进行指针赋值，所以排序的时间主要用在修改指针上。初始化链表的时间为 $O(n)$。在每一趟箱排序中，清空箱子的时间是 $O(\mathrm{rd})$，分配时需要将 n 个记录装入箱子，其时间为 $O(n)$，收集的时间也是 $O(\mathrm{rd})$，因此，一趟箱排序的时间是 $O(\mathrm{rd}+n)$。因为要进行 d 趟箱排序，所以链式基数排序的时间复杂度是 $O(d*(\mathrm{rd}+n))$。

9.7　内部排序方法的分析比较

前面介绍了各种排序方法，为了使读者更进一步地熟悉和应用这些方法，下面对介绍过的排序方法从几个方面进行分析和比较。

1. 时间复杂度

①直接插入、直接选择、冒泡排序算法的时间复杂度为 $O(n^2)$；

②快速、归并、堆排序算法的时间复杂度为 $O(n\log_2 n)$；

③希尔排序算法的时间复杂度很难计算，有几种较接近的答案：$O(n\log_2 n)$ 或 $O(n^{1.25})$；

④基数排序算法的时间复杂度为 $O(d*(\mathrm{rd}+n))$，其中 rd 是基数，d 是关键字的位数，n 是元素个数。

2. 稳定性

①直接插入、冒泡、归并和基数排序算法是**稳定的**；

②直接选择、希尔、快速和堆排序算法是**不稳定的**。

3. 辅助空间（空间复杂度）

①直接插入、直接选择、冒泡、希尔和堆排序算法的空间复杂度为 $O(1)$；

②快速排序算法的空间复杂度为 $O(\log_2 n)$；

③归并排序算法的空间复杂度为 $O(n)$；

④基数排序算法的空间复杂度为 $O(n+\mathrm{rd})$。

4. 选取排序方法时需要考虑的主要因素

①待排序的记录个数；

②记录本身的大小和存储结构；

③关键字的分布情况；

④对排序稳定性的要求；

⑤时间和空间复杂度等。

5. 排序方法的选取

①当待排序的一组记录数目 n 较小（如 $n \leqslant 50$）时，可采用插入排序或选择排序。

②当 n 较大时，则应采用快速排序、堆排序或归并排序。

③当待排序记录按关键字基本有序时，则适宜选用直接插入排序或冒泡排序。

④当 n 很大，而且关键字位数较少时，采用链式基数排序较好。

⑤关键字比较次数与记录的初始排列顺序无关的排序方法是**选择排序**。

6. 排序方法对记录存储方式的要求

一般的排序方法都可以在顺序结构（一维数组）上实现。当记录本身信息量较大时，为了避免移动记录耗费大量的时间，可以采用链式存储结构。例如插入排序、归并排序、基数排序易于在链表上实现，从而减少记录的移动次数。但有的排序方法，如快速排序、堆排序在链表上却难于实现，在这种情况下，可以提取关键字建立索引表，然后对索引表进行排序。

实验9　堆排序

已知关键字序列为 [47, 33, 61, 82, 72, 11, 25, 47]，编写程序实现堆排序。

习题9

一、问答题

(1) 在下列排序方法中，哪些是稳定的排序？哪些是不稳定的排序？对不稳定排序算法，举出一个不稳定的实例。

①直接插入排序　　②希尔排序　　③冒泡排序　　④快速排序

⑤直接选择排序　　⑥堆排序　　　⑦归并排序　　⑧基数排序

(2) 上题的排序算法，各适合在什么样的存储结构下实现？

(3) 若待排序记录初始为反序，则选择直接插入、直接选择和冒泡排序哪一个更好？

(4) 若待排序记录初始状态分别为正序或反序，为什么直接选择排序的时间基本相同？

(5) 为什么待排记录初始为正序时，冒泡和直接插入排序的执行时间最少？

二、单项选择题

(1) 在下列排序方法中，时间复杂度不受数据初始状态影响，而且恒为 $O(n^2)$ 的方法是_____。

A. 堆排序　　　　　B. 冒泡排序　　　C. 直接选择排序　　D. 快速排序

(2) 在待排序的记录关键字序列基本有序的前提下，效率最高的排序方法是_____。

A. 直接选择排序　B. 直接插入排序　C. 快速排序　　　　　D. 归并排序

(3) 在下列排序方法中，记录关键字比较的次数与记录的初始排列次序无关的方法是_____。

A. 直接插入排序　B. 冒泡排序　　　C. 希尔排序　　　　　D. 直接选择排序

(4) 在下列排序方法中，从待排序序列中依次取出记录关键字与已排序序列（初始时为空）中的记录关键字进行比较，并将其放入已排序序列的正确位置上的方法称为_____。

A. 直接选择排序　B. 冒泡排序　　　C. 直接插入排序　　　D. 希尔排序

(5) 在下列排序方法中，从待排序序列中挑选记录（关键字值大的或小的），并将其依次放入已排序序列（初始时为空）的一端的方法称为_____。

A. 希尔排序　　　　B. 直接选择排序　C. 插入排序　　　　　D. 归并排序

（6）在下列排序方法中，需求内存空间最大的方法是_____。
　　A. 归并排序　　　B. 直接选择排序　　　C. 快速排序　　　　　D. 插入排序

（7）在下列排序方法中，平均查找长度最小的排序方法是_____。
　　A. 归并排序　　　B. 直接插入排序　　　C. 直接选择排序　　　D. 快速排序

（8）有一组记录的关键字序列为（46，79，56，38，40，84），利用快速排序的方法，以第一个记录为基准得到的一趟排序结果为_____。
　　A. 40 38 46 56 79 84　　　　　　　　B. 40 38 46 84 56 79
　　C. 38 40 46 56 79 84　　　　　　　　D. 40 38 46 79 56 84

（9）有一组记录的关键字序列经过一次归并后为 [25 48][16 35][79 82][23 40][36 72]，按归并排序的方法对该序列再进行一趟归并排序后的结果为_____。
　　A. 16 25 48 35 79 82 23 36 40 72　　　B. 16 25 35 48 79 82 23 36 40 72
　　C. 16 25 35 48 23 40 79 82 36 72　　　D. 40 25 35 48 79 23 36 40 72 82

（10）已知一组记录的关键字序列为（46，79，56，38，40，84），则利用堆排序方法建立的初始堆（大根堆）是_____。
　　A. 84 79 56 38 40 46　　　　　　　　B. 79 46 56 38 40 84
　　C. 84 79 56 46 40 38　　　　　　　　D. 84 56 79 40 46 38

（11）若一组记录的关键字序列为（46，79，56，38，40，84），则利用箱排序方法，按每个关键字个位数依次装箱后得到的结果为_____。
　　A. 38 40 46 56 79 84　　　　　　　　B. 40 38 46 79 56 84
　　C. 40 84 46 56 38 79　　　　　　　　D. 40 38 46 84 56 79

（12）用快速排序方法对包含有 n 个记录的文件进行排序，最坏情况下执行的时间复杂度为_____。
　　A. $O(n)$　　　B. $O(\log_2 n)$　　　C. $O(n\log_2 n)$　　　D. $O(n^2)$

三、填空题

（1）在选择排序、堆排序、快速排序和直接插入排序方法中，稳定的排序方法是_____。

（2）分别采用堆排序、快速排序、直接插入排序和归并排序方法对初始状态为基本递增有序的序列按递增顺序排序，最省时间的排序方法是_____，最费时间的是_____。

（3）在直接插入排序、希尔排序、直接选择排序、快速排序、堆排序、归并排序和基数排序中，不稳定的排序有_____，平均比较次数最少的排序是_____，需要内存空间最多的是_____。

（4）在对一组关键字序列为（51，38，96，23，45，15，72，62，87）的记录进行直接插入排序时，当把第 5 个记录（关键字值为 45）插到有序表时，为寻找插入位置需比较_____次。

（5）对 n 个记录的排序文件进行起泡排序时，最少的比较次数是_____。

（6）在堆排序和快速排序中，若记录的关键字基本正序（升序）或反序（降序），则选用_____，若记录按关键字无序，则最好选用_____。

（7）在所有的排序算法中，若初始记录关键字基本正序（升序），则选用_____；若初始记录关键字基本反序（降序），则选用_____。

（8）在快速排序、归并排序和堆排序等几种排序算法中，若仅从存储空间考虑，它们的优先顺序是_____。

（9）对 n 个记录采用直接选择排序方法排序，所执行的记录交换次数最多为_____。

（10）对 n 个记录进行堆排序，最坏情况下的执行时间为_____。

四、解答题

（1）对于给定的一组关键字（46，32，55，81，65，11，25，43）进行直接插入排序，写出其排序的每一趟结果。

（2）对于给定的一组关键字（26，18，60，14，7，45，13，32）进行直接选择排序，写出其排序的每一趟结果。

（3）对于给定的一组关键字（41，62，13，84，35，96，57，39，79，61，15，83），分别写出执行以下各排序算法的每一趟排序结果。

　　①希尔排序（5，2，1）　　　　　　②快速排序　　　　　　③基数排序

（4）对于给定的一组关键字（26，18，60，14，7，45，13，32），写出执行堆排序算法的每一趟排序结果。

（5）在以下几种情况下，对待排序记录关键字序列进行直接插入排序时（按升序），至多需要进行多少次关键字的比较？

　　①关键字从小到大顺序有序（正序）；

　　②关键字从大到小顺序有序（反序）；

　　③前一半关键字序列从小到大顺序有序，后一半关键字序列从大到小顺序有序。

（6）判断下列序列是否为堆（小根堆或大根堆），如果不是，则将其调整为堆。

　　①（17，18，60，40，7，32，73，65）

　　②（96，83，72，45，28，54，60，23，38，15）

　　③（25，48，16，35，79，82，23，40，36，72）

　　④（12，24，18，65，33，56，33，92，86，70）

五、算法设计题

（1）已知一个按结点数值递增有序的单链表，试写一算法，插入一个新记录，使得链表仍按关键字从小到大的次序排列。

（2）已知两个有序表 $A[0..n-1]$ 和 $B[0..m-1]$，试写一算法，将它们归并为一个有序表 $C[0..m+n-1]$。

第10章 查　　找

查找（search）又称检索，它也是数据处理中经常使用的一种重要运算。人们在日常生活中，几乎每天都要做查找工作，如查找电话号码，查找图书书号，查找字典等。由于查找运算频率很高，在任何一个计算机应用软件和系统软件中都会涉及，所以，当问题所涉及的数据量很大时，查找方法的效率就显得格外重要。因此，对各种查找方法的效率进行分析比较也是本章的主要内容。

10.1　基本概念

1. 内查找与外查找

查找同排序一样，也有内查找和外查找之分：若整个查找过程都在内存中进行，则称之为**内查找**；反之称为**外查找**。

2. 平均查找长度

由于查找运算的主要操作是关键字的比较，因此，通常把查找过程中的平均比较次数（也称为平均查找长度）作为衡量一个查找算法效率优劣的标准。

平均查找长度 ASL（Average Search Length）的计算公式定义为

$$\text{ASL} = \sum_{i=1}^{n} P_i C_i$$

其中 n 为结点的个数；P_i 是查找第 i 个结点的概率（在本章后面的介绍中，若无特殊说明，均认为查找每个结点是等概率的，即 $P_1 = P_2 = \cdots = P_n = 1/n$）；$C_i$ 为找到第 i 个结点所需要比较的次数。若查找每个元素的概率相等，则平均查找长度计算公式可简化为

$$\text{ASL} = \frac{1}{n} \sum_{i=1}^{n} C_i$$

10.2　顺序表的查找

顺序表是指线性表的顺序存储结构。在本章的讨论中，则假定顺序表的元素类型为结构 NodeType，这个结构仅含有关键字 key 域，其他数据域省略，key 域的类型假定使用标识符 KeyType(int) 表示。通过结构的指针 data 为顺序表申请一块连续的动态内存空间以存储要查找的数据，这类似于采用结构的一维数组来存储数据。假设头文件为 SeqList.h，具体顺序表的类型及相关操作定义如下：

```
// SeqList.h
typedef int KeyType;
typedef struct{
    KeyType key;
}RecNode;                              // 表结点类型定义
class SeqList {
    public :
        SeqList(int MaxListSize =100);    // 构造函数,默认表长为100
        ~SeqList( ){delete[ ] data;}      // 析构函数
```

```
        void CreateList(int n);                      // 顺序表输入
        int SeqSearch(KeyType k);                     // 顺序查找
        int SeqSearch1(KeyType k);                    // 有序表的顺序查找
        int BinSearch(KeyType k,int low,int high);    // 二分查找
        friend void BinInsert(SeqList &R, KeyType x);
        void PrintList();                             // 输出表
    private:
        int length;                                   // 实际表长
        int MaxSize;                                  // 最大表长
        RecNode *data;                                // 结构指针
};
SeqList ::SeqList(int MaxListSize)
{    // 构造函数,创建顺序表
    MaxSize = MaxListSize;
    data = new RecNode[MaxSize +1];                   // 申请动态内存
    length = 0;
}
void SeqList::CreateList(int n)
{    // 顺序表的输入
    for(int i = 1;i <= n;i ++)
        cin >> data[i].key;
    length = n;
}
```

在顺序表上的查找方法有多种，这里只介绍最常用和最主要的两种方法：顺序查找和二分查找。

10.2.1 顺序查找

1. 顺序查找算法

顺序查找（sequential search）又称线性查找，它是一种最简单和最基本的查找方法。其基本思想是：从表的一端开始，顺序扫描线性表，依次把扫描到的记录关键字与给定的值 k 相比较；若某个记录的关键字等于 k，则表明查找成功，返回该记录所在的下标；若直到所有记录都比较完，仍未找到关键字与 k 相等的记录，则表明查找失败，返回 0 值。因此，顺序查找的算法描述如下：

```
int SeqList::SeqSearch(KeyType k)
{    // R[0]作为哨兵,用 R[0].key == k 作为循环下界的终结条件
    data[0].key = k;                                  // 设置哨兵
    int i = length;                                   // 从后向前扫描
    while(data[i].key != k)
        i --;
    return i;                                         // 返回其下标,若找不到,返回 0
}
```

由于这个算法省略了对下标越界的检查，因此查找速度有了很大的提高。哨兵也可以设在高端，其算法留给读者自己设计。尽管如此，顺序查找的速度仍然是比较慢的，查找最多需要比较 $n+1$ 次。若整个表 $R[1..n]$ 已扫描完，还未找到与 k 相等的记录，则循环必定终止于 $R[0].key == k$，返回值为 0，表示查找失败，总共比较了 $n+1$ 次。若循环终止于 $i > 0$，则说明查找成功，此时，若 $i = n$，则比较次数 $C_n = 1$；若 $i = 1$，则比较次数 $C_1 = n$；一般情况下，$C_i = n - i + 1$。因此，查找成功时平均查找长度为

$$ASL = \sum_{i=0}^{n-1} P_i C_i = \sum_{i=0}^{n-1} P_i(n - i + 1) = \frac{(n+1)}{2}$$

即顺序查找成功时的平均查找长度约为表长的一半（假定查找某个记录是等概率的）。如果查找成功和不成功机会相等，那么顺序查找的平均查找长度为

$$((n+1)/2 + (n+1))/2 = \frac{3}{4}(n+1)$$

顺序查找的优点是简单，且对表的结构无任何要求，无论是顺序存储还是链式存储，无论是否有序，都同样适用；缺点是效率低。

2. 有序的顺序表查找算法

假设要查找的顺序表是按关键字递增有序的，这时按前面所给的顺序查找算法同样也可以实现，但是表有序的条件就没能用上，这其实就是资源上的浪费。那么，如何才能用上的这个条件呢？可用下面给出的算法来实现。

```
int SeqList::SeqSearch1(KeyType k)
{    // 有序表的顺序查找算法
    int i = length;                          // 从后向前扫描,表按递增排序
    while(data[i].key > k)
        i--;
    if(data[i].key == k)
        return i;                            // 找到,返回其下标
    return 0;                                // 找不到,返回 0
}
```

上述算法中，循环语句是做以下判断：当要查找的值 k 小于表中当前关键字值时，就循环向前查找，一旦大于或等于关键字值时就结束循环；然后再判断是否相等，若相等，则返回相等元素下标，否则，返回 0 值表示未查到。该算法查找成功的平均查找长度与无序表查找算法的平均查找长度基本一样，只是在查找失败时，无序表的查找长度是 $n+1$，而该算法的平均查找长度则是表长的一半，因此，该算法的平均查找长度为

$$((n+1)/2 + (n+1)/2)/2 = (n+1)/2$$

10.2.2　二分查找

二分查找（binary search）又称**折半查找**，它是一种效率较高的查找方法。二分查找要求查找对象的线性表必须是顺序存储结构的有序表（不妨设递增有序）。

二分查找的过程是：首先将待查的 k 值和有序表 data[1..n] 中间位置 mid 上的记录的关键字进行比较，若相等，则查找成功，返回该记录的下标 mid。否则，若 data[mid].key > k，则 k 在左子表 data[1..mid-1] 中，接着再在左子表中进行二分查找即可；若 data[mid].key < k，则说明待查记录在右子表 data[mid+1..n] 中，只要接着在右子表中进行二分查找即可。这样，经过一次关键字的比较，就可缩小一半的查找空间，如此进行下去，直到找到关键字为 k 的记录或者当前查找区间为空时（即查找失败）为止。二分查找的过程是递归的，因此，可用递归的方法来处理，也可以不用递归方法来处理。下面是用非递归方法实现的二分查找算法，递归的二分查找算法留给读者自己去完成。

```
int SeqList::BinSearch(KeyType k, int low, int high)
{    // 在区间 R[low..high]内进行二分递归查找,查找关键字值等于 k 的记录
     // low 的初始值为 1,high 的初始值为 n
     int mid;
```

```
        while(low <= high) {
            mid = (low + high)/2;
            if(data[mid].key == k) return mid;          // 查找成功,返回其下标
            if(data[mid].key > k)
                    high = mid - 1;                      // 在左子表中继续查找
            else
                    low = mid + 1;                       // 在右子表中继续查找
        }
        return 0;                                        // 查找失败,返回 0 值
    }
```

例如，给定一组关键字为：13，25，36，42，48，56，64，69，78，85，92，查找 42 和 80 的二分查找过程如图 10-1 所示。

记录下标:	1	2	3	4	5	6	7	8	9	10	11
初始关键字	[13	25	36	42	48	56	64	69	78	85	92]
第一次比较						↑ mid = 6					
在左子区间	[13	25	36	42	48]	56	64	69	78	85	92
第 2 次比较			↑ mid = 3								
在右子区间	13	25	36	[42	48]	56	64	69	78	85	92
第 3 次比较				↑ mid = 4							

a) 查找 *k* = 42 的过程（三次比较后查找成功）

记录下标:	1	2	3	4	5	6	7	8	9	10	11
初始关键字	[13	25	36	42	48	56	64	69	78	85	92]
第一次比较						↑ mid = 6					
在右子区间	13	25	36	42	48	56	[64	69	78	85	92]
第 2 次比较									↑ mid = 9		
在右子区间	13	25	36	42	48	56	64	69	78	[85	92]
第 3 次比较										↑ mid = 10	
	13	25	36	42	48	56	64	69	78	85	92
									high ↑		↑ low

b) 查找 *k* = 80 的过程（三次比较后查找失败）

图 10-1   查找成功和查找失败的二分查找过程示意图

从上例可知，二分查找过程可用一棵二叉树来描述。树中每个子树的根结点对应当前查找区间的中位记录 data[mid]，它的左子树和右子树分别对应区间的左子表和右子表，通常将此树称为二叉判定树。由于二分查找是在有序表上进行的，所以其对应的判定树必定是一棵二叉排序树（此概念在下一节介绍）。例如，在上面的例子中，查找第 6 个结点仅需比较 1 次；查找第 3 或第 9 个结点需要比较 2 次；而查找第 1、4、7 或第 10 个结点则需要比较 3 次；而查找第 2、5、8 或第 11 个结点需要比较 4 次。整个查找过程可用图 10-2 所示的二叉树来描述。

从判定树上可见，查找 42 的过程恰好走了一条从根到结点④的路径，关键字比较的次数恰好为该结点在树中的层数。若查找失败（如查找 80），则其比较过程是经历了一条从判定树根到某个外部结点的路径，所需的关键字比较次数是该路径上结点（6，9，10）的总数 3。因此，二分查找算法在

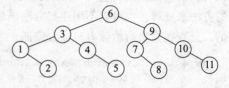

图 10-2   长度为 11 的有序表二分查找判定树

查找成功时进行关键字比较的次数最多不超过判定树的深度。假设有序表的长度 $n = 2^h - 1$，$h = \log_2(n+1)$，则描述二分查找的判定树是深度为 h 的满二叉树，树中层次为 1 的结点有 1 个，层次为 2 的结点有 2 个，…，层次为 h 的结点有 2^{h-1} 个。假设每条记录的查找概率相等，即 $P_i = \dfrac{1}{n}$，则查找成功时二分查找的平均长度为

$$\mathrm{ASL} = \sum_{i=1}^{n} P_i C_i = \frac{1}{n} \sum_{j=1}^{h} j \cdot 2^{j-1} = \frac{n+1}{n} \log_2(n+1) - 1$$

因为树中第 j 层上结点个数为 2^{j-1}，查找它们所需要比较的次数是 j。当 n 很大很大时，可用近公式 $\mathrm{ASL} = \log_2(n+1) - 1$ 来表示二分查找成功时的平均查找长度。二分查找失败时所需要比较的关键字个数不超过判定树的深度。因为判定树中度数小于 2 的结点只可能在最下面的两层，所以 n 个结点的判定树的深度和 n 个结点的完全二叉树的深度相同，即为 $\lceil \log_2(n+1) \rceil$。由此可见，二分查找的最坏性能和平均性能相当接近。

【例 10.1】 试写一算法，利用二分查找算法在有序表 R 中插入一个元素 x，并保持表的有序性。

【分析】 依题意，先在有序表 R 中利用二分查找算法查找关键字值等于或大于 x 的结点，使得 mid 指向正好等于 x 的结点或 low 指向关键字正好大于 x 的结点，然后采用移动法插入 x 结点即可。这个函数在类声明中是友元函数 BinInsert，其算法实现如下：

```
void BinInsert(SeqList &R, KeyType x)
{    int low=1, high=R.length, mid, inspace, i ;
     int find=false;                 // find 用来表示是否找到与 x 相等的关键字,先假设未发现
     while (low<=high && ! find){
         mid=(low+high)/2;
         if(x<R.data[mid].key) high=mid-1;
         else if(x>R.data[mid].key) low=mid+1;
         else   find=true;
         }
     if(find) inspace=mid;           // 找到关键字与 x 相等,mid 为 x 的插入位置
     else      inspace=low;          // low 所指向的结点关键字正好大于 x,此时 low 即为插入位置
     for(i=R.length; i>=inspace; i--)
         R.data[i+1]=R.data[i];      // 后移结点,留出插入的空位
         R.data[inspace].key=x;      // 插入结点
         R.length++;
}
```

可以编写如下主程序进行验证：

```
#include<iostream>
using namespace std;
#include "SeqList.h"

void main()
{
     SeqList R;
     R.CreateList(11);
     R.PrintList();
     BinInsert(R,43);
     R.PrintList();

}
```

程序运行示范如下：

```
13 25 36 42 48 56 64 69 78 85 92
13  25  36  42  48  56  64  69  78  85  92
13  25  36  42  43  48  56  64  69  78  85  92
```

【例 10.2】 对 19 个记录的有序表进行二分查找，试画出描述二分查找过程的二叉树，并计算在每个记录的查找概率相同情况下的平均查找长度。

【分析】 二分查找过程的二叉树如图 10-3 所示。

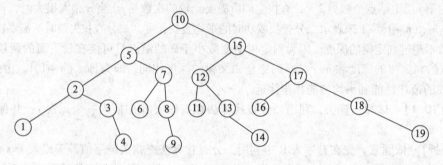

图 10-3　19 个结点的二叉判定树

在二叉判定树上表示的结点所在的层数（深度），就是查找该结点所需要比较的次数，因此，其平均查找长度（平均比较次数）为

$$ASL = (1 + 2 \times 2 + 3 \times 4 + 4 \times 8 + 5 \times 4)/19 = 69/19 \approx 3.42$$

10.2.3　分块查找

分块查找又称索引顺序查找，它是一种介于顺序查找和二分查找之间的查找方法。它要求按如下的索引方式来存储线性表：将表 $R[1..n]$ 均分为 b 块，前 B1 块中的结点个数为 $s = \lceil n/b \rceil$，第 b 块的结点个数 $\leqslant s$；每块中的关键字不一定有序，但前一块中的最大关键字必须小于后一块的最小关键字，即要求表是"分块有序"的；抽取各块中的最大关键字及其起始位置构成一个索引表 $ID[1..b]$，即 $ID[i](1 \leqslant i \leqslant b)$ 中存放着第 i 块的最大关键字及该块在表 R 中的起始位置，显然，索引表是按关键字递增有序的。表及其索引表如图 10-4 所示。

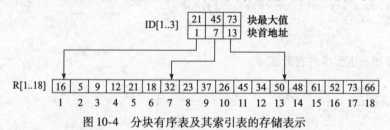

图 10-4　分块有序表及其索引表的存储表示

分块查找的基本思想是：首先查找索引表，可用二分查找或顺序查找，然后在确定的块中进行顺序查找。由于分块查找实际上是两次查找过程，因此整个查找过程的平均查找长度是两次查找的平均查找长度之和。

查找块有两种方法。一种是二分查找，若按此方法来确定块，则分块查找的平均查找长度为

$$ASL_{blk} = ASL_{bin} + ASL_{seq} = \log(b + 1) - 1 + (s + 1)/2 \approx \log(n/s + 1) + s/2$$

另一种是顺序查找，此时的分块查找的平均查找长度为

$$ASL_{blk} = (b+1)/2 + (s+1)/2 = (s^2 + 2s + n)/(2s)$$

10.2.4 三种查找方法的比较

顺序查找的优点是算法简单，且对表的存储结构无任何要求，无论是**顺序结构**还是**链式结构**，也无论结点关键字是有序还是**无序**，都适应顺序查找。其缺点是当 n 较大时，其查找成功的**平均查找长度**约为表长的一半，即 $(n+1)/2$，查找失败则需要比较 $n+1$ 次，因此查找效率低。

二分查找的速度快，效率高，查找成功的**平均查找长度**约为 $\log_2(n+1) - 1$。但是它要求表以**顺序存储**表示，并且是**按关键字有序**，使用高效率的排序方法也要花费 $O(n\log_2 n)$ 的时间。另外，当对表结点进行插入或删除时，需要移动大量的元素。所以二分查找适用于表不易变动，且又经常查找的情况。

分块查找的优点是，在表中插入或删除一个记录时，只要找到该记录所属的块，就可以在该块内进行插入或删除运算。因为块内记录是无序的，所以插入或删除比较容易，无须移动大量记录。分块查找的主要缺点是需要增加一个辅助数组的存储空间和将初始表分块排序的运算，而且也不适宜链式存储结构。若以二分查找确定块，则分块查找成功的平均查找长度为

$$\log_2(n/s + 1) + s/2$$

若以顺序查找确定块，则分块查找成功的平均查找长度为

$$(s^2 + 2s + n)/(2s)$$

其中 s 为分块中的结点个数。

另外，根据平均查找长度，不难得到以上顺序查找、二分查找和分块查找三种查找算法的**时间复杂度**分别为 $O(n)$、$O(\log_2 n)$ 和 $O(\sqrt{n})$。

10.3 树表的查找

树表查找是对树形存储结构所做的查找。树形存储结构是一种多链表，表中的每个结点包含一个数据域和多个指针域，每个指针域指向一个后继结点。树形存储结构和树形逻辑结构是完全对应的，都表示一个树形图，只是用存储结构中的链指针代替逻辑结构中的抽象指针罢了。因此，往往把树形存储结构（即树表）和树形逻辑结构（树）统称为树结构或树。在本节中，将分别讨论在树表上进行查找和修改的方法。

10.3.1 二叉排序树

二叉排序树（Binary Sort Tree，BST）又称**二叉查找树**，是一种特殊的二叉树，它或者是一棵空树，或者是具有下列性质的二叉树。

①若它的右子树非空，则右子树上所有结点的值均大于根结点的值；

②若它的左子树非空，则左子树上所有结点的值均小于根结点的值；

③左、右子树本身又各是一棵二叉排序树。

从上述性质可推出二叉排序树的另一个重要性质：按中序遍历二叉排序树所得到的遍历序列是一个递增有序序列。例如，图 10-5 所示就是一棵二叉排序树，树中每个结点的关键字都大于它左子树中所有结点的关键字，而小于它右子树中所有结点的关键字。若对其进行中序遍历，得到的遍历序列为：13，15，18，26，34，43，49，56。可见，此序列是一个有序序列。

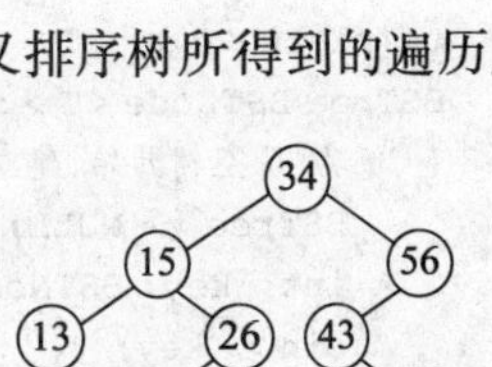

图 10-5　一棵二叉排序树

为了简化操作，本节不使用第 7 章的头文件，而是定义新的头

文件 BSTnode.h，在这个头文件中定义二叉排序树的结点类类型及其基本操作运算：

```
// BSTnode.h
template < class T >
class BSTNode {
        public:
            BSTNode < T > () {lchild = rchild = 0;}
            BSTNode < T > (T e) {data = e;lchild = rchild = 0;}
            void Visit() {cout << key << "  ";}
            void InsertBST(BSTNode * &t,BSTNode * S);
            BSTNode < T > * CreateBST();
            BSTNode < T > * SearchBST(BSTNode *t, int x);
            void InOrder(BSTNode *bt);
        private:
            int key;
            T data;
            BSTNode < T > * lchild,* rchild;
};
typedef BSTNode < char > * BSTree;
```

1. 二叉排序树的插入和生成

在二叉排序树中插入新结点，只要保证插入后仍满足二叉排序树的性质即可。其插入过程是这样进行的：若 BST 为空，则新结点 *S 作为根结点插到空树中；当 BST 为非空时，将插入结点的关键字 S -> key 与根结点关键字 T -> key 比较，若 S -> key 等于 T -> key，则说明树中已有此结点，无须插入，若 S -> key 小于 T -> key，则将新结点插到左子树，否则插到右子树。在子树中的插入过程和在树中的插入过程相同，如此进行下去。其插入算法描述如下：

```
template < class T >
void BSTNode < T >::InsertBST(BSTNode * &t,BSTNode * S)
{    BSTNode * f, * p = t;
     while(p) {                              // 找插入位置
        f = p;                               // 令 f 指向 p 的双亲
        if(S -> key < p -> key) p = p -> lchild;
        else p = p -> rchild;
     }
     if(t == NULL) t = S;                     // T 为空树,新结点作为根结点
     else if(S -> key < f -> key) f -> lchild = S;   // 作为双亲的左孩子插入
     else f -> rchild = S;                    // 作为双亲的右孩子插入
}
```

二叉排序树的生成是比较简单的，其基本思想是：从空的二叉树开始，每输入一个结点数据，生成一个新结点，就调用一次插算法将它插到当前生成的二叉排序树中。其生成算法描述如下：

```
template < class T >
BSTree BSTNode < T >:: CreateBST(void)
{    // 从空树开始,建立一棵二叉排序树
     BSTree t = NULL;                         // 初始化 T 为空树
     int   key; BSTNode * S;
     cin >> key;                              // 输入第一个关键字
     while(key) {                             // 假设 key = 0 是输入结束
        S = new BSTNode ;                     // 申请新结点
        S -> key = key;S -> lchild = S -> rchild = NULL;   // 生成新结点
```

```
        InsertBST(t,S);                    // 将新结点*S插入二叉排序树T
        cin>>key;                          // 输入下一个关键字
    }
    return t;                              // 返回建立的二叉排序树
}
```

例如，已知输入关键字序列为"35，26，53，18，32，65"，按上述算法生成二叉排序树的过程如图 10-6 所示。

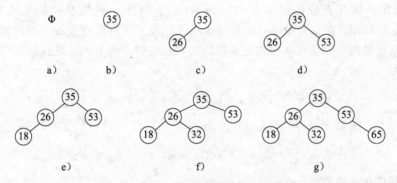

图 10-6　二叉排序树的构造过程

若输入关键字序列为"18，26，32，35，53，65"，则生成的二叉排序树如图 10-7 所示。

从上例可以看到，同样的一组关键字序列，由于其输入顺序不同，所得到的二叉排序树也有所不同。上面生成的两棵二叉排序树，一棵的深度是 3，而另一棵的深度则为 6。因此，含有 n 个结点的二叉排序树不是唯一的。

由二叉排序树的定义可知，在一棵非空的二叉排序树中，其结点的关键字是按照左子树、根和右子树有序的，所以对它进行中序遍历得到的结点序列是一个有序序列。一般情况下，构造二叉排序树的真正目的并不是为了排

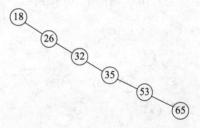

图 10-7　有序关键字的二叉排序树

序，而是为了更好地查找。因此，通常称二叉排序树为二叉查找树。

2. 二叉排序树上的查找

二叉排序树可看成一个有序表，所以在二叉排序树上查找与二分查找类似，也是一个逐步缩小查找范围的过程。根据二叉排序树的定义，查找其关键字等于给定值 key 的元素的过程为：若二叉排序树为空，则表明查找失败，应返回空指针。否则，若给定值 key 等于根结点的关键字，表明查找成功，则返回当前根结点指针；若给定值 key 小于根结点的关键字，则继续在根结点的左子树中查找；若给定值 key 大于根结点的关键字，则继续在根结点的右子树中查找。显然这是一个递归的查找过程，其递归算法描述如下：

```
template<class T>
BSTNode<T> * BSTNode<T>::SearchBST(BSTree t, int x)
{   // 在二叉排序树上查找关键字值为 x 的结点
    if(t==NULL ||t->key==x)
        return t;                          // 没找到返回空树,找到则返回所在结点
    if(x<t->key)
        return SearchBST(t->lchild,x);
    else
        return SearchBST(t->rchild,x);
}
```

在二叉排序树上进行查找的过程中，给定值 key 与树中结点比较的次数最少为一次（即根结点就是待查的结点），最多为树的深度，所以平均查找次数要小于树的深度。若查找成功，则是从根结点出发走了一条从根结点到待查结点的路径；若查找不成功，则是从根结点出发走了一条从根结点到某个叶子的路径。因此，同二分查找类似，与给定值的比较次数不会超过树的深度。若二叉排序树是一棵理想的平衡树或接近理想的平衡树，如对于如图 10-6g 所示的二叉排序树，则进行查找的时间复杂度为 $O(\log_2 n)$；若退化为一棵单支树，如图 10-7 所示，则其查找的时间复杂度为 $O(n)$；对于一般情况，其时间复杂度应为 $O(\log_2 n)$。由此可知，在二叉排序树上查找比在线性表上进行顺序查找的时间复杂度 $O(n)$ 要好得多，这正是构造二叉排序树的主要目的之一。例如，图 10-6g 表示的二叉排序树的平均查找长度为

$$ASL = \sum_{i=1}^{6} P_i C_i = (1 + 2 \times 2 + 3 \times 3)/6 \approx 2.3$$

而图 10-7 表示的二叉排序树的平均查找长度为

$$ASL = \sum_{i=1}^{6} P_i C_i = (1 + 2 + 3 + 4 + 5 + 6)/6 = 3.5$$

3. 二叉排序树上的删除

从 BST 树上删除一个结点，仍然要保证删除后满足 BST 的性质。设被删除结点为 p，其父结点为 f，BST 树如图 10-8a 所示。具体删除情况分析如下。

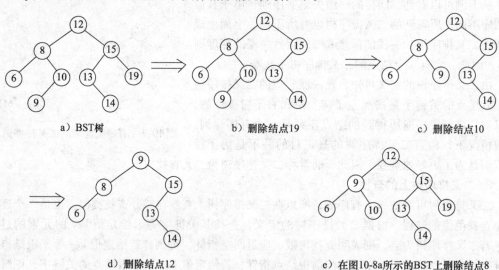

a）BST树   b）删除结点19   c）删除结点10

d）删除结点12   e）在图10-8a所示的BST上删除结点8

图 10-8   BST 树的结点删除情况

①若 p 是叶子结点：直接删除 p，如图 10-8b 所示。

②若 p 只有一棵子树（左子树或右子树）：直接用 p 的左子树（或右子树）取代 p 的位置而成为 f 的一棵子树。即原来 p 是 f 的左子树，则 p 的子树成为 f 的左子树；原来 p 是 f 的右子树，则 p 的子树成为 f 的右子树，如图 10-8c 所示。

③若 p 既有左子树又有右子树：处理方法有以下两种，可以任选其中一种。

- 用 p 的直接前驱结点代替 p。即从 p 的左子树中选择值最大的结点 s 放在 p 的位置（用结点 s 的内容替换结点 p 内容），然后删除结点 s。s 是 p 的左子树中的最右边的结点且没有右子树，对 s 的删除同情况 2，如图 10-8d 所示。

- 用 p 的直接后继结点代替 p。即从 p 的右子树中选择值最小的结点 s 放在 p 的位置（用结点 s 的内容替换结点 p 的内容），然后删除结点 s。s 是 p 的右子树中的最左边的结点且没有左子树，对 s 的删除同情况 2，例如，对图 10-8a 所示的二叉排序树，删除结点 8 后所得的结果如图 10-8e 所示。

虽然二叉排序树上实现插入和查找等操作的平均时间复杂度为 $O(\log_2 n)$，但在最坏情况下，由于树的深度为 n，这时的基本操作时间复杂度也就会增加至 $O(n)$。为了避免这种情况的发生，人们研究了多种动态平衡的方法，使得往树中插入或删除结点时，能够通过调整树的形态来保持树的平衡，使其既满足 BST 性质，又保证二叉排序树的深度在任何情况下均为 $O(\log_2 n)$，这种二叉排序树就是所谓的**平衡二叉树**，关于平衡二叉树的知识这里不作介绍，感兴趣的读者可以参考有关书籍。

【例 10.3】　二叉排序树的生成和查找。已知长度为 7 的字符串组成的表为（cat，be，for，more，at，he，can），按表中元素的次序依次插入，画出插入完成后的二叉排序树，并求其在等概率情况下查找成功的平均查找长度。

【分析】　二叉排序树的构造过程是通过依次输入数据元素，并把它们插到二叉树的适当位置来完成的。具体过程是：每读入一个元素，建立一个新结点，若二叉排序树为非空，则将新结点关键字值与根结点关键字值比较，如果小于根结点关键字值，则插到左子树中，否则插到右子树中；若二叉排序树为空，则新结点作为二叉树的根结点。

对于例题给出的表，生成二叉排序树的过程为：首先读入第一个元素 cat，建立一个新结点，因为二叉排序树为空树，因此，该结点作为根结点；接着读入第二个元素 be，与根结点的 cat 比较，be 的关键字值比 cat 小，所以，以 be 为关键字的新结点作为根结点的左子树插到二叉排序树中；再读入第三个元素 for，它的关键字值比根结点关键字值 cat 大，插到右子树中；再读入第四个元素 more，从根比较，比根结点关键字值 cat 大，应插到右子树中，而右子树中已有结点存在，因此，再与右子树的根结点比较，more 的关键字值比 for 大，插入到右子树中，如此下去，直到所有元素插入完为止，由此可得二叉排序树如图 10-9 所示。

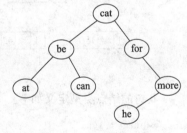

图 10-9　二叉排序树示例

对于字符串的比较是按其在计算机中的 ASCII 码进行的，按字母顺序，排在前面的小，排在后面的大，如 'a' < 'b'。

由于在二叉排序树上查找时关键字的比较次数不会超过树的深度，即查找结点与其所在层数有关，第一层需比较一次，第二层需比较两次，依此类推，所以在等概率情况下，以上所求二叉排序树的平均查找长度为

$$\text{ASL} = (1 + 2 \times 2 + 3 \times 3 + 4 \times 1)/7 = 18/7 \approx 2.57$$

10.3.2　B 树

B 树是一种平衡的多路查找树，它在文件系统中非常有用。本节将介绍 B 树的存储结构及其基本运算。

1. B 树的定义

一棵 $m(m \geq 3)$ 阶的 **B 树**，或为空树，或为满足下列性质的 m 叉树。

①每个结点至少包含下列信息域。

$$(n, p_0, k_1, p_1, k_2, \cdots, k_n, p_n)$$

其中，n 为关键字的个数；$k_i(1 \leq i \leq n)$ 为关键字，且 $k_i < k_{i+1}(1 \leq i \leq n-1)$；$p_i(0 \leq i \leq n)$ 为指向子树根结点的指针，且 p_i 所指向子树中所有结点的关键字均小于 k_{i+1}，p_n 所指子树中所有结点关键字均大于 k。

②树中每个结点至多有 m 棵子树。

③若树为非空，则根结点至少有 1 个关键字，至多有 $m-1$ 个关键字，因此，若根结点不是叶子，则它至少有两棵子树。

④所有的叶子结点都在同一层上，并且不带信息（可以看做是外部结点或查找失败的结点，实际上这些结点不存在，指向它们的指针均为空），叶子的层数为树的高度 h。

⑤每个非根结点中所包含的关键字个数满足 $\lceil m/2 \rceil - 1 \leq n \leq m-1$。因为每个内部结点的度数正好是关键字总数加 1，所以，除根结点之外的所有非终端结点（非叶子结点的最下层的结点称为**终端结点**）至少有 $\lceil m/2 \rceil$ 棵子树，至多有 m 棵子树。

例如，图 10-10 所示为一棵 4 阶的 B 树，其深度为 3。当然同二叉排序树一样，关键字插入的次序不同，将会生成不同结构的 B 树。该树共三层，所有叶子结点均在第三层上。在一棵 4 阶的 B 树中，每个结点的关键字个数最少为 $\lceil m/2 \rceil - 1 = \lceil 4/2 \rceil - 1 = 1$，最多为 $m-1 = 4-1 = 3$；每个结点的子树数目最少为 $\lceil m/2 \rceil = \lceil 4/2 \rceil = 2$，最多为 $m = 4$。

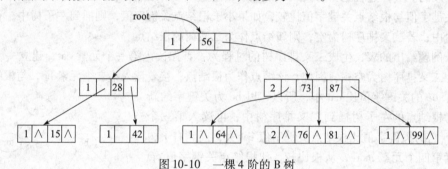

图 10-10　一棵 4 阶的 B 树

B 树的结点类型定义如下：

```
#define m 10                    // m 为 B 树的阶,结点中关键字最多可有 m-1 个
typedef struct node {
    int      keynum;            // 结点中关键字个数,即结点的大小
    KeyType key[m];             // 关键字向量,key[0]不用
    struct * parent;            // 指向双亲结点
    struct node *ptr[m];        // 子树指针向量
} BTNode;
typedef BTNode *BTree;
```

2. B 树上的插入和删除

在 B 树上插入和删除元素的运算比较复杂，它要求进行运算后的结点中关键字个数 $\geq \lceil m/2 \rceil - 1$，因此，涉及结点的分裂和合并问题。

对于在 B 树中插入一个关键字，不是在树中添加一个叶子结点，而是先在最低层的某个非终端结点中添加一个关键字，若该结点中关键字的个数不超过 $m-1$，则插入完成，否则要产生结点"分裂"。分裂结点时把结点分成两个，将中间的一个关键字拿出来插到该结点的双亲结点上，如果双亲结点中已有 $m-1$ 个关键字，则插入后将引起双亲结点的分裂，这一过程可能波及到 B 树的根结点，引起根结点的分裂，从而使 B 树长高一层。

【**例 10.4**】　试画出将关键字序列"24，45，53，90，3，50，30，61，12，70，100"依

次插入一棵初始为空的 4 阶 B 树中的过程。

【分析】　因为要求生成的是 4 阶 B 树，即 $m=4$，当 3 个关键字 24，45，53 插到一个新结点时，它既是根结点又是叶子结点，因此得 $\boxed{24\quad 45\quad 53}$。当插入第 4 个关键字 90 时，关键字数等于 4，此时违反了 B 树的性质，因此根据 B 树插入算法，将该结点以中间位置上的关键字 $key[\lceil m/2 \rceil]=key[2]$ 为划分点，并将中间关键字 45 插到当前结点的双亲结点上，如图 10-11a 所示，以下几个关键字的插入与此类似，分别如图 10-11b、c 和 d 所示。当第 8 个关键字 61 插入时，按算法应插到结点 $\boxed{50\quad 53\quad 90}$ 中，此时的结点关键字数已等于 4，所以要产生分裂，即将结点中第 2 个关键字 53 插到双亲结点上，并依此位置分裂为 $\boxed{50}$ 和 $\boxed{61\quad 90}$ 两个结点，如图 10-11e 所示。同理可得到图 10-11f、g 和 h。

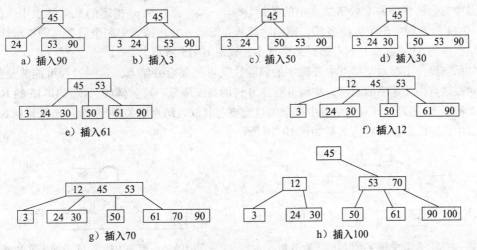

图 10-11　B 树生成过程图

　　删除过程与插入类似，只是稍为复杂一点。在 B 树删除一个关键字，首先找到该关键字所在的结点，再进行关键字的删除。若所删关键字所在结点不在含有信息的最后一层上，即不是在叶子结点中，则将该关键字用其在 B 树中的后继来替代，然后再删除其后继信息。例如，在图 10-12 所示的 B 树上删除 24，可以用该关键字的后继 30 替代 24，然后再删除 24。因此，只需要讨论删除最下层非终端结点中关键字的情形。

　　①若需删关键字所在结点中的关键字数目不小于 $\lceil m/2 \rceil$，则只需要该结点中关键字 k_i 和相应的指针 p_i，即删除操作结束。例如，在图 10-12 的 B 树上删除关键字 3 后，B 树如图 10-13 所示。

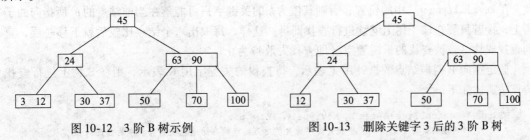

图 10-12　3 阶 B 树示例　　　　　　图 10-13　删除关键字 3 后的 3 阶 B 树

　　②若需删关键字所在结点中关键字数目等于 $\lceil m/2 \rceil - 1$，即关键字数目已是最小值，直接删除该关键字会破坏 B 树的性质 3。若所删结点的左（或右）邻兄弟结点中的关键字数目不小于

⌈m/2⌉，则将其兄弟结点中的最大（或最小）的关键字上移至双亲结点中，而将双亲结点中相应的关键字移至删除关键字所在结点中，显然，双亲中关键字数目不变。例如，要在图 10-13 中删除关键字 12，则需要将其右邻兄弟结点中 30 上移到其双亲结点中，而将双亲结点中的 24 移到被删结点中，如图 10-14 所示。

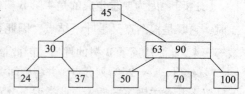

图 10-14　删除关键字 12 后的 3 阶 B 树

　　③若需删关键字所在结点及其相邻的左、右兄弟（或只有一个兄弟）结点中关键字数目均等于⌈m/2⌉ – 1，则按上述移动操作就不能实现，此时，就需要将被删结点与其左兄弟或右兄弟结点进行"合并"。假设该结点有右邻兄弟（对左邻兄弟的方法类似），其兄弟结点地址由双亲结点中指针 p_i 指定，在删除关键字之后，它所在结点中剩余的指针加上双亲结点中的关键字 k_i 一起，合并到 p_i 指定的兄弟结点中。例如，在图 10-14 的 B 树中删除关键字 50，则删除其所在结点，并将结点中剩余信息（即空指针）和双亲结点中的 63 一起合并到右邻兄弟结点中，如图 10-15 所示。

　　如果该操作引起对父结点中关键字的删除，又可能要合并结点，这一过程可能波及到根，引起对根结点中关键字的删除，从而可能使 B 树的高度降低一层。例如，在图 10-15 的 B 树中删除关键字 24 之后，其双亲结点中剩余信息应该与其双亲结点中关键字 45 一起合并到右邻兄弟结点中，因此，删除后的 B 树如图 10-16 所示。

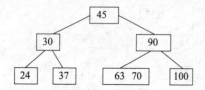

图 10-15　删除关键字 50 后的 3 阶 B 树

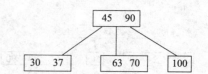

图 10-16　删除关键字 24 后的 3 阶 B 树

3. B 树上的查找

　　根据 B 树的定义，在 B 树上进行查找的过程与在二叉排序树上类似，都是经过一条从树根结点到待查关键字所在结点的查找路径，不过对路径中每个结点的比较过程比在二叉排序树的情况下要复杂一些，通常需要经过与多个关键字比较后才能处理完一个结点，因此，又称 B 树为**多路查找树**。在 B 树进行查找包括两种基本操作：在 B 树中查找结点；在结点中查找关键字。在 B 树中查找一个关键字等于给定值 k 的结点的具体过程可描述为：若 B 树非空，则首先取出树根结点，将给定值 K 依次与关键字向量中从高下标端（key[keynum]）开始的每个关键字进行比较，直到 $k \geqslant k_i$ 为止（$0 \leqslant i \leqslant n$ = keynum，假定用 key [0] 作为终止标志，存放给定的查找值 k）。此时，若 $k = k_i$ 且 i > 0，则表明查找成功，返回具有该关键字的结点的存储位置及 k 在 key[1..keynum] 中的位置；否则其值为 k 的关键字只可能落在当前结点的 p_i 所指向的子树上，接着只要在该子树上继续进行查找即可。这样，每取出一个结点比较后就下移一层，直到查找成功，或被查找的子树为空（即查找失败）为止。

　　假定指向 B 树根结点的指针用 T 表示，待查找的关键字用 K 表示，则在 B 树上进行查找的算法描述如下：

```
BTNode * SearchBTree(BTree T, KeyType K, int * pos)
{    // 从树根指针为 T 的 B 树上查找关键字为 K 的对应结点的存储地址及 K 在其中的位置*pos,
     // 查找失败返回 NULL,*pos 无定义
     int i;
     BTNode *p = T;
```

```
while(p!=NULL){                  // 从根结点开始依次向下一层查找
    i=p->keynum;                 // 把结点中关键字个数赋给 i
    p->key[0]=K;                 // 设置哨兵,顺序查找 key[0..keynum]
    while(K<p->key[i])          // 从后向前查找第 1 个小于等于 K 的关键字
        i--;
    if(K==key[i] && i>0){
        pos=i;return p;
    }
    else
        p=p->ptr[i];
}
return NULL;
}
```

上述算法的查找只是在内存中进行的,而 B 树通常作为外存文件的索引结构保存在外存中。对外存上的 B 树进行查找、插入和删除时,因涉及文件操作和其他相关内容,需要进行专门的研究,建议作为课程设计或毕业设计的课题,在此不做进一步的讨论。

例如,在如图 10-17 所示的 B 树上查找关键字值等于 18 的结点及其位置时,首先取出根结点 a,把 $K=18$ 赋给 k_0,因为该结点的 keynum $=1$,所以用 K 与 a 中 k_1 比较,18 小于 k_1 的值 48,再同 a 结点中 k_0 比较,此时 $k_0=K$,因为 $i=0$,所以接着取出 a 结点的 p_0 指向的结点 b,用 K 与 b 结点中的 k_2 值进行比较,$K<k_2$,即 $18<32$,而 $K>k_1$,所以再取出 b 结点的 p_1 所指向的结点 e,因为 $K==k_1$,因此查找成功,返回 e 结点的存储地址以及 k_1 的位置 pos $=1$。

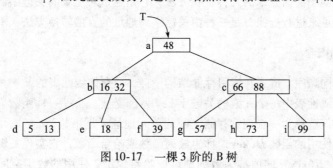

图 10-17　一棵 3 阶的 B 树

10.3.3　B⁺树

B⁺树是 B 树的一种变形树,常用于文件的组织。一棵 m 阶的 B⁺树和 m 阶的 B 树的差异在于:

①有 k 个孩子的结点必含有 k 个关键字;

②所有的叶子结点中包含了关键字的信息及指向相应结点的指针,且叶子结点本身依照关键字的大小自小到大顺序链接;

③所有非终端结点可看成是索引部分,结点中仅含有其子树(根结点)中的最大(或最小)关键字。

例如,图 10-18 所示的是一棵 3 阶的 B⁺树。通常在 B⁺树上有两个头指针 root 和 sqt,前者指向根结点,后者指向关键字最小的叶子结点。因此,可以对 B⁺树进行两种查找运算:一种是从最小关键字开始进行顺序查找,另一种是从根结点开始进行随机查找。

在 B⁺树上进行随机查找、插入和删除的过程基本上与在 B 树上类似。只是在查找时,若非叶子结点上的关键字等于给定值,并不终止,而是继续向下直到叶子结点。因此,在 B⁺树中,不管查找成功与否,每次查找都是走了一条从根到叶子结点的路径。B⁺树查找的分析类似于 B 树。B⁺ 树插入仅在叶子结点进行，当结点中的关键字个数大于 m 时要分裂成两个结点，它们所含关键字的个数分别为 $\lceil (m+1)/2 \rceil$ 和 $\lfloor (m+1)/2 \rfloor$，并且它们的双亲结点中应同时包含这两个结点中的最大关键字。B⁺ 树的删除也仅在叶子结点进行，当叶子结点中的最大关键字被删除时，其在非终端结点中的值可以作为一个"分界关键字"存在。若因删除而使结点中关键字的个数少于 $\lceil m/2 \rceil$ 时，则可能要和该结点的兄弟结点合并，其合并过程与 B 树中类似。

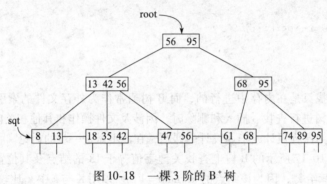

图 10-18　一棵 3 阶的 B⁺ 树

10.4　散列表的查找

散列表查找不同于前面介绍的几种查找方法，它是通过对记录的关键字值进行某种运算而直接求出记录的地址来进行查找，是一种由关键字到地址的直接转换方法，不需要反复比较。

10.4.1　散列表的概念

散列（hash）同顺序、链式和索引存储结构一样，是存储线性表的又一种方法。散列存储的基本思想是：以线性表中每个元素的关键字 key 为自变量，通过一种函数 $H(key)$ 计算出函数值，把这个函数值解释为一块连续存储空间的单元地址（即下标），将该元素存储到这个单元中。散列存储中使用的函数 $H(key)$ 称为**散列函数**或**哈希函数**，它实现关键字到存储地址的映射（或称转换），$H(key)$ 的值称为**散列地址**或**哈希地址**，使用的数组空间是线性表进行散列存储的地址空间，所以称为**散列表**或**哈希表**。当在散列表上进行查找时，首先根据给定的关键字 key，用散列存储时使用的同一散列函数 $H(key)$ 计算出散列地址，然后按此地址从散列表中取对应的元素。

例如，有个线性表 A = (31, 62, 74, 36, 49, 77)，其中每个整数可以是元素本身，也可以仅是元素的关键字，为了散列存储该线性表，假设选取的散列函数为

$$H(key) = key \% m$$

即用元素的关键字 key 整除 m，取其余数作为存储该元素的散列地址，m 一般取小于或等于散列表长的最大素数，在这里取 $m = 11$，表长也为 11，因此可得到每个元素的散列地址如下：

$H(31) = 31 \% 11 = 9$;　　　$H(62) = 62 \% 11 = 7$;　　　$H(74) = 74 \% 11 = 8$;

$H(36) = 36 \% 11 = 3$;　　　$H(49) = 49 \% 11 = 5$;　　　$H(77) = 77 \% 11 = 0$。

如果根据散列地址把上述元素存储到散列表 HT[m] 中，则存储结构为：

散列地址（下标）

0	1	2	3	4	5	6	7	8	9	10
77			36		49		62	74	31	

从散列表中查找元素与插入元素一样简单，如从 HT 中查找关键字为 36 的元素时，只要利

用上述散列函数 $H(\text{key})$ 计算出 key = 36 时的散列地址 3，则从下标为 3 的单元中取出该元素即可。

在上面的散列表上插入时，根据元素的关键字计算出的散列地址所对应的存储单元都是空闲的，没有出现该单元已被其他元素占用的情况。在实际应用中这种理想的情况是很少见的，例如，要在上面的散列表中插入一个关键字为 19 的元素时，计算出其散列地址为 8，而 8 号单元已被关键字为 74 的元素所占用，通常把这种现象称为**冲突**。具有相同散列地址的关键字称为**同义词**。因此，在设计散列函数时，要考虑避免或尽量减少冲突，但少量的冲突往往是不可避免的。这样就存在如何解决冲突的问题。冲突的频度除了与散列函数 H 相关外，还与散列表的填满程度相关。设 m 为散列表表长，n 为表中填入的结点数，将 $\alpha = n/m$ 定义为散列表的**装填因子**，那么，α 越大，表装得越满，冲突的机会就越大。因此，如何尽量避免冲突和冲突发生后如何解决冲突就成了散列存储的两个关键问题。

10.4.2　散列函数的构造方法

构造散列函数的目标是使散列地址尽可能均匀地分布在散列空间上，同时使计算尽可能简单。构造散列函数的方法很多，常用的方法有如下几种。

1. 直接地址法

直接地址法是以关键字 key 本身或关键字加上某个常量 C 作为散列地址。对应的散列函数 $H(\text{key})$ 为

$$H(\text{key}) = \text{key} + C$$

在使用时，为了使散列地址与存储空间吻合，可以调整 C。这种方法计算简单，并且没有冲突。它适合于关键字的分布基本连续的情况。若关键字分布不连续，空号较多，将会造成较大的空间浪费。

2. 数字分析法

数字分析法是假设有一组关键字，每个关键字由 n 位数字组成，如 $k_1 k_2 \cdots k_n$，然后从中提取数字分布比较均匀的若干位作为散列地址。

例如，有一组由 6 位数字组成的关键字，如表 10-1 左边一列所示。

分析这一组关键字会发现，第 1、3、5 和 6 位数字分布不均匀，第 1 位数字全是 9 或 8，第 3 位数字基本上都是 2，第 5、6 两位上也都基本上是 5 和 6，故这 4 位不可取。而第 2、4 两位数字分布比较均匀，因此可取关键字中第 2、4 两位的组合作为散列地址，如表 10-1 的右边一列所示。

表 10-1　数字分析法示例

关键字	散列地址 (0..99)
912356	13
952456	54
964852	68
982166	81
892556	95
⋮	⋮
872265	72

3. 除余数法

除余数法是选择一个适当的 p（$p \leqslant$ 散列表长 m）去除关键字 k，所得余数作为散列地址。对应的散列函数 $H(k)$ 为
$$H(k) = k \% p$$
其中 p 最好选取小于或等于表长 m 的最大素数。如表长为 20，那么 p 选 19，若表长为 25，则 p 可选 23，表长 m 与模 p 的关系可按如下所示对应：

$$m = 8,\ 16,\ 32,\ 64,\ 128,\ 256,\ 512,\ 1024,\ \cdots$$
$$p = 7,\ 13,\ 31,\ 61,\ 127,\ 251,\ 503,\ 1019,\ \cdots$$

这是最简单也是最常用的一种散列函数构造方法，在上一节中已经使用过。

4. 平方取中法

平方取中法是取关键字平方的中间几位作为散列地址，因为一个乘积的中间几位和乘数的每一位都相关，故由此产生的散列地址较为均匀，具体取多少位视实际情况而定。例如有一组关键字集合（0100，0110，0111，1001，1010，1110），平方之后得到新的数据集合（0010000，0012100，0012321，1002001，1020100，123210），那么，若表长为 1000，则可取其中第 3、4、5 位作为对应的散列地址（100，121，123，020，201，321）。

5. 折叠法

折叠法是首先把关键字分割成位数相同的几段（最后一段的位数可少一些），段的位数取决于散列地址的位数，由实际情况而定，然后将它们的叠加和（舍去最高进位）作为散列地址。

折叠法又分移位叠加和边界叠加。移位叠加是将各段的最低位对齐，然后相加；边界叠加则是将两个相邻的段沿边界来回折叠，然后对齐相加。

例如，关键字 $k = 98123658$，散列地址为 3 位，则将关键字从左到右每三位一段进行划分，得到的三个段为 981、236 和 58，叠加后值为 1275，取低 3 位 275 作为关键字 98123658 的元素的散列地址。如若用边界叠加，即为 981、632、58 叠加，叠加后值为 1671，取低 3 位 671 作为散列地址。

10.4.3 处理冲突的方法

用散列法构造表时可通过散列函数的选取来减少冲突，但冲突一般不可避免，为此，需要有解决冲突的方法，常用的解决冲突的方法有两大类，即开放定址法和拉链法。

1. 开放定址法

开放定址法又分为线性探查法、二次探查法和双重散列法。开放定址法解决冲突的基本思想是：使用某种方法在散列表中形成一个探查序列，沿着此序列逐个单元进行查找，直到找到一个空闲的单元时将新结点存入其中。假设散列表空间为 $T[0..m-1]$，散列函数为 $H(\text{key})$，开放定址法的一般形式为：

$$h_i = (H(\text{key}) + d_i) \% m \qquad 0 \leqslant i \leqslant m-1$$

其中 d_i 为增量序列，m 为散列表长。$h_0 = H(\text{key})$ 为初始探查地址（假 $d_0 = 0$），后续的探查地址依次是 h_1，h_2，$\cdots$，h_{m-1}。

（1）线性探查法

线性探查法的基本思想是：将散列表 $T[0..m-1]$ 看成一个循环向量，若初始探查的地址为 d（即 $H(\text{key}) = d$），那么，后续探查地址的序列为：$d+1$，$d+2$，$\cdots$，$m-1$，0，1，$\cdots$，$d-1$。也就是说，探查时从地址 d 开始，首先探查 $T[d]$，然后依次探查 $T[d+1]$，$\cdots$，$T[m-1]$，此后又循环到 $T[0]$，$T[1]$，$\cdots$，$T[d-1]$。分两种情况分析：一种运算是插入，若当前探查单元为空，则将关键字 key 写入空单元，若不空则继续后续地址探查，直到遇到空单元插入关键字，若探查到 $T[d-1]$ 时仍未发现空单元，则插入失败（表满）；另一种运算是查找，若当前探查单元中的关键字值等于 key，则表示查找成功，若不等，则继续后续地址探查，若遇到单元中的关键字值等于 key 时，查找成功，若探查到 $T[d-1]$ 单元时仍未发现关键字值等于 key 的单元，则查找失败。

（2）二次探查法

二次探查法的探查序列是

$$h_i = (H(\text{key}) \pm i^2) \% m \qquad 0 \leqslant i \leqslant m-1$$

即探查序列为：$d = H(\text{key})$，$d + 1^2$，$d - 1^2$，$d + 2^2$，$d - 2^2$，…。也就是说，探查从地址 d 开始，先探查 $T[d]$，然后依次探查 $T[d + 1^2]$，$T[d - 1^2]$，$T[d + 2^2]$，$T[d - 2^2]$，…。

（3）双重散列法

双重散列法是几种方法中最好的，它的探查序列为

$$h_i = (H(\text{key}) + i * H1(\text{key})) \% m \qquad 0 \le i \le m - 1$$

即探查序列为：$d = H(\text{key})$，$(d + 1 * H1(\text{key})) \% m$，$(d + 2 * H1(\text{key})) \% m$，…。该方法使用了两个散列函数 $H(\text{key})$ 和 $H1(\text{key})$，故也称为双散列函数探查法。

【例 10.5】　设散列函数为 $h(\text{key}) = \text{key} \% 11$，散列地址表空间为 $0 \sim 10$，对关键字序列 $\{27，13，55，32，18，49，24，38，43\}$，利用线性探测法解决冲突，构造散列表。

【解答】　首先根据散列函数计算散列地址为：

$h(27) = 5$；　$h(13) = 2$；　$h(55) = 0$；　$h(32) = 10$；

$h(18) = 7$；　$h(49) = 5$；　$h(24) = 2$；　$h(38) = 5$；

$h(43) = 10$（散列表各元素查找比较次数标注在结点的上方或下方）。

根据散列函数计算得到的散列地址可知，关键字 27，13，55，32，18 插入的地址均为开放地址，将它们直接插到 $T[5]$，$T[2]$，$T[0]$，$T[10]$，$T[7]$ 中。当插入关键字 49 时，散列地址 5 已被同义词 27 占用，因此探查 $h_1 = (5 + 1) \% 11 = 6$，此地址为开放地址，因此可将 49 插到 $T[6]$ 中；当插入关键字 24 时，其散列地址 2 已被同义词 13 占用，故探测地址 $h_1 = (2 + 1) \% 11 = 3$，此地址为开放地址，因此可将 24 插到 $T[3]$ 中；当关键字 38 插入时，散列地址 5 已被同义词 27 占用，探查 $h_1 = (5 + 1) \% 11 = 6$，也被同义词 49 占用，再探查 $h_2 = (5 + 2) \% 11 = 7$，地址 7 也已被非同义词 18 占用，因此需要再探查 $h_3 = (5 + 3) \% 11 = 8$，此地址为开放地址，因此可将 38 插到 $T[8]$ 中；当插入关键字 43 时，计算得到散列地址 10 已被关键字 32 占用，需要探查 $h_1 = (10 + 1) \% 11 = 0$，此地址已被占用，探查 $h_2 = (10 + 1) \% 11 = 1$ 为开放地址，因此可将 43 插到 $T[1]$ 中；由此构造的散列表如图 10-19 所示。

下标（地址）	0	1	2	3	4	5	6	7	8	9	10
散列表 T[0..10]	55	43	13	24		27	49	18	38		32
探查次数	1	3	1	2		1	2	1	4		1

图 10-19　线性探测法构造散列表

2. 拉链法（链地址法）

当存储结构是链表时，多采用拉链法处理冲突，办法是：把具有相同散列地址的关键字（同义词）值放在同一个单链表中，称为同义词链表。有 m 个散列地址就有 m 个链表，同时用指针数组 $T[0..m-1]$ 存放各个链表的头指针，凡是散列地址为 i 的记录都以结点方式插到以 $T[i]$ 为指针的单链表中。T 中各分量的初值应为空指针。

例如，按上面例 10.5 所给的关键字序列，用拉链法构造散列表如图 10-20 所示。

用拉链法处理冲突虽然比开放定址法多占用一些存储空间（用做链接指针），但它可以减少在插入和查找过程中关键字的平均比较次数（平均查找长度），这是因为，在拉链法中待比较的结点都是同义词结点，而在开放定址法中，待比较的结点不仅包含有同义词

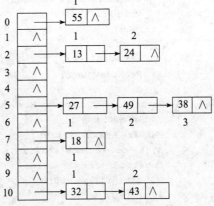

图 10-20　拉链法构造散列表

结点，而且包含有非同义词结点，往往非同义词结点比同义词结点还要多。

如前面介绍的例 10.5 用线性探测法构造散列表的过程中，对前 5 个关键字的查找，每个仅需要比较一次，对关键字 49 和 24 的查找，需要比较 2 次，对关键字 38 的查找，需要比较 4 次，而对 43 的查找则需要比较 3 次。因此，对用线性探测法构造的散列表的平均查找长度为

$$ASL = (1 \times 5 + 2 \times 2 + 3 \times 1 + 4 \times 1)/9 \approx 1.78$$

而用拉链法构造的散列表查找成功的平均查找长度为

$$ASL = (1 \times 5 + 2 \times 3 + 3 \times 1)/9 \approx 1.55$$

显然，开放定址法处理冲突的平均查找长度要高于拉链法处理冲突的平均查找长度。但它们都比前面介绍的其他查找方法的平均查找长度要小。

10.4.4　散列表查找

散列表的查找过程与建表的过程基本一致。给定一个关键字值 K，根据建表时设定的散列函数求得散列地址，若表中该地址对应的空间是空的，则说明查找不成功；否则将该地址单元的关键字值与 K 比较，若相等则表明查找成功，不相等再根据建表时解决冲突的方法寻找下一个地址，反复进行，直到查找成功或找到某个存储单元为空（查找不成功）为止。

在线性表的散列存储中，处理冲突的方法不同，其散列表的类型定义也不同，下面将分别给出与开放定址法和拉链法对应的散列表的类型定义。

1. 开放定址法

开放定址法是使用线性探查法解决冲突的查找和插入算法，其对应的散列表的类型定义如下：

```
// HashTable.h
typedef int KeyType;
typedef struct{
        KeyType key;
}RecNode;
class HashTable {
    public :
        HashTable(int MaxListSize = 97);       // 构造函数,默认表长为 97
        ~HashTable( ){delete[ ] data;}         // 析构函数
        int HashSearch(KeyType K,int m);       // 散列查找
        int HashInsert(RecNode s,int m);       // 插入元素
        void PrintHT(int m);                   // 输出散列表
    private:
        int length;                            // 表中元素个数
        int MaxSize;                           // 最大表长
        RecNode *data;                         // 结构 RecNode 的指针
};
HashTable ::HashTable(int MaxListSize)
{   // 构造函数,初始化
    MaxSize = MaxListSize;
    data = new RecNode[MaxSize];                // 申请散列表动态存储空间
    for(int i = 0;i < MaxSize;i ++)
        data[i].key = NULL;
    length = 0;
}
int h(KeyType K,int m)
```

```
{                                                    // 用除余法定义散列函数
    return K % m;
}
// 采用线性探查法的散列表查找算法
int HashTable::HashSearch(KeyType K,int m)
{                          // 在长度为 m 的散列表 HT 中查找关键字值为 K 的元素位置
    int d,temp;
    d = h(K,m);                                      // 调用散列函数计算散列地址
    temp = d;                                        // temp 作为哨卡,防止进入重复循环
    while(data[d].key!=NULL){                        // 当散列地址中的 key 域不为空则循环
        if(data[d].key == K)
            return d;                                // 查找成功返回其下标 d
        else
            d = (d+1) % m;                           // 计算下一个地址
        if(d == temp)
            return -1;                               // 查找一周后仍无空位置,返回 -1 表示失败
    }
    return d;                                        // 遇到空单元,查找失败
}
// 在散列表上插入一个结点的算法
int HashTable::HashInsert(RecNode s,int m)
{       // 在 HT 表上插入一个新结点 s
    int d = HashSearch(s.key,m);                     // 查找插入位置
    if(d == -1) return -1;                           // 表满,不能插入
    else {
        if(data[d].key == s.key)
            return 0;                                // 表中已有该结点
        else {                                       // 找到一个开放的地址
            data[d] = s;                             // 插入新结点 s
            length ++;
            return 1;                                // 插入成功
        }
    }
}
// 输出散列表
void HashTable::PrintHT(int m)
{
    for(int i =0;i < m;i ++)
        cout << data[i].key <<"  ";
    cout << endl;
}
```

【例 10.6】 假设有一序列 {27 13 55 32 18 49 24 38 43},输出定址法构造的散列表。

```
 #include < iostream >
using namespace std;
#include" HashTable.h"
void main()
{
    HashTable ht(11);                                // 定义表长为 11 的散列表
    RecNode s;
    int key,d;
    cin >> key;
    while(key){                                      // 插入数据至散列表中
        s.key = key;
```

```
        d = ht.HashInsert(s,11);
        cin >> key;
    }
    ht.PrintHT(11);                              // 输出散列表
}
```

运行示范如下：

27 13 55 32 18 49 24 38 43 0
55 43 13 24   0 27 49 18 38 0 32

2. 拉链法

下面给出在用拉链法建立散列表上的查找和插入运算的散列表类的定义：

```
// HTNode.h
#define MaxSize 97
class HTNode;
typedef int DataType;
typedef HTNode * HT[MaxSize];
class HTNode {                                   // 结点类定义
        public:
            HTNode() { }
            HTNode(int ms);                      // 构造函数,初始化散列表
            HTNode * HashSearch(int k,int m);
            int HashInsert(HTNode *s,int m);
            void CreateHT();                     // 建立散列表
            void PrintHT;                        // 输出散列表
        private:
            int MS;                              // 散列表长
            int key;
            DataType data;                       // 结点数据域
            HTNode * next;                       // 结点指针域
            HT ht;                               // 散列表
};
```

下面给出相关成员函数的实现：

```
// 构造函数,初始化散列表
HTNode::HTNode(int ms)
{
    MS = ms;                                     // 初始化表长
    for(int i = 0;i < ms;i ++){
        ht[i] = NULL;key = -1;
    }
}
// 用除余法定义散列函数
int hf(int Key,int m)
{
    return Key %m;
}
// 建立散列表,以 0 结束
void HTNode::CreateHT()
{   int k;   HTNode *s;
    do {
        cin >> k;
        if(!k)break;
```

```
            s = new HTNode;
            s -> key = k;
            int i = HashInsert(s,MS);
        }while(1);
}
// 输出散列表
void HTNode::PrintHT()
{    HTNode *p;
    for(int i = 0;i < MS;i ++){
        p = ht[i];                        // p 指向表头
        while(p != NULL){
            cout << p -> key << "  ";     // 输出一个结点关键字
            p = p -> next;                // 使 p 指向下一个结点
        }
        cout << endl;
    }
}
// 查找算法
HTNode * HTNode::HashSearch(int K,int m)
{    // 在长度为 m 的散列表 T 中查找关键字值为 K 的元素位置
    HTNode *p;
    p = ht[hf(K,m)];                      // 取 K 所在链表的头指针
    if(p != NULL)
        while(p != NULL && p -> key != K)
            p = p -> next;               // 顺链查找
    return p;
}
// 插入算法
int HTNode::HashInsert(HTNode * s,int m)
{    // 在 ht 表上插入一个新结点*s
    HTNode *p;
    p = HashSearch(s -> key,m);          // 查找表中有无待插结点
    if(p != NULL) return 0;              // 说明表中已有该结点
    else {                              // 将*s 插入在相应链表的表头上
        int d = hf(s -> key,m);
        s -> next = ht[d];
        ht[d] = s;
        return 1;                        // 说明插入成功
    }
}
```

【例 10.7】　假设有一序列 {27 13 55 32 18 49 24 38 43}，输出拉链法构造的散列表。

```
#include < iostream >
using namespace std;
#include" HTNode.h"
void main()
{
    HTNode h(11);                        // 定义表长为 11 的散列表
    h.CreateHT();                        // 拉链法建立散列表
    h.PrintList();                       // 输出散列表
}
```

运行示范如下：

```
27 13 55 32 18 49 24 38 43 0
55
24  13
38  49  27
18
43  32
```

注意：输出是从表头开始，如［24 13］，表头是24。例如图10-22 中［14 01 27］的表头是27，输出结果为［27 1 14］。

3. 几种处理冲突方法构造的散列表的平均查找长度比较

从上述查找过程可知，虽然散列表是在关键字和存储位置之间直接建立了对应关系，但是由于产生了冲突，散列表的查找过程仍然有一个与关键字比较的过程，不过散列表的平均查找长度要比顺序查找小得多，比二分查找也小。

【例10.8】 设散列函数 $h(k) = k \% 13$，散列表地址空间为 $0 \sim 12$，对给定的关键字序列"19，14，01，68，20，84，27，26，50，36"分别以拉链法和线性探查法解决冲突构造散列表，画出所构造的散列表，指出在这两个散列表中查找每一个关键字时进行比较的次数，并分析在等概率情况下查找成功和不成功时的平均查找长度以及当结点数 $n = 10$ 时的顺序查找和二分查找成功与不成功的情况。

【分析】

① 用线性探查法解决冲突，其散列表如图10-21 所示。

下标（地址）	0	1	2	3	4	5	6	7	8	9	10	11	12
散列表T[0..12]	26	14	01	68	27		19	20	84			36	50
探查次数	1	1	2	1	4		1	1	3			1	1

图10-21 线性探查法建立的散列表

因此，在该表上的平均查找长度为：

$$ASL = (1 + 1 + 2 + 1 + 4 + 1 + 1 + 3 + 1 + 1)/10 = 1.6$$

② 用拉链法解决冲突构造的散列表如图10-22所示。

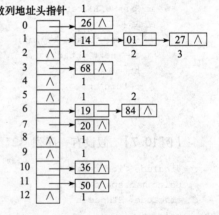

图10-22 拉链法建立的散列表

在该散列表上的平均查找长度为：

$$ASL = (1 \times 7 + 2 \times 2 + 3 \times 1)/10 = 1.4$$

而当 $n = 10$ 时，顺序查找和二分查找的平均长度分别为：

$$ASL_{seq} = (10 + 1)/2 = 5.5$$

$$ASL_{bin} = (1 \times 1 + 2 \times 2 + 3 \times 4 + 4 \times 3)/10 \approx 3$$

对于查找不成功的情况，顺序查找和二分查找所需要进行的关键字比较次数仅取决于表长，而散列表查找所需要进行的比较次数和待查结点有关。因此，在等概率情况下，也可以将散列表在查找不成功时对关键字需要执行的平均比较次数定义为查找不成功时的平均查找长度。在图10-21 所示的线性探查法中，假设所查的关键字 k 不在散列表中，若 $h(k) = 0$，则必须依次在表 T[0..5] 中的关键字和 k 或空值进行比较之后，才遇到 T[5] 为空，即比较次数为6；若 $h(k) = 1$，则需要比较5次，才能确定查找不成功。类似地，对 $h(k) = 2，3，4，5$ 进行分析，其比较次数分别为4，3，

2，1；若 $h(k)=6$，7，8，9，则需要的比较次数分别为4，3，2，1；而 $h(k)=10$，11，12时，需要的比较次数分别为3，2，1，如此才能确定查找不成功。所以查找不成功时的平均查找长度为

$$ASL = (6+5+4+3+2+1+4+3+2+1+3+2+1)/13 \approx 2.85$$

请注意，在计算查找成功的平均查找长度时，除数是结点的个数，而在计算查找不成功的平均查找长度时，除数却是表长。因此，同样的一组关键字对应的散列表，因表长不同，其查找成功和查找不成功时的平均查找长度是不同的。

另外，在拉链法建立的散列表中，若待查关键字 k 的散列地址为 $d=h(k)$，且第 d 个链表上具有 i 个结点，则当 k 不在链表上时，就需要做 k 次关键字比较（不包括空指针比较），因此查找不成功时的平均查找长度为

$$ASL = (1+3+0+1+0+0+2+1+0+0+1+1+0)/13 \approx 0.7$$

从上面的讨论中可以看出，同一个散列函数，用不同的冲突解决方法所构造的散列表，其查找成功时的平均查找长度或查找不成功时的平均查找长度都是不同的。表10-2给出在等概率情况下，采用四种不同方法处理冲突得出的散列表的平均查找长度。

表10-2　不同冲突处理方法构造的散列表的平均查找长度

方法名称	查找成功	查找不成功时
线性探查法	$(1+1/(1-\alpha))/2$，	$(1+1/(1-\alpha)^2)/2$
二次探查法	$-\ln(1-\alpha)/\alpha$	$1/(1-\alpha)$
双重散列法	$-\ln(1-\alpha)/\alpha$	$1/(1-\alpha)$
拉链法	$1+\alpha/2$	$\alpha+e^{-\alpha}$

由此可见，散列表的平均查找长度不是结点个数 n 的函数，而是装填因子 α 的函数，因此在设计散列表时可通过选择装填因子 α 来控制散列表的平均查找长度。开放定址法要求散列表的装填因子 $\alpha \leq 1$，实用中一般取0.65到0.9之间的某个值为宜。在拉链法中，装填因子 α 可以大于1，但一般均取 $\alpha \leq 1$。只要 α 选择合适，散列表的平均查找长度就是一个常数。例如，当 $\alpha=0.9$ 时，对于成功的查找，线性探查法的平均查找长度是5.5；二次探查法、双重散列法的平均查找长度是2.56；拉链法的平均查找长度是1.45。但在实际计算平均查找长度时，一般不能简单地用以上公式来计算，因为它得到的值是不精确的。

实验10　二叉排序树

有 [13 25 36 42 48 56 64 69 78 85 91 95] 和 [11 15 18 26 34 43 49] 两棵二叉排序树，编写程序判断树中是否存在值为36的结点。

习题10

一、问答题

(1) 若对具有 n 个元素的有序和无序的顺序表分别进行顺序查找，试问两者在等概率情况下查找成功和查找不成功的平均查找长度各是多少？

(2) 对含有 n 个互不相同元素的顺序表，同时查找最大值和最小值元素至少需要进行多少次比较？

(3) 对有序的单链表能进行折半查找吗？为什么？

(4) 对给定的关键字集合，以不同的次序插入一棵初始为空的二叉排序树中，所得的二叉排

序树有可能相同吗?

(5) 在内存中使用的 B 树通常都是 3 阶的, 而不使用更高阶的, 为什么?

(6) 假定有 k 个关键字互为同义词, 若采用线性探查法将这些同义词插到散列表中, 则至少要进行多少次探查?

二、单项选择题

(1) 若对含有 18 个元素的有序表 R 进行二分查找, 查找 R[3] 的比较序列的下标为_____。

    A. 1, 2, 3   B. 9, 5, 2, 3   C. 10, 5, 3   D. 9, 4, 2, 3

(2) 查找运算主要是对关键字的_____。

    A. 移位   B. 交换   C. 比较   D. 定位

(3) 对一个表长为 n 的线性表采用顺序查找, 在等概率情况下, 查找成功的平均查找长度是_____。

    A. $(n-1)/2$ B. $(n+1)/2$ C. $n(n+1)/2$ D. $n/2$

(4) 线性表适合于顺序查找的存储结构是_____。

    A. 索引存储   B. 压缩存储

    C. 顺序存储或链式存储   D. 索引存储

(5) 假设有一个有序关键字序列为 {05, 13, 19, 21, 37, 56, 64, 75, 80, 88, 92}, 当用二分查找法查找关键字值为 64 的结点时, 查找成功的比较次数是_____。

    A. 1   B. 3   C. 4   D. 6

(6) 假设散列表长 $m=11$, 散列函数 $h(\text{key}) = \text{key} \% 11$。表中已有 4 个结点 $h(39) = 6$、$h(41) = 8$、$h(53) = 9$、$h(76) = 10$ 占了 4 个地址位置, 其余地址为空。如果用线性探查法处理冲突, 存储关键字为 84 的元素时需要探查的次数是_____。

    A. 2   B. 3   C. 4   D. 5

(7) 已知一个长度为 13 的有序表, 用二分查找法对该表进行查找, 在表内各元素等概率情况下, 查找成功的平均查找长度为_____。

    A. 41/13   B. 38/13   C. 45/13   D. 39/13

(8) 采用二分查找法查找长度为 n 的线性表时, 其平均查找长度为_____。

    A. $O(n^2)$ B. $O(n\log_2 n)$ C. $O(n)$ D. $O(\log_2 n)$

(9) 若构造一棵具有 n 个结点的二叉排序树, 在最坏情况下, 其深度不超过_____。

    A. $n/2$ B. n C. $(n+1)/2$ D. $n+1$

(10) 设散列表长 $m=13$, 散列函数 $h(\text{key}) = \text{key} \% 11$。表中已有 4 个结点 $h(15) = 4$、$h(27) = 5$、$h(39) = 6$、$h(51) = 7$, 其余地址为空, 若采用二次探查法处理冲突, 则关键字为 49 的结点地址是_____。

    A. 3   B. 5   C. 8   D. 9

三、填空题

(1) 在按关键字递增的有序表 R[1..20] 的 20 个元素中, 按二分查找法进行查找, 则查找长度为 5 的元素有_____个。

(2) 在散列存储中, 装填因子 α 的值越大, 则_____; α 的值越小, 则_____。

(3) 在等概率情况下, 以下方式查找成功时的平均查找长度分别为: 顺序查找_____; 二分查找_____; 分块查找 (以顺序查找确定块) _____; 分块查找 (以二分查找确定块) _____。

(4) 散列表采用线性探查法、二次探查法和链地址法的平均查找长度分别是_____、

_____和_____。

（5）在各种查找方法中，平均查找长度与结点个数 n 无关的查法方法是_____。

（6）二分查找的存储结构仅限于_____，且是_____。

（7）在分块查找方法中，首先查找_____，然后再查找相应的_____。

（8）在散列表长为 m、散列函数 $H(\text{key}) = \text{key} \% p$ 时，p 最好取_____。

（9）对于长度为 n 的线性表，若进行顺序查找，则时间复杂度为_____；若采用二分法查找，则时间复杂度为_____；若采用分块查找（假定总块数和每块长度均接近 $\sqrt{n}$），则时间复杂度为_____。

（10）对于二叉排序树上的查找，若结点元素的关键字值大于被查找元素的关键字值，则应在该结点的_____子树上继续查找。

四、解答题

（1）分别画出在线性表（5，10，15，20，25，30，35，40）中用二分查找法查找关键字等于 10，30 及 39 的查找过程。

（2）画出对长度为 13 的有序表进行二分查找的判定树，并求其等概率情况下查找成功的平均查找长度。

（3）已知关键字序列（Jan，Feb，Mar，Apr，May，June，July，Aug，Sep，Oct，Nov，Dec），按元素的先后顺序依次插到一棵初始为空的二叉排序树中，画出插入完成后的二叉排序树，并求等概率情况下查找成功的平均查找长度。

（4）已知一如图 10-23 所示的 3 阶 B 树，分别画出插入 26 后的 B 树和接着删除 48 后的 B 树。

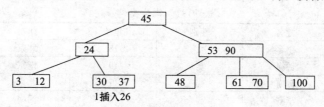

1插入26

图 10-23　3 阶 B 树示例

（5）设散列函数 $h(k) = k \bmod 13$，散列表地址空间为 0～12，对给定的关键字序列 {19，14，23，01，68，20，84，27，55，11，10，79}，分别以拉链法和线性探查法解决冲突构造散列表，画出所构造的散列表，并指出在这两个散列表中查找每个关键字时进行比较的次数。

（6）用二分查找法对一个长度为 12 的有序表进行查找，试填写查找每个元素所需要的比较次数：

元素下标	1	2	3	4	5	6	7	8	9	10	11	12
比较次数												

五、算法设计题

（1）试用 C++ 语言写出二分查找的递归算法。

（2）试写一个算法，按降序输出二叉排序树（链式存储表示）上各结点的值。

（3）假设散列表长为 m，散列函数为 $H(K)$，用拉链法处理冲突，试编写一个输入一组关键字构造散列表的算法。

（4）二叉排序树的根指针为 bt，试写一个算法输出二叉排序树中最大的关键字值。

第11章 文 件

在前面所介绍的各种数据结构中，数据都是存放在内存的。但在许多应用处理中，特别是面向事务管理的问题，例如财务管理、图书资料管理、人事档案管理等都将涉及大量的数据处理，由于内存不适于存储这类数量很大而且保存期又较长的数据，所以一般是将它们存于外存设备中，把这种存放在外存中的数据结构称为文件。

11.1 基本概念

文件是多个性质相同的记录的集合。文件的数据量通常很大，它们通常放置在外存上。数据结构中所讨论的文件主要是数据库意义上的文件，而不是操作系统意义上的文件。操作系统中研究的文件是一维的无结构连续字符序列，而数据库中所研究的文件则是带有结构的记录集合，每个记录可由若干个数据项构成。记录是文件中存取数据的基本单位，数据项是文件可使用的最小单位。数据项有时也称为字段或属性，其值能够唯一地标识一个记录的数据项称为主关键字项，主关键字项的值称为**主关键字**。例如，表11-1所示的是一个数据库文件，其记录格式为 [学号，姓名，性别，年龄，籍贯，成绩]，其中"学号"为主关键字。

表11-1 学生文件

学号	姓名	性别	年龄	籍贯	成绩
98001	赵琴	女	18	北京	88
98003	钱枫	男	19	南京	79
98005	孙南	男	17	北京	85
98002	李刚	男	18	河南	94
98004	周萍	女	17	南京	91
98006	陈力	男	19	河南	76
⋮	⋮	⋮	⋮	⋮	⋮

文件可以按照记录中关键字的多少，分成单关键字文件和多关键字文件。若文件中的记录只有一个唯一标识记录的主关键字，则称其为**单关键字文件**；若文件中的记录除了含有一个主关键字外，还含有若干个次关键字，则称为**多关键字文件**。

文件又可分成**定长文件**和**不定长文件**。若文件中每个记录含有的信息长度相同，则称这类记录为定长记录，由这种定长记录组成的文件称做定长文件；若文件中记录含有的信息长度不等，则称其为不定长文件。

文件是记录的汇集，文件中各记录之间存在着逻辑关系。当一个文件的各个记录按照某种次序排列起来时（这种排列的次序可以是记录中关键字的大小，也可以是各个记录存入该文件的时间先后等），各记录之间就自然地形成了一种线性关系。在这种次序下，文件中每个记录最多只有一个后继记录和一个前驱记录，而文件的第一个记录只有后继没有前驱，文件的最后一个记录只有前驱没有后继。因此，文件可看成是一种**线性结构**。

文件上的操作主要有两类：**检索**和**维护**。

文件的存储结构是指文件在外存上的组织方式。采用不同的组织方式就得到不同的存储结构。基本的组织方式有四种：**顺序组织**，**索引组织**，**散列组织**和**链组织**。

　　由于文件组织方式（即存储结构）的重要性，人们通常把不同方式组织的文件给予不同的名称。目前文件的组织方式有很多，人们对文件组织的分类也不尽相同，本章仅介绍几种常用的文件组织方式：**顺序文件**，**索引文件**，**散列文件**和**多关键字文件**。

11.2　顺序文件

　　顺序文件是把记录按其在文件中的逻辑顺序依次存储到存储介质中，其逻辑顺序和物理顺序一致。若顺序文件中的记录按其主关键字有序，则称此顺序文件为**顺序有序文件**；否则称为**顺序无序文件**。

　　顺序文件的主要优点是连续存取的速度较快，若文件中第 i 个记录刚被存取过，下一个被存取的是第 $i+1$ 个记录，这种存取将会很快完成。

　　磁带是一种典型的顺序存取设备，因此存储在磁带上的文件只能是顺序文件。磁带文件适合于文件数量较大、记录变化少、只做批量修改的情况。顺序文件可以用顺序查找法存取，也可以用分块查找或二分查找法存取。

　　顺序文件不能按顺序表那样的方法进行插入、删除和修改（若修改某个记录，则相当于先删除后插入），因为文件中的记录不能像向量空间的数据那样"移动"，而只能通过复制整个文件的方法实现上述更新操作。

11.3　索引文件

　　用索引方法组织文件时，通常是在文件本身（称为主文件）之外另外建立一张指明逻辑记录和物理记录之间一一对应关系的表，这张表称做**索引表**，索引表和主文件一起构成的文件称做**索引文件**。

　　索引表中的每一项称做**索引项**。一般索引项都是由主关键字和该关键字所在记录的物理地址组成的。显然，索引表必须按主关键字有序，而主文件本身则可以按主关键字有序或无序，前者称为**索引顺序文件**，后者称为**索引非顺序文件**。

　　对于索引非顺序文件，由于主文件中记录是无序的，则必须为每个记录建立一个索引项，这样建立的索引表称为**稠密索引**。对于索引顺序文件，由于主文件中记录按关键字有序，则可对一组记录建立一个索引项，例如，让文件中每个页块对应一个索引项，这种索引表称为**稀疏索引**。

　　索引文件在存储器上分为两个区：索引区和数据区，前者存放索引表，后者存放主文件。

　　索引表是由系统自动生成的。在记录输入数据区的同时建立一个索引表，表中的索引项按记录输入的先后次序排列，待全部记录输入完毕后再对索引进行排序。例如，对应于表 11-2 所示的数据文件，其索引表如表 11-3 所示。

表 11-2　职工文件

记录号	编号	姓名	性别	职称	工资
1	1002	李为	男	高　工	1024
2	1011	张欣	女	工程师	856
3	1005	王强	男	工程师	943
4	1003	刘群	男	助　工	657
5	1001	胡英	女	工程师	889
6	1006	郑刚	男	助　工	568
7	1012	黄瑞	男	工程师	856
8	1008	赵苹	女	高　工	965

表 11-3　索引表

编号	记录号
1001	5
1002	1
1003	4
1005	3
1006	6
1008	8
1011	2
1012	7

索引文件的检索方式有直接存取和按关键字存取，检索过程同第 9 章讨论的分块查找类似，应分两步进行：首先查找索引表，若索引表上存在该记录，则根据索引项的指示读取外存上的该记录；否则说明外存上不存在该记录，也就不需要访问外存。由于索引项的长度比记录数目小得多，所以通常可将索引表依次读入内存，因此在索引文件中进行检索只访问外存两次，即一次读索引，一次读记录。因为索引表是有序的，所以查找索引表时可采用二分查找法。

对索引文件的修改也很容易。当删除一个记录时，仅需要删去相应的索引项即可；而当插入一个记录时，将记录置于数据文件末尾，同时在索引表中插入索引项；更新修改记录时，也应将更新后的记录置于数据区的末尾，同时修改索引表中相应的索引项。

当记录数目很大时，索引表也很大，以致一个物理块（页块）容纳不下。在这种情况下，查阅索引仍需要访问外存。为此，可以对索引表建立一个索引，称为查找表。假设表 11-3 所示的索引表需要占三个物理页块的外存，每一个物理块能容纳三个索引项，则可建立一个如图 11-1 所示的查找表，表中列出索引表的每一物理块最后一个索引项中的关键字（该块中最大的关键字）及该块的首地址。检索记录时，先查找查找表，再查找索引表，然后读取主文件中的记录。

最大关键字	物理页块号
1003	1
1008	2
1012	3

图 11-1　查找表示意图

11.4　索引顺序文件

以上介绍的索引非顺序文件适合于随机存取，由于主文件中的记录是无序的，顺序存取将会频繁地移动磁盘的磁头，因此，索引非顺序文件不适合于顺序存取。索引顺序文件的主文件也是有序的，它既适合随机存取，也适合顺序存取。

11.4.1　ISAM 文件

ISAM(Indexed Sequential Access Method，索引顺序存取方法）是专为磁盘存取文件设计的一种文件组织方式，采用静态索引结构。由于磁盘是以盘组、柱面和磁道三级地址存取的设备，所以可对磁盘上的数据文件建立盘组、柱面和磁道三级索引。文件的记录在同一个盘组上存放时，应先集中放在一个柱面上，然后再顺序存放在相邻的柱面上，对同一柱面，则应按盘面的次序顺序存放。

ISAM 文件由多级主索引、柱面索引、磁道索引和主文件组成，通常主索引和柱面索引放在同一柱面上，主索引放在该柱面最前面的一个磁道上，其后的磁道中存放柱面索引。每个存放主文件的柱面都建有一个磁道索引，放在该柱面的最前面的磁道上，其后的若干个磁道是存放主文件记录的基本区，该柱面最后的若干个磁道是溢出区。基本区中的记录是按主关键字大小顺序存储的，溢出区被整个柱面上的基本区中的各磁道共享，当基本区中某个磁道溢出时，就将该磁道的溢出记录按主关键字大小链成一个链表放入溢出区。

在 ISAM 文件上检索记录时，先从主索引出发，找到相应的柱面索引，再从柱面索引找到记录所在柱面的磁道索引，最后从磁道索引找到记录所在磁道的第一个记录的存储位置，由此出发在该磁道上进行顺序查找，直到找到为止；若找遍该磁道均不存在此记录，则表明该文件的基本区中无此记录；若被查找的记录在溢出区，则可从磁道索引的溢出索引项中得到溢出链表的头指针，然后对该表进行顺序查找。

由于 ISAM 文件中的记录是按关键字顺序存放的，因此在插入新记录时，首先找到它应插入的磁道。若该磁道不满，则将新记录插入该磁道的适当位置上即可；若该磁道已满，则新记录或者插在该磁道上，或者直接插到该磁道的溢出链表上。插入后，可能要修改磁道索引中的基本索引项和溢出索引项。

11.4.2　VSAM 文件

VSAM(Virtual Storage Access Method，虚拟存储存取方法) 是一种索引顺序文件的组织方式，它采用 B$^+$ 树作为动态索引结构。在讨论 VSAM 文件之前，请先复习一下 10.3.3 节有关 B$^+$ 树的概念。

在 VSAM 文件中删除记录时，需将同一控制区中比删除记录关键字大的记录向前移动，把空间留给以后插入的新记录。若整个控制区变空，则回收作为空闲区用，而且需要删除顺序集中相应的索引项。

和 ISAM 文件相比，基于 B$^+$ 树的 VSAM 文件有如下优点：能保持较高的查找效率，比如查找后插入的记录和查找原有记录具有相同的速度；可动态地分配和释放存储空间，可以保持平均 75% 的存储利用率；永远不必对文件进行再组织。因而基于 B$^+$ 树的 VSAM 文件通常用来组织大型索引顺序文件。

11.4.3　散列文件

散列文件是利用散列存储方式组织的文件，亦称为**直接存取文件**。它类似于散列表，即根据文件中关键字的特点，设计一个散列函数和处理冲突的方法，将记录散列存储到存储设备上。

与散列表不同的是，对于文件来说，磁盘上的文件记录通常是成组存放的，即若干个记录组成一个存储单位——在散列文件中，这个存储单位叫做**桶**（Bucket）。假如一个桶能存放 m 个记录，则当桶中已有 m 个同义词的记录时，存放第 $m+1$ 个同义词会发生"溢出"。处理溢出虽可采用散列表中处理冲突的各种方法，但对散列文件而言，主要采用拉链法。

在散列文件中进行查找时，首先根据给定值求出散列桶地址，将基桶的记录读入内存，进行顺序查找，若找到关键字等于给定值的记录，则检索成功；否则，读入溢出桶的记录继续进行查找。

在散列文件中删去一个记录，仅需对被删除记录标记即可。

散列文件的优点是：文件随机存放，记录不需进行排序；插入、删除方便；存取速度快；不需要索引区，节省存储空间。其缺点是：不能进行顺序存取，只能按关键字随机存取；且询问方式限于简单询问，在经过多次插入、删除后，也可能造成文件结构不合理，需要重新组织文件。

11.5　多关键字文件

前面几节介绍的文件都是只含一个主关键字的文件。若需对主关键字以外的其他次关键字进行查询，则只能顺序存取主文件中的每一个记录进行比较，这样效率很低。为此，除了按以上讨论的方法组织文件之外，还需要对被查询的次关键字建立相应的索引，这种包含多个关键字索引的文件称为**多关键字文件**。按其组织方法又分为多重表文件和倒排文件两种。

11.5.1　多重表文件

多重表文件将记录按主关键字的顺序构成一个串联文件，是一种将索引方法和链接方法相结合的组织方式。它对每个需要查询的次关键字建立一个索引，同时将具有相同次关键字的记录链接成一个链表，并将此链表的头指针、链表长度及次关键字作为索引表的一个索引项。通常，多重表文件的主文件是一个顺序文件。

对于前面表 11-1 所示的学生文件（前 6 条记录），按次关键字性别和籍贯建立的多重表文件如表 11-4 所示。

表 11-4 多重表文件
a）多重表主文件

记录	学号	姓名	性别	性别指针	年龄	籍贯	籍贯指针	成绩
1	98001	赵琴	女	5	18	北京	3	88
2	98003	钱枫	男	3	19	南京	5	79
3	98005	孙南	男	6	17	北京	∧	85
4	98002	李刚	男	2	18	河南	6	94
5	98004	周萍	女	∧	17	南京	∧	91
6	98006	陈力	男	∧	19	河南	∧	76

b）多重表性别索引表

次关键字	头指针	长度
男	4	4
女	1	2

c）多重表籍贯索引表

次关键字	头指针	长度
北京	1	2
南京	2	2
河南	4	2

11.5.2 倒排文件

倒排文件和多重表文件的区别在于次关键字索引结构的不同。通常倒排文件中的次关键字索引称做**倒排表**，具有相同次关键字的记录之间不进行链接，而是在倒排表中并列具有该次关键字记录的物理地址。

倒排文件的主要优点是：在处理复杂的多关键字查询时，可在倒排表中先完成查询的交、并等逻辑运算，得到结果后再对记录进行存取。这样不必对每个记录随机存取，把对记录的查询转换为地址集合的运算，从而提高查找速度。

例如，按表 11-1 所示的学生文件建立按性别和按籍贯的倒排表（假设记录号就代表物理地址）如表 11-5 和表 11-6 所示。

表 11-5 性别索引倒排表

关键字	头指针
男	4, 2, 3, 6
女	1, 5

表 11-6 籍贯索引倒排表

关键字	头指针
北京	1, 3
南京	2, 5
河南	4, 6

再例如，图书馆为了允许读者按作者、出版社和分类号进行查询，对图书目录建立倒排文件。图书目录主文件如表 11-7 所示。

表 11-7 图书目录表（主文件）

记录号	分类号	作者	出版社	书名	藏书量
1	101	赵三	教育	高等数学	15
2	101	赵三	教育	普通物理	18
3	102	李四	科学	少儿知识	12
4	103	王五	科学	经济学	6
5	101	赵三	教育	数据库技术	23
6	101	李四	科学	天文学	5

该文件的倒排文件如表 11-8 所示。

表 11-8　图书文件的倒排文件

a) 分类号倒排表

关键字	头指针
101	1, 2, 5, 6
102	3
103	4

b) 作者倒排表

关键字	头指针
赵三	1, 2, 5
李四	3, 6
王五	4

c) 出版社倒排表

关键字	头指针
教育	1, 2, 5
科学	3, 4, 6

【例 11.1】　假设一个存有姓名和薪金的结构数组，请把结构数组元素作为整体写入文件，然后再读出文件内容。

使用运算符重载可以将结构数组元素作为整体写入和读出文件。

```cpp
#include <iostream.h>
#include <fstream.h>

struct list{
     double salary;
     char name[20];
     friend ostream &operator << (ostream &os, list &ob);
     friend istream &operator >> (istream &is, list &ob);
};
istream & operator >> (istream &is,list &ob)
{
        is>>ob.name;
        is>>ob.salary;
        return is;
}
ostream & operator << (ostream &os,list &ob)
{
     os <<ob.name <<"\t";
     os <<ob.salary <<endl;
     return os;
}
void main()
{
  list worker1[2] = {{1256,"李明"},{3467,"张玉柱"}},worker2[2];
  ofstream tfile2 ("pay.txt");
  for(int i =0;i <2;i ++)
        tfile2 <<worker1[i];              // 将 worker1[i]作为整体对待
  tfile2.close();
  ifstream pay("pay.txt");

  for( i =0;i <2;i ++)
              pay>>worker2[i];            // 将 worker2[i]作为整体对待
  for( i =0;i <2;i ++)
              cout <<worker2[i] <<endl;   // 将 worker2[i]作为整体对待
}
```

在这个例子中，名字中不能使用空格。程序运行结果如下：

```
李明    1256
张玉柱   3467
```

实验 11　使用文件

改写例 11.1 的程序中的重载运算符，使名字可以有空格，例如"李明"可写作"李　明"。

习题 11

一、问答题

（1）文件的检索方式有哪几种？试说明之。

（2）常用的文件组织方式有哪几种？各有什么特点？

（3）如何评价文件组织的效率？

（4）文件上的操作有哪几种？

（5）索引文件、散列文件和多关键字文件适合存储在磁带上吗？为什么？

二、选择题

（1）顺序文件适合于_____。

    A. 成批处理　　　　B. 随机存取　　　　　C. 直接存取　　　　　　　D. 按关键字存取

（2）直接存取文件的特点是_____。

    A. 记录按关键字排序　　　　　　B. 记录可以进行顺序存取

    C. 记录不需要排序，存取效率高　　D. 存取速度快，但占用较多的存储空间

（3）文件的逻辑结构可看成是一种_____。

    A. 树形结构　　　B. 线性结构　　　　C. 非线性结构　　　　　D. 图形结构

（4）索引顺序文件是指_____。

    A. 主文件按主关键字无序，索引表按关键字有序

    B. 主文件按主关键字有序，索引表按关键字无序

    C. 主文件按主关键字有序，索引表按关键字有序

    D. 主文件按主关键字无序，索引表按关键字无序

（5）对散列文件进行查找只能是_____。

    A. 二分查找　　　B. 顺序查找　　　　C. 索引方式　　　　　　D. 随机方式

（6）多重表文件组织方式是采用_____。

    A. 索引方法　　　　　　　　B. 链接方法

    C. 索引和链接方法相结合　　D. 顺序方法

（7）倒排文件的主要优点是_____。

    A. 便于进行插入和删除运算　　B. 便于进行文件的合并

    C. 能提高关键字的查找速度　　D. 能节省存储空间

（8）索引非顺序文件中的索引表是_____。

    A. 非稠密索引　　B. 主索引　　　　C. 多级索引　　　　　　D. 稠密索引

三、填空题

（1）索引文件是由索引表和_____两部分组成。

（2）文件是性质相同的_____集合。

（3）文件上的操作主要有_____和_____两类。

（4）基本的文件组织方式有顺序组织、_____、_____和链组织。

（5）可根据不同的组织方式，取不同的文件名称，常用的文件有顺序文件、散列文件、_____和_____。

（6）直接存取文件是用_____方法组织的。

四、解答题

（1）简述散列文件的查找过程以及散列查找的优点。

（2）叙述多重表文件和倒排文件的查找过程。

（3）设有一个职工情况的文件，每个记录包括6个数据项，其中编号为主关键字，并设该文件由如表11-9所示的5条记录组成。

表11-9　职工文件

记录号	编 号	姓 名	性别	工作日期	职 称	工 资
1	1002	李为	男	10/01/82	高 工	1024
2	1013	张欣	女	02/23/91	工程师	856
3	1005	王强	男	05/16/88	工程师	943
4	1001	刘群	男	08/25/93	助 工	657
5	1008	赵苹	女	11/09/87	高 工	965

①若该文件为索引无序文件，请写出索引表。

②在上述文件中，针对下列要求写出相应的检索条件表达式：

- 性别为女的职工情况；
- 职称为工程师的职工情况；
- 性别为男且工资大于900的职工。

附录 A 考研指导

数据结构是计算机及相关专业的核心课程，也是绝大多数高校招收计算机专业硕士研究生的必考科目。从 2009 年开始，教育部决定对全国计算机学科硕士研究生入学开始采取专业基础综合考试的形式，也就是通常说的全国统考。在计算机学科专业基础统考科目中，考查数据结构、计算机组成原理、操作系统、计算机网络共四门课程，满分为 150 分，其中数据结构占 45 分。当然，也有许多高校自己出题考试，数据结构所占的分数比例更高。也就是说，无论如何，数据结构是计算机学科专业基础考试科目中最为重要的一门课程，因此，数据结构课程的复习效果对考研专业课的得分起着决定性的作用。本章将着重介绍数据结构课程的考研大纲分析、复习方法及实战练习等。

A.1 考纲要求

无论是全国考研统考还是高校自己出题考试，数据结构的考试大纲和考试内容都大致相同，而且近几年考纲没什么大的变化。为了方便本章对考纲进行简要分析，使用识记、了解、理解、掌握、熟练掌握等对能力层次进行标注。其中识记是要求考生能够识别和记忆本课程中规定的有关知识点的主要内容（如定义、定理、定律、表达式、公式、原则、重要结论、方法、步骤及特性、特点等），并能根据考核的不同要求，做出正确的表述、选择和判断。

A.1.1 绪论

这一章虽然没有出现在大纲的考察范围中，但它有助于对整个课程知识的理解，所以建议把这一章好好复习一下。下面给出本章中的考点及对其掌握程度的要求。

数据结构的基本概念。（识记）

数据的逻辑结构和存储结构，对后面的名词要能区分哪些属于逻辑结构，哪些属于物理结构。（掌握）

时间和空间复杂度的概念及度量方法。（理解）

算法设计时的注意事项。（了解）

A.1.2 线性表

这一章在线性结构的学习乃至整个数据结构学科的学习中，作用都是非常重要的。这一章第一次系统性地引入链式存储的概念，链式存储概念将是整个数据结构学科的重中之重，无论哪一章都涉及了这个概念，所以一定要搞透彻。

线性表相关的基本概念：直接前驱、直接后继、表长、空表、首元结点、头结点、头指针等。（识记）

线性表的结构特点。（识记）

线性表的顺序存储方式以及两种不同的实现方法：表空间的静态分配和动态分配，静态链表与顺序表的相似及不同之处。（掌握）

线性表的链式存储方式的实现，几种常用链表的特点和运算：单链表、循环链表、双向链

表、双向循环链表。（掌握）

线性表的顺序存储及链式存储的异同及优缺点比较，即各自适用的场合。（理解）

单链表中设置头指针、循环链表中设置尾指针而不设置头指针以及索引存储结构的各自好处。（理解）

对于线性表的各种实现方式能够实现指定的操作，尤其是各种线性链表的插入、删除（删除自己，还是删除后继结点）、判表空等。（熟练掌握）

A.1.3 栈、队列和数组

这三种数据结构都属于线性结构的拓展。栈和队列是操作受限的线性表，数组是数据元素为非原子类型的线性表。在复习这部分内容时，一定要注意对栈和队列的灵活运用，数组这一章要注意特殊矩阵压缩存储方面的知识。

栈、队列的定义及其相关数据结构的概念，包括：顺序栈、链栈、共享栈、循环队列以及链队列等。（识记）

栈与队列插入、删除操作的特点，栈和队列的特点。（理解）

递归算法、栈和递归的关系、把递归算法转换为用栈来实现的非递归算法。（掌握）

栈的应用。（了解）

栈和队列各种实现方式的运算。（理解）

循环队列中判队空、队满条件，循环队列中入队与出队算法。（掌握）

判循环队列是空还是满的两种处理方法。（理解）

数组的定义以及如何理解它们是线性表的扩展。（识记）

多维数组中某数组元素的位置的求解（不管是按行存储和按列存储）：一般是给出数组元素的首元素地址和每个元素占用的地址空间并给出多维数组的维数后，要求求出该数组中的某个元素所在的位置。（掌握）

特殊矩阵和稀疏矩阵的定义。（了解）

特殊矩阵的压缩存储，包括对称矩阵、上（下）三角矩阵、对角矩阵以及具有某种特点的稀疏矩阵等。（掌握）

稀疏矩阵的三种不同存储方式：三元组、带辅助行向量的二元组、十字链表存储以及对稀疏矩阵各种存储方式下的转置和相乘运算操作的实现及复杂性分析等。（理解）

A.1.4 树和二叉树

本章历来都是考试的重点和难点，从这章开始就从对线性结构的研究过渡到对非线性结构的研究，这一章学习的好坏直接关系到在数据结构这门考试中能否得高分。因此，这一章对每个知识点都要吃透过关。要注意这章的算法设计类的相关内容。

二叉树的概念、二叉树的5种基本形态。（理解）

二叉树的5个性质，尤其是性质3和性质4。（掌握）

二叉树的存储结构：顺序存储和二叉链表存储的各自优缺点及适用场合、二叉树的带双亲的链表表示法。（掌握）

二叉树的三种遍历方法：前序、中序和后序。划分的依据是对根结点数据的访问顺序。不仅要熟练掌握三种遍历的递归算法，理解其执行的实际步骤，并且应该熟练掌握三种遍历的非递归算法。（熟练掌握）

在三种遍历算法的基础上改造完成的其他二叉树算法，比如求叶子个数、求二叉树结点总数、求度为 1 或度为 2 的结点总数、复制二叉树、建立二叉树、交换左右子树、查找值为 n 的某个指定结点以及删除值为 n 的某个指定结点等。（熟练掌握）

线索二叉树：线索化的实质、三种线索化的算法、线索化后二叉树的遍历算法、线索二叉树的其他算法问题（如查找某一类线索二叉树中指定结点的前驱或后继结点就是一类常考题）等，并会计算某个二叉树在采用不同的线索化方法后剩余空链域的个数。（掌握）

哈夫曼树，也叫最优二叉树。什么样的编码是哈夫曼编码。一般情况下，很少考哈夫曼编码的算法，能够利用算法构造哈夫曼树并求出最小带权路径长度即可。（掌握）

树的存储表示方法、树与森林转化为二叉树、树和森林的遍历问题以及二叉树的相似与等价等。（掌握）

A.1.5 图

这一章的内容是每年考试必考的，而且内容基本上都是重点。

图的基本概念：图的定义和特点、无向图、有向图、入度、出度、完全图、生成子图、路径长度、回路、（强）连通图以及（强）连通分量等概念。与这些概念相联系的相关计算问题也应该掌握。（掌握）

图的几种存储形式，尤其是邻接矩阵和邻接表：掌握图的两种遍历算法，深度优先遍历和广度优先遍历是图的两种基本的遍历算法，它们是非常重要的。在考查时，图的算法设计常常基于这两种基本的遍历算法而设计，例如，求最长或最短路径问题以及判断两顶点间是否存在长度为 K 的简单路径问题，就分别用到了广度优先遍历和深度优先遍历的算法。（熟练掌握）

生成树、最小生成树的概念以及最小生成树的构造：要掌握 Prim 算法和 Kruskal 算法的基本思想。考查时，一般不要求写出算法源码，而是要求根据这两种最小生成树的算法思想写出其构造过程及最终生成的最小生成树。掌握拓扑排序问题：拓扑排序有两种方法，一是无前驱的顶点优先算法，二是无后继的顶点优先算法。换句话说，一种是从前向后的排序，一种是从后向前排。当然，后一种排序出来的结果是逆拓扑有序的。（掌握）

关键路径问题：这个问题是本章的难点。理解关键路径的关键有三个方面：一是何谓关键路径；二是最早时间是什么意思、如何求；三是最晚时间是什么意思、如何求。简单地说，最早时间是通过从前向后的方法求解的，而最晚时间是通过从后向前的方法求解的，而且要想求最晚时间，必须在所有的最早时间都已经求出来之后才能进行。这个问题拿来直接考算法源码的不多，一般是要求按照书上的算法描述求解的过程和步骤。（掌握）

最短路径问题：与关键路径问题并称为图这章内容的两只拦路虎。概念理解是比较容易的，关键是算法的理解。最短路径问题分为两种：一是求从某一点出发到其余各点的最短路径；二是求图中每一对顶点之间的最短路径。这个问题也具有非常实用的背景特色，一个典型的例子就是旅游景点及旅游路线的选择问题。解决第一个问题用 Dijsktra 算法，解决第二个问题用 Floyd 算法。要求就是要会用算法求解最短路径。（掌握）

A.1.6 查找

查找一章是考试的重点和难点，概念较多，联系较为紧密，容易混淆。在复习这一章时要学会使用分类和对比相结合的方法。

关键字、主关键字、次关键字的含义；静态查找与动态查找的含义及区别。（识记）

平均查找长度（ASL）的概念及在各种查找算法中的计算方法和计算结果，特别是一些典

型结构的 ASL 值应该记住。要会计算各种查找方法在查找成功和查找不成功时的平均查找长度。（掌握）

线性表上的查找主要分为三种线性结构：顺序表、有序顺序表、索引顺序表。对于第一种，采用传统的查找方法，逐个比较；对于有序顺序表，采用二分查找法；对于第三种结构，采用索引查找算法。需要注意这三种表结构下的 ASL 值以及三种算法的实现。其中，二分查找还要特别注意适用条件以及其递归实现方法。（掌握）

树表上的查找是本章的重点和难点。由于这一节介绍的内容是使用树表进行查找，所以很容易与树一节的某些概念相混淆。本节内容与树一章的内容有联系，但也有很多不同，应注意归纳。树表主要分为以下几种：二叉排序树、平衡二叉树、B 树和键树。尤其是以前两种结构为重，有时候也会考查 B 树，但是以选择题为主，很少会考大题。由于二叉排序树与平衡二叉树是一种特殊的二叉树，所以与二叉树的联系就更为紧密，二叉树一章学好了，这里也就不难了。（熟练掌握）

二叉排序树，简言之，就是左小右大，它的中序遍历结果是一个递增的有序序列。平衡二叉树是二叉排序树的优化，其本质也是一种二叉排序树，只不过平衡二叉树对左右子树的深度有了限定：深度之差的绝对值不得大于 1。对于二叉排序树，判断某棵二叉树是否为二叉排序树这一算法经常被考到，可用递归，也可以用非递归。（熟练掌握）

平衡二叉树的建立也是一个常考点，但该知识点归根结底关注的还是平衡二叉树的 4 种调整算法，所以应该掌握平衡二叉树的 4 种调整算法，调整的一个参照就是调整前后的中序遍历结果相同。（掌握）

B 树是二叉排序树的进一步改进，也可以把 B 树理解为三叉、四叉排序树。除 B 树的查找算法外，应该特别注意一下 B 树的插入和删除算法。因为这两种算法涉及 B 树结点的分裂和合并，是一个难点。（没有时间可以不看）

键树也称字符树，特别适用于查找英文单词的场合。一般不要求能完整描述算法源码，多是根据算法思想建立键树及描述其大致查找过程。（理解）

散列表（或称哈希表）的查找算法。散列表查找的基本思想是：根据当前待查找数据的特征，以记录关键字为自变量，设计一个函数，该函数对关键字进行转换后，其解释结果为待查的地址。基于散列表的考查点有：散列函数的设计，冲突解决方法的选择及冲突处理过程的描述。（熟练掌握）

A.1.7 排序

排序算法可分为插入、交换、选择、归并、基数五种排序方法。

插入排序又可分为直接插入、折半插入、二路插入、希尔排序。这几种插入排序算法的最根本不同点，说到底就是根据什么规则寻找新元素的插入点。直接插入是依次寻找，折半插入是折半寻找。希尔排序是通过控制每次参与排序的数的总范围由小到大的增量来实现排序效率提高的目的。（掌握）

掌握交换排序。交换排序又称冒泡排序，在交换排序的基础上改进又可以得到快速排序。快速排序的思想一语以蔽之：用中间数将待排数据组一分为二。快速排序在处理的问题规模上与希尔有点相反，它是先处理一个较大规模，然后逐渐把处理的规模降低，最终达到排序的目的。（掌握）

选择排序相对于前面几种排序算法来说难度大一点。具体来说它可以分为：简单选择、树选择、堆排序。这三种方法的不同点是，根据什么规则选取最小的数。简单选择是通过简单的数组遍历方案确定最小数；树选择是通过类似锦标赛的思想，让两数相比，不断淘汰较大（小）者，最终选出最小（大）数；而堆排序是利用堆这种数据结构的性质，通过堆元素的删除、调整等一系列操作将最小数选出放在堆顶。堆排序中的堆建立、堆调整是重要考点。（熟练掌握）

归并排序，顾名思义，是通过归并这种操作完成排序的目的。既然是归并，就必须是两者以上的数据集合。在归并排序中，关注最多的就是二路归并。算法思想比较简单，有一点要铭记在心：归并排序是稳定排序。（熟练掌握）

基数排序是一种很特别的排序方法，正是由于它的特殊，也就比较适合于一些特别的场合，比如扑克牌排序问题等。基数排序又分为两种：多关键字的排序（扑克牌排序），链式排序（整数排序）。基数排序的核心思想也是利用基数空间这个概念将问题规模规范、变小，并且在排序的过程中，只要按照基数排序的思想，是不用进行关键字比较的，这样得出的最终序列就是一个有序序列。（掌握）

A.2　知识点、重难点解析

线性表要考的知识点不多，但要做到深刻理解，能够应用相关知识点解决实际问题。链表上插入、删除结点时的指针操作是选择题的一个常考点，诸如双向链表等一些相对复杂的链表上的操作也可以出现在综合应用题当中。

栈、队列和数组可以考查的知识点相比链表来说要多一些，最基本的是栈与队列的 FILO 和 FIFO 特点。比如针对栈的 FILO 特点，进栈出栈序列的问题常出现在选择题中。其次，是栈和队列的顺序和链式存储结构，这里一个常考点是不同存储结构下栈顶指针、队首指针以及队尾指针的操作，特别是循环队列判满和判空的两种判断方法。最后，是特殊矩阵的压缩存储，这个考点复习的重点可以放在二维矩阵与一维数组相互转换时下标的计算方法，比如与对角线平行的若干行上数据非零的矩阵存放在一维数组后，各个数据点相应的下标的计算。这一章可能的大题是利用堆栈或队列的特性，将它们作为基础的数据结构，支持实际问题求解算法的设计，例如用栈解决递归问题，用队列解决图的遍历问题等。

树和二叉树。要掌握树、二叉树的各种性质，树和二叉树的不同存储结构，森林、树和二叉树之间的转换，线索化二叉树及二叉树的应用（二叉排序树、平衡二叉树和哈夫曼树），要重点熟练掌握的是森林、树以及二叉树的前序、中序和后序三种遍历方式，要能进行相应的算法设计。这一部分是数据结构考题历来的重点和难点，复习时要特别关注。一些常见的选择题考点包括：满二叉树、完全二叉树结点数的计算，由树、二叉树的示意图给出相应的遍历序列，依据二叉树的遍历序列还原二叉树，线索化的实质，计算采用不同的方法线索化二叉树后剩余空指针域的个数，平衡二叉树的定义、性质、建立和四种调整算法以及回溯法相关的问题。常见的综合应用题考点包括：二叉树的遍历算法，遍历基础上针对二叉树的一些统计和操作（比如结点数统计、左右子树对换等），判断某棵二叉树是否为二叉排序树，以上这些都要求能用递归和非递归的算法解决，特别要重视非递归的算法，线索化二叉树后的遍历算法，如查找某结点线索化后的前驱或后继结点的算法以及给出哈夫曼编码等。

在图这一章中需要识记的是图以及基于图的各种定义和存储方式。要熟练掌握图的深度遍历和广度遍历算法，这是用图来解决应用问题时常用的算法基础。需要掌握基于图的多个算法，能够以手工计算的方式在一个给定的图上执行特定的算法求解问题。常见的应用或经过抽象的应用问题，会表现为下列考题：最小生成树求解（Prim 算法和 Kruskal 算法，两种方法思想都很简单，但要注意不要混淆这两种方法），拓扑排序问题（这里会用到数组实现的链表，可以注意一下），关键路径问题（数据结构的难点，要把概念理解透，能做出表格找出关键路径），最短路径问题（有重要的应用背景，也是贪心法不多的能给出最优解的典型问题之一）。

查找这一章需要识记关键字、主关键字、次关键字的含义，静态查找与动态查找的含义及区别，ASL 的概念及在各种查找算法中的计算方法和计算结果，特别是一些典型结构的 ASL 值，B 树的概念和基本操作，散列冲突解决方法的选择和冲突处理过程的描述，B$^+$树的概念（新增考点），特别要注意 B 树和 B$^+$树概念的对比，以及散列表相关的概念。要熟练掌握顺序表、树表、二叉排序树上的查找方法，特别要注意顺序查找、二分查找的适用条件（比如链表上用二分查找就不合适）和算法复杂度。

与查找一章类似，内部排序也属于重点、难点章节，且概念更多，联系更为紧密，概念之间更容易混淆。在基本概念的考查中，尤其是各种排序算法的优劣比较等问题。算法设计大题中，内部排序如果出题的话，则常常与数组结合来考查。其实这一章主要是考查对各种排序算法及其思想以及其优缺点和性能指标（时间复杂度）能否了如指掌。

最新的考试大纲将内部排序范围扩展为排序，排序既是重点，又是难点。排序算法众多，大纲还加上了外部排序，总共 10 种，各种不同算法还有相应的一些概念定义需要记住。选择题常见的问题包括：给定序列，要求给出某种特定排序方法运行一轮后的排序结果；或者给出初始序列和一轮排序结果，要求选择采用的排序算法；给定时间、空间复杂度要求以及序列特征，要求选择合适的排序算法等。如果排序这一考点出现在综合应用题中，则常与数组结合来考查。

A.3　复习方法

近年来的统考大纲对数据结构的考查目标定位为掌握数据结构的基本概念、基本原理和基本方法，掌握数据的逻辑结构、存储结构以及基本操作的实现，能够对算法进行基本的时间复杂度和空间复杂度的分析，能够运用数据结构的基本原理和方法进行问题的分析求解，具备采用 C、C++ 或 Java 语言设计程序与实现算法的能力。

因为复习时间有限，所以考生也不必为此专门复习一遍 C 或 C++ 程序设计。毕竟数据结构要求的重点是算法设计的能力，而不是编写代码的能力，考题并不是强求考生写出一个没有任何语法错误的程序，而是要求只要能用类似伪代码的形式把思路表达清楚即可。为此，建议考生在复习备考时应做到以下几点：

①基础打扎实，注意综合应用，特别是关于线性表算法的综合设计，一定要牢牢掌握。

②先要了解数据结构科目的考试范围、内容，系统梳理教材中的考查知识点，建立层次分明的知识体系。另外，最好选一本具备以下特点的辅导书：精确提炼考纲中涉及的内容，明确考纲要求，然后对复习要点逐层展开，建立条理清晰的知识框架，并对重点内容配以详细解析。

③数据结构科目的特点是思路灵活，概念联系紧密。如二叉树遍历的递归和非递归算法、图的深度优先遍历等都要用到栈，树的层次遍历和图的广度优先遍历则要用到队列，查找和排序要综合运用线性表、栈、树等知识。所以建议大家在复习时先弄懂基本概念，然后多做习题来加深对基本概念、基础知识的理解，掌握解题思路和技巧。

④对于数据结构的学习，难在其中的算法及实现。因此很多同学在复习数据结构时有这样的疑问：数据结构中的算法是否需要背诵？数据结构是非常灵活的科目，虽然不建议死记硬背算法，但仍建议在理解的基础上适当地记忆一些经典算法。

⑤在复习时，如果时间充足，可以在计算机上编写程序，自己实现教材上的算法，加深对算法的理解。不过对于时间仓促的同学来说，也可使用实例来验证自己算法的正确性。

A.4 考试技巧

综合历年数据结构的考研题目可知，其中算法填空或算法改错是必考的题型。考生可能觉得很难，其实首先可以确定这两种题目肯定是与书上的算法有关，只要理解了书上的算法就完全可以正确解答。有人觉得看完书以后什么都懂了，而且都能默写下来了，但一到做题时又束手无策了。算法改错和算法填空主要是考察细微之处，虽然觉得自己能默写出来，其实那只是能够默写出算法的主题部分，很多细微的地方确实很容易忽略。建议使用两种方法来解决这个问题：一种就是自己去编程实现，这种方法比较有意义，还能够提高编程水平；另外一种就是用实例去分析算法的每一句话。后一种方法常常是最有效的手段。

A.4.1 单项选择题

单项选择题是考题中必不可少的，这类题目看起来比较简单，但是许多考生往往不知从何下手，很难拿到高分。根据多年的实践经验进行归纳，给出以下几种解题的技巧供参考。

1. 排除法

【例 A.1】 在单链表中附加头结点的目的是为了（   ）。

A. 保证单链表中至少有一个结点   B. 说明单链表是线性表的链式存储

C. 方便运算的实现   D. 表示单链表中首结点的位置

【解】 A 不需要，单链表可以为空；B、C 就更不需要说明和表示，链表就是链式存储，首结点的位置本身就有地方存储，所以答案只能是 C。

【例 A.2】 平均查找长度与查找集合中的记录个数 n 无关的查找方法是（   ）。

A. 折半查找   B. 散列查找

C. 顺序查找   D. 索引查找

【解】 顺序查找、折半查找和索引查找这几种查找方法都是基于关键字的比较，具体的比较次数均与集合中的记录个数有关，所以答案只能是 B。

2. 分析法

【例 A.3】 在二叉排序树的链式存储结构中，值最小的结点的（   ）。

A. 左指针一定为空   B. 右指针一定为空

C. 左、右指针均为空   D. 左、右指针均不空

【解】 在二叉排序树中，值最小的结点一定是中序遍历序列的第一个被访问的结点，即二叉排序树的最左边结点，该结点的左指针一定为空，所以答案是 A。

【例 A.4】 一棵二叉树的前序遍历序列为 abcdefg，它的中序遍历序列可能是（   ）。

A. cabdefg   B. bcdaefg

C. dacefbg   D. adbcfeg

【解】 按教材中给出的推理可知，由二叉树的前序和中序遍历序列，可唯一确定二叉树的后序遍历序列，或者是由二叉树的中序和后序遍历序列可唯一确定二叉树的前序遍历序列，而只给出前序遍历序列，就很难通过传统的方法给出答案。因此，我们通过分析很快就可以得出结果。分析：以备选答案 A 为例，由前序序列可知，该二叉树的根结点为 a，而在中序序列中，结点 a 之前只有一个结点 c，再看前序序列可知，根结点 a 的左子树的根结点是 b，而不是 c，矛盾；再看答案 B，对照前序序列，左子树的根结点 b 是有可能的，所以结果可以选 B。

3. 关键词解析法

【例 A.5】 线索二叉树中的线索指的是（   ）。

A. 左孩子　　　　　　　　　　　　B. 遍历

C. 指针　　　　　　　　　　　　　D. 标志

【解】　在线索二叉树结构中，线索是通过指针来建立的，所以线索就是指针，因此，答案肯定是 C。

【例 A.6】　线索二叉树是一种（　　　）结构。

A. 逻辑　　　　　　　　　　　　　B. 物理

C. 线性　　　　　　　　　　　　　D. 索引

【解】　因为线索二叉树本身就是一种存储结构，而存储结构就是物理结构，所以，答案一定是 B。

当然，还有其他方法，这里就不再一一列出，同学们在平时的做题过程中，也可以从中摸索一些规律和方法。

A.4.2　算法设计题

算法设计题肯定是要考的。由于考试时间紧，加之写算法不像写程序那样严格，也不要求完整的类型描述，所以在写算法时不需要像教材中那样，在写算法之前都需要给出类的定义或描述，只要能写出解决问题的思路和实现的方法，无论是用类 C 或类 C++ 描述都是可以的。下面结合例题说明解题过程。

【例 A.7】　在某商场的仓库中，对洗衣机按其规格型号从低到高建立一个信息单链表，链表的每个结点存有相同型号的洗衣机的台数，现有 n 台价格不等的洗衣机入库，请编写算法实现仓库的进货管理工作。

【解析】　对于这样的问题，不需要先定义链表类，再给出相关操作的成员函数说明和定义等，只需要给出一个如下的简单存储结构定义和一个简单的算法函数描述即可。

首先要对问题进行分析，如果要实现问题要求的功能，就要在链表中查找具有相同型号的洗衣机（注意链表的有序性），然后根据查找结果执行相应的处理。一般需要根据两种情况进行处理。

①有相同型号的洗衣机，则直接修改其存储数量即可；

②没有相同型号的洗衣机，则申请新结点，存入相关信息，再将新结点按其型号插入相应位置。

```
struct Node {
    char xh[16];                                    // 规格型号
    int num;                                        // 存储数量
    struct Node *next;
};
Node * InsertNode(Node head, char *xh, int num)
{
    pre = head; p = head -> next;                   // 用指针 pre 指向 p 所指结点的前驱
    while(p! = NULL && strcmp(p -> xh,xh) < 0)      // 型号比较
    {
        pre = p; p = p -> next;
    }
    if(p == NULL || strcmp(p -> ch,xh) > 0) {       // 没有相同型号的洗衣机
        s = (Node *)malloc(sizeof(Node));
        s -> num = num; strcpy(s -> xh,xh);
        pre -> next = s; s -> next = p;             // 插入新结点
    }
```

```
        else p -> num = p -> num + num;
    }
```

应该说设计算法不是很难，只要自己多做一些真题或模拟试题中的算法设计题，一般都可以正确地解答考题。所以平时在做题时一定要独立思考，记住算法的主体内容，考试时就会得心应手。

计算机专业课复习考试上还有一个值得注意的地方，就是专业课题量很大，很多题目平时时间充裕可以做对，但是当时间紧时就不一定能做完，即使做完也不能保证准确。"会"与"熟练"在考场上的区别很大，而且时间紧也会使自己考试时产生紧张心理，所以一定要做到如下两点：

①简单的题目又快又准。一些简单的结论一定要记住，不能在考试时临时推断。

②要选取期末试题或者历年真题做模拟，一定要模拟两次以上，掌握时间的分配。这个问题很重要，每年计算机专业课考完都有很多人感觉自己发挥不好，时间分配不当。

总之，只要大家都会的你也都能答对，大家都不会的也能依据时间尽量发挥，那么最后的分数就一定不会让自己失望。

在考试时，建议可以依据顺序答题，在保证准确的基础上加快速度，先做更确定能得分的，对于不确定的题目可以先停下来，做完一遍再回头做，以免最后时间不够，而花时间做的题目也没做对。对于比较消耗时间的大题和难度大的设计题等，先放一放等有时间后再做。另外，算法题即使不会也不能空着；画图等应用题一定要先审题，每年都有看丢条件的，也许就是几个字的差别，却是另外一种解法。

最后提醒考生在考前要好好翻看一下做过的题目，适当做一些总结，想想知识点及考点。因为很多题目都是有情景的，只要自己抓住了考点，考试时就可以以不变应万变了。

A.5 实战真题练习

除了熟悉和掌握以上大纲要求的内容以及给出的复习方法之外，更重要的还是要进行实战练习，多做一些考研题目，从而见多识广、熟能生巧，做题时能得心应手。因此，在本节将以往年使用过的数据结构考研试题组成综合试卷，让读者去实践，从而不断提高自己的知识层次和考研能力。

A.5.1 真题练习1

一、单项选择题（只能选择 A、B、C、D 四个中的一个）

1. 长度为 n 的顺序表，等概率情况下插入一个元素时平均要移动表中的（　　）个元素。
   A. $n/2$ B. $(n+1)/2$ C. $(n-1)/2$ D. n

2. 循环队列 Q 的存储空间为 0 至 $m-1$，用 front 表示队头，用 rear 表示队尾，采用少用一个单元的方法来区分队列空和满，那么循环队列满的条件是（　　）。
   A. Q.rear + 1 == Q.front   B. (Q.rear + 1) % m == Q.front
   C. Q.front + 1 == Q.rear   D. (Q.front + 1) % m == Q.rear

3. 若从二叉树的任意结点出发到根的路径上所经过的结点序列按其关键字有序，则该二叉树是（　　）。
   A. 二叉排序树   B. 完全二叉树   C. 堆   D. 平衡二叉树

4. 给定关键字的集合为 {20, 15, 14, 18, 21, 36, 40, 10}，一趟快速排序结束时键值的排列为（　　）。

A. 10, 15, 14, 18, 20, 36, 40, 21　　　　B. 10, 15, 14, 18, 20, 40, 36, 21

C. 10, 15, 14, 20, 18, 40, 36, 21　　　　D. 15, 10, 14, 18, 20, 36, 40, 21

5. 在一棵度为 3 的树中，度为 3 的结点有 2 个，度为 2 的结点有 1 个，度为 1 的结点有 3 个，那么该树有（　　）个叶子结点。

　　A. 4　　　　　　　B. 5　　　　　　　C. 6　　　　　　　D. 7

6. 下列排序方法在排序过程中，关键字比较的次数与记录的初始排列顺序无关的是（　　）。

　　A. 直接插入排序和快速排序　　　　　　B. 快速排序和归并排序

　　C. 直接选择排序和归并排序　　　　　　D. 直接插入排序和归并排序

7. 具有 4 层结点的平衡二叉树至少有（　　）个结点。

　　A. 6　　　　　　　B. 7　　　　　　　C. 8　　　　　　　D. 15

8. 当输入数据非法时，一个好的算法应该做出适当的处理，而不会产生莫名其妙的结果，这称做算法的（　　）。

　　A. 正确性　　　　B. 可读性　　　　　C. 健壮性　　　　　D. 有穷性

9. 三元组表用于表示（　　）。

　　A. 线性表　　　　B. 索引表　　　　　C. 广义表　　　　　D. 稀疏矩阵

10. 对于初始状态递增有序的表按从小到大的次序排序，时间效率最高的是（　　）。

　　A. 快速排序　　　B. 插入排序　　　　C. 堆排序　　　　　D. 基数排序

二、判断对错题（正确的在后面括号中打√，否则打×）

1. 在单链表中存取某个元素，只要知道指向该元素的指针，因此单链表是随机存取的存储结构。（　　）

2. 若一个有向图的邻接矩阵中对角线以下的元素均为零，则该图的拓扑序列必定存在。（　　）

3. 消除递归并非必须用栈才能实现。（　　）

4. 稀疏矩阵压缩存储后必会失去随机存取的功能。（　　）

5. 堆排序所需要的附加空间数不取决于待排序的记录的个数。（　　）

6. 在二叉排序树上删除一个结点时，不必移动其他结点，只要将该结点相应的指针域置空即可。（　　）

7. 采用线性探查法处理冲突时，当从散列表中删除一个记录时，不应将这个记录的所在位置置为空，因为这将会影响以后的查找。（　　）

8. 对于 n 个顶点的无向图，若其边数大于或等于 $n-1$，则其必是连通图。（　　）

9. 一棵完全二叉树中的结点若无左孩子，则其必是叶子结点。（　　）

10. 将二叉排序树的中序序列中的关键字依次插入初始为空的树中，所得到的二叉排序树与原二叉排序树是相同的。（　　）

三、应用题

1. 已给如下关于单链表的类型说明：

```
typedef struct node{
    int data;
    struct node next;
}ListNode, * LinkList;
```

以下程序采用链表合并的方法，将两个已排序的单链表合并成一个链表而不改变其有序性（升序），但不完整（这里的两个链表的头指针分别为 p 和 q，不带头结点）：

```
LinkList mergelink(LinkList p, LinkList q)
```

```
{
    LinkList h; ListNode * r;
    h = (ListNode *)malloc(sizeof(ListNode));
      (1)        ;
    while((p! = NULL)&&(q! = NULL))
      if(p -> data <= q -)data)
      {  (2)        ;r = p;
        p = p -> next;
      }
      else {
         (3)        ;r = q;
        q = q -> next;
      }
    if((p == NULL)
      r -> next = q;
    else
        (4)        ;
    return h;
}
```

写出标出的空白处的语句，使其算法完整。

2. 在某程序中，有两个栈共享一个一维数组空间 $space[n]$，$space[0]$、$space[n-1]$ 分别是两个栈的栈底。

(1) 对栈 1、栈 2，分别写出（元素 x）入栈的主要语句和出栈的主要语句。

(2) 对栈 1、栈 2，分别写出栈满、栈空的条件。

3. 设用于通信的电文仅由 8 个字母 C1，C2，…，C8 构成，字母在电文中出现的频率分别为 5、25、3、6、10、11、36、4。试为这 8 个字母设计哈夫曼树和哈夫曼编码。

4. 以关键字序列 {29，18，25，47，58，12，51，10} 为例，试写出执行大根堆排序算法的各趟排序结果。

5. 用 Prim 算法画出下图以顶点①为根结点的最小生成树。

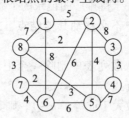

四、算法设计题

假设以带头结点的循环链表表示队列，并且只设一个指针指向队尾结点，但不设头指针，其结构如下图所示。请写出相应的入队和出队算法。

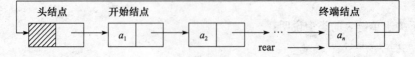

A.5.2　真题练习 2

一、单项选择题

1. 计算机算法指的是（　　）。

A. 计算方法　　　　　　B. 排序方法　　　　　　C. 调度方法　　　　　　D. 解决问题的步骤序列

2. 线性表是具有 n 个（   ）的有限序列（ $n>0$ ）。

   A. 表元素   B. 字符   C. 数据元素   D. 数据项

3. 一个栈的输入序列为 $123\cdots n$，若输出序列的第一个元素是 n，则输出的第 $i(1 \leqslant i \leqslant n)$ 个元素是（   ）。

   A. 不确定   B. $n-i+1$ C. i D. $n-i$

4. 设有两个串 p 和 q，其中 q 是 p 的子串，求 q 在 p 中首次出现的位置的算法称为（   ）。

   A. 求子串   B. 联接   C. 模式匹配   D. 求串长

5. 数组 $A[0..5, 0..6]$ 的每个元素占五个字节，将其按列优先次序存储在起始地址为 1000 的内存单元中，则元素 $A[5, 5]$ 的地址是（   ）。

   A. 1175   B. 1200   C. 1205   D. 1210

6. 已知一算术表达式的中缀形式为 $A + B * C - D/E$，后缀形式为 $ABC * + DE/-$，其前缀形式为（   ）。

   A. $-A+B*C/DE$ B. $-A+B*CD/E$ C. $-+*ABC/DE$ D. $-+A*BC/DE$

7. 设无向图的顶点个数为 n，则该图最多有（   ）条边。

   A. $n-1$ B. $n(n-1)/2$ C. $n(n+1)/2$ D. n^2

8. 若查找每个记录的概率均等，则在具有 n 个记录的连续顺序文件中采用顺序查找法查找一个记录，其平均查找长度 ASL 为（   ）。

   A. $n/2$ B. $(n-1)/2$ C. $(n+1)/2$ D. n

9. 下列排序算法中，其中（   ）是稳定的。

   A. 堆排序，冒泡排序   B. 快速排序，堆排序

   C. 直接选择排序，归并排序   D. 归并排序，冒泡排序

10. ISAM 文件和 VSAM 文件属于（   ）。

    A. 索引非顺序文件 B. 索引顺序文件   C. 顺序文件   D. 散列文件

二、判断对错题

1. 数据的逻辑结构是指数据的各数据项之间的逻辑关系。（   ）

2. 顺序存储结构的主要缺点是不利于插入或删除操作。（   ）

3. 若输入序列为 1，2，3，4，5，6，则通过一个栈可以输出序列 1，5，4，6，2，3。（   ）

4. 队列是一种插入与删除操作分别在表的两端进行的线性表，是一种先进后出型结构。（   ）

5. 数组可看成线性结构的一种推广，因此与线性表一样，可以对它进行插入、删除等操作。（   ）

6. 对于有 n 个结点的二叉树，其高度为 $\log_2 n$。（   ）

7. 对有 n 个顶点的无向图，其边数 e 与各顶点度数间满足等式 $e = \sum_{i=1}^{n} TD(V_i)$ 。（   ）

8. 在散列查找中，"比较"操作一般也是不可避免的。（   ）

9. 排序算法中的比较次数与初始元素序列的排列无关。（   ）

10. 倒排文件与多重表文件的次关键字索引结构是不同的。（   ）

三、填空题

1. 一个数据结构在计算机中的_____称为存储结构。

2. 线性表 L = （a1，a2，…，an）用数组表示，假定删除表中任一元素的概率相同，则删除一个元素平均需要移动元素的个数是_____。

3. 栈是＿＿＿＿＿＿的线性表，其运算遵循＿＿＿＿＿＿的原则。

4. 设 T 和 P 是两个给定的串，在 T 中寻找等于 P 的子串的过程称为＿＿＿＿＿＿，又称 P 为＿＿＿＿＿＿。

5. 设有二维数组 $A[0..9, 0..19]$，其每个元素占两个字节，第一个元素的存储地址为 100，若按列优先顺序存储，则元素 $A[6, 6]$ 存储地址为＿＿＿＿＿＿。

6. 在二叉树的二叉链表存储结构中，指针 p 所指结点为叶子结点的条件是＿＿＿＿＿＿。

7. 若用 n 表示图中顶点数目，则有＿＿＿＿＿＿条边的无向图成为完全图。

8. 在有序表 $A[1..12]$ 中，采用二分查找算法查找等于 $A[12]$ 的元素，所比较的元素下标依次为＿＿＿＿＿＿。

四、应用题

1. 写出下图双链表中对换值为 23 和 15 的两个结点相互位置时修改指针的有关语句。

结点结构为（prior, data, next）。

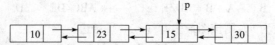

2. 如果用一个循环数组 $q[0..m-1]$ 表示队列时，该队列只有一个队列头指针 front，不设队列尾指针 rear，而改置计数器 count 用以记录队列中结点的个数。要求编写实现队列的三个基本运算：判空、入队、出队。

3. 算法 print 及所引用的数组 A 的值如下，写出调用 print(1) 的运行结果（其中 $n = 15$）。

0	1	2	3	4	5	6	7	8	9	10	11	12	13	14	15
	A	B	C	D	E	F	G	O	O	H	0	I	J	K	L

```
void print(int i)
{
    if(i <= n && A[i] != '0'){
        print(2*i);
        printf("%2c",A[i]);
        print(2*i+1);
    }
}
```

4. 设一棵二叉树的前序序列为 ABDGECFH，中序序列为 DGBEAFHC。试画出该二叉树。

5. 设 $G = (V, E)$ 以邻接表存储，如下图所示，试画出该邻接表对应的图以及图的深度优先和广度优先生成树。

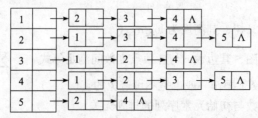

6. 设一组数据为 $\{1, 14, 27, 29, 55, 68, 10, 11, 23\}$，用的散列函数是 $H(\text{key}) = \text{key} \% 13$，用链地址法（拉链法）解决冲突，设散列表的大小为 13（0..12），试画出插入上述数据后的散列表，并求在等概率情况下的平均查找长度 ASL。

五、算法设计题

已知 L1、L2 分别为两个循环单链表的头结点指针，m、n 分别为 L1、L2 表中数据结点的个数。要求设计一算法，用最快速度将两表合并成一个带头结点的循环单链表。

A.5.3 真题练习3

一、单项选择题

1. 以下数据结构属于线性结构的是（ ）。

    A. 串　　　　　　　　B. 二叉树　　　　　　　C. 稀疏矩阵　　　　　　D. 广义表

2. 设一个链表最常用的操作是在末尾插入结点和删除尾结点，则最节省时间的存储方式是（ ）。

    A. 单链表　　　　　　　　　　　　B. 单循环链表

    C. 带尾指针的单循环链表　　　　　D. 带头结点的双循环链表

3. 设栈 S 和队列 Q 的初始状态为空，元素 e1、e2、e3、e4、e5 和 e6 依次通过栈 S，一个元素出栈后即进队列 Q，若 6 个元素出队的序列是 e2、e4、e3、e6、e5、、e1，则栈 S 的容量至少应该是（ ）。

    A. 2　　　　　　　B. 3　　　　　　　C. 4　　　　　　　D. 6

4. 设有一个 10 阶的对称矩阵 A，采用压缩存储方式，以行优先顺序存储，a_{11} 为第一元素，其存储地址为 1，每个元素占一个地址空间，则 a_{85} 的地址为（ ）。

    A. 13　　　　　　　B. 18　　　　　　　C. 33　　　　　　　D. 40

5. 广义表运算式 Tail((a, b), (c, d)) 的操作结果是（ ）。

    A. (c, d)　　　　　B. c, d　　　　　C. d　　　　　D. ((c, d))

6. 有 n 个叶子的哈夫曼树的结点总数为（ ）。

    A. 不确定　　　　　B. $2n$　　　　　C. $2n + 1$　　　　　D. $2n - 1$

7. 无向图 $G = (V, E)$，其中 $V = \{a, b, c, d, e, f\}$，$E = \{(a, b), (a, e), (a, c), (b, e), (c, f), (f, d), (e, d)\}$，从 a 出发，对该图进行深度优先遍历，得到的顶点序列正确的是（ ）。

    A. a, c, f, e, b, d　　　　　　　　B. a, e, d, f, c, b

    C. a, e, b, c, f, d　　　　　　　　D. a, b, e, c, d, f

8. 设散列表长为 14，散列函数是 $H(\text{key}) = \text{key} \% 11$，表中已有数据的关键字为 15，38，61，84 共四个，现要将关键字为 49 的结点加到表中，用二次探查法解决冲突，则放入的位置是（ ）。

    A. 3　　　　　　　B. 5　　　　　　　C. 8　　　　　　　D. 9

9. 下面给出的四种排序方法中，排序过程中的比较次数与排序方法无关的是（ ）。

    A. 选择排序法　　　B. 插入排序法　　　C. 快速排序法　　　D. 堆排序法

10. 下述文件中适合于磁带存储的是（ ）。

    A. 索引文件　　　B. 散列文件　　　C. 顺序文件　　　D. 多关键字文件

二、判断对错题

1. 算法的优劣与算法描述语言无关，但与所用计算机有关。（ ）

2. 线性表的特点是除了第一个元素和最后一个元素外，每个元素都只有一个直接前驱和一个直接后继。（ ）

3. 为了很方便地插入和删除数据，不可以使用双向链表存放数据。（ ）

4. 栈和队列都是线性表，只是在插入和删除时受到了一些限制。（ ）

5. 用树的前序遍历和中序遍历可以导出树的后序遍历。（ ）

6. 广义表的取表尾运算，其结果通常是个表，但有时也可是个单元素值。（   ）

7. 用邻接矩阵法存储一个图所需的存储单元数目与图的边数有关。（   ）

8. 在任意一棵非空二叉排序树中，删除某结点后又将其插入，则所得二叉排序树与原二叉排序树相同。（   ）

9. 在用堆排序算法排序时，如果要进行增序排序，则需要采用"大根堆"。（   ）

10. 倒排文件与多重表文件的次关键字索引结构是不同的。（   ）

三、应用题

1. 下面是用 C++语言编写的对不带头结点的单链表进行就地逆置的算法，该算法用 L 返回逆置后的链表的头指针，试在空缺处填入适当的语句。

```
void reverse(LinkList &L)
{   ListNode * p,* q;
      p = NULL;q = L;
      while(q! = NULL)
      {   (1)      ;   q -> next = p;
          p = q; (2)      ;
      }
    (3)      ;
}
```

2. 以序列（60，80，40，95，55，70，45，76，25）构造一棵二叉排序树，并求在等概率情况下查找结点成功的平均查找长度 ASL。

3. 将下列由三棵树组成的森林转换为二叉树。（只要求给出转换结果）

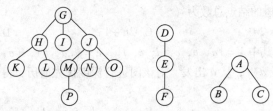

4. 已知无向图如下所示：

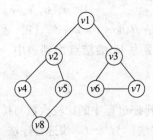

（1）给出从 $v1$ 开始的广度优先搜索序列；

（2）画出它的邻接表；

（3）画出从 $v1$ 开始深度优先搜索生成树（顶点序号小的优先）。

5. 判断下列序列是否是堆（可以是小根堆，也可以是大根堆，若不是堆，请将它们调整为堆）。

（1）100，85，98，77，80，60，82，40，20，10，66

（2）100，98，85，82，80，77，66，60，40，20，10

（3）100，85，40，77，80，60，66，98，82，10，20

（4）10，20，40，60，66，77，80，82，85，98，100

四、算法设计题

1. 已知递增有序的带头结点的单链表 A、B 分别存储了一个集合，设计算法求两个集合 A 和 B 的差集 $A - B$，并以同样的形式存储，同时返回该集合的元素个数。

2. 在二叉树中查找值为 x 的结点，试编写算法（用 C 语言）打印值为 x 的结点的所有祖先，假设值为 x 的结点不多于一个，最后试分析该算法的时间复杂度。

A. 5. 4 真题练习4

一、单项选择题

1. 以下不属于存储结构的是（ ）。
   A. 顺序表　　　　　B. 散列表　　　　　C. 有序表　　　　　D. 单链表

2. 在单链表指针为 p 的结点之后插入指针为 s 的结点，正确的操作是（ ）。
   A. s –> next = p –> next;p –> next = s;
   B. p –> next = s;s –> next = p –> next;
   C. p –> next = s;p –> next = s –> next;
   D. p –> next = s –> next;p –> next = s;

3. 若已知一个栈的入栈序列是 1，2，3，…，n，其输出序列为 p_1，p_2，p_3，…，p_n，若 p_n 是 n，则 p_i 是（ ）。
   A. i　　　　　B. $n - i$　　　　　C. $n - i + 1$　　　　　D. 不确定

4. 下面关于串的叙述中，不正确的是（ ）。
   A. 串是字符的有限序列
   B. 空串是由空格构成的串
   C. 模式匹配是串的一种重要运算
   D. 串既可以顺序存储，也可以链式存储

5. 若对 n 阶对称矩阵 A 以行优先顺序存储方式将其下三角形的元素（包括主对角线上所有元素）依次存放于一维数组 $B[1..(n(n+1))/2]$ 中，则在 B 中确定 $a_{ij}(i<j)$ 的位置 k 的关系为（ ）。
   A. $i * (i - 1)/2 + j$　　B. $i * (i + 1)/2 + j$　　C. $j * (j - 1)/2 + i$　　D. $j * (j + 1)/2 + i$

6. 已知某二叉树的后序遍历序列是 $dabec$，中序遍历序列是 $debac$，它的前序遍历是（ ）。
   A. $acbed$　　　　　B. $decab$　　　　　C. $deabc$　　　　　D. $cedba$

7. 下面可以判断出一个有向图有环（回路）的方法是（ ）。
   A. 深度优先遍历　　B. 拓扑排序　　　　C. 求最短路径　　　　D. 求关键路径

8. 具有 12 个关键字的有序表，二分查找的平均查找长度大约是（ ）
   A. 3.1　　　　　B. 4　　　　　C. 2.5　　　　　D. 5

9. 若需在 $O(n\log_2 n)$ 的时间内完成对数组的排序，且要求排序是稳定的，则可选择的排序方法是（ ）。
   A. 快速排序　　　　B. 堆排序　　　　C. 归并排序　　　　D. 直接插入排序

10. 散列文件使用散列函数将记录的关键字值计算转化为记录的存放地址，因为散列函数是一对一的关系，则选择好的（ ）方法是散列文件的关键。
    A. 散列函数　　　B. 除余法中的质数　　C. 冲突处理　　　D. 散列函数和冲突处理

二、判断对错题

1. 算法的优劣与算法描述语言无关，也与所用计算机无关。（ ）

2. 线性表就是顺序存储的表。（ ）

3. 任何一个递归过程都可以转换成非递归过程。（ ）

4. 循环队列也存在空间溢出问题。（　　　）

5. 所谓取广义表的表尾就是返回广义表中最后一个元素。（　　　）

6. 深度为 k 的二叉树中，结点总数 $\leq 2^k - 1$。（　　　）

7. 在 n 个结点的无向图中，若边数大于 $n - 1$，则该图必是连通图。（　　　）

8. 在查找树（二叉排序树）中插入一个新结点，总是插入到叶子结点下面。（　　　）

9. 在用堆排序算法排序时，如果要进行增序排序，则需要采用"大根堆"。（　　　）

10. 索引非顺序文件适合于顺序存取。（　　　）

三、应用题

1. 以下算法用于判别表 A 是否包含在表 B 内，若是，则返回 1，否则返回 0。请在下列算法的横线上填入适当的语句，完善算法。

```
int  inclusion(linkList ha, linkList hb)
{   // 以 ha 和 hb 为头结点指针的单链表分别表示有序表 A 和 B
    pa = ha -> next; pb = hb -> next;
     (1)      ;
    while(  (2)
       if(pa -> data == pb -> data)
            (3)      ;
       else
            (4)      ;
        (5)
}
```

2. 设有元素 4，5，6，P，R 依次进栈，在所有元素可能的出栈序列中，给出所有可以作为 C++ 程序设计语言变量名的序列。

3. 设二叉树的前序、中序遍历序列分别为 $ABDFCEGH$ 和 $BFDAGEHC$。

（1）画出这棵二叉树。

（2）画出这棵二叉树的后序线索树。

（3）将这棵二叉树转换成对应的树（或森林）。

4. 如下图所示，画出以 A 为根结点的广度优先生成树和深度优先生成树，并写出图的 DFS 和 BFS 的搜索序列（字母按从小到大顺序）。

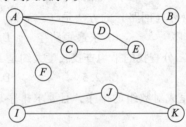

5. 已知散列表的地址空间为 $A[0..11]$，散列函数 $H(k) = k \% 11$，采用线性探查法处理冲突。请将下列数据 $\{25, 16, 38, 47, 79, 82, 51, 39, 89, 151, 231\}$ 依次插入散列表中，并计算出在等概率情况下查找成功时的平均查找长度。

6. 对下面的数据表，写出采用希尔排序算法排序的每一趟的结果，并标出数据移动情况。
（125，11，22，34，15，44，76，66，100，8，14，20，2，5，1）

四、算法设计题

1. 设计一个算法，判断一个算术表达式中的括号是否配对。算术表达式保存在带头结点的单循环链表中，每个结点有两个域：ch 和 link，其中 ch 域为字符类型。

2. 一棵二叉树采用二叉链表存储。写一个算法，判定该二叉树是否为二叉排序树。

A.5.5 真题练习5

一、单项选择题

1. 从逻辑上可以把数据结构分为（　　）两大类。

　　A. 动态结构、静态结构　　　　　　　B. 顺序结构、链式结构

　　C. 线性结构、非线性结构　　　　　　D. 初等结构、构造型结构

2. 线性表采用链式存储设计时，系统为元素分配存储单元的地址是（　　）。

　　A. 一定连续　　　　　　　　　　　　B. 一定不连续

　　C. 不一定连续　　　　　　　　　　　D. 部分连续，部分不连续

3. 若栈采用顺序存储方式存储，两栈共享空间 $V[1..m]$，$top[i]$ 代表第 i 个栈（$i=1$，2）栈顶，栈 1 的底在 $V[1]$，栈 2 的底在 $V[m]$，则栈满的条件是（　　）。

　　A. $top[2] - top[1] | == 0$　　　　　B. $top[1] + 1 == top[2]$

　　C. $top[1] + top[2] == m$　　　　　　D. $top[1] == top[2]$

4. 表达式 $a*(b+c) - d$ 的后缀表达式是（　　）。

　　A. $abc + *d -$　　　B. $abcd * + -$　　　C. $abc * + d -$　　　D. $- + * abcd$

5. 假设以行优先顺序存储二维数组 $A[1..100][1..100]$，设每个数据元素占 2 个存储单元，基地址为 10，则 $LOC(A[5][5]) = ($　　$)$。

　　A. 808　　　　　　　B. 818　　　　　　　C. 1010　　　　　　D. 1020

6. 若哈夫曼树中其叶子结点个数为 n，则非叶子结点的个数为（　　）。

　　A. $n-1$　　　　　　B. $n+1$　　　　　　C. $2n-1$　　　　　D. $2n+1$

7. 一个 n 个顶点的连通无向图，其边的个数至少为（　　）。

　　A. $n-1$　　　　　　B. n　　　　　　　　C. $n+1$　　　　　　D. $n\log n$

8. 下面关于二分查找的叙述正确的是（　　）

　　A. 表必须有序，表可以顺序方式存储，也可以链表方式存储

　　B. 表必须有序且表中数据必须是整型，实型或字符型

　　C. 表必须有序，而且只能从小到大排列

　　D. 表必须有序，且表只能以顺序方式存储

9. 在下列排序算法中，哪一个算法的时间复杂度与初始排序无关（　　）。

　　A. 直接选择排序　　　B. 气泡排序　　　C. 快速排序　　　　D. 直接插入排序

10. 顺序文件采用顺序结构实现文件的存储，对大型的顺序文件的少量修改，要求重新复制整个文件，代价很高，采用（　　）的方法可降低所需的代价。

　　A. 连续排序　　　　　　　　　　　　B. 按关键字大小排序

　　C. 按记录输入先后排序　　　　　　　D. 附加文件

二、判断对错题

1. 顺序存储方式的优点是存储密度大，且插入、删除运算效率高。（　　）

2. 为了很方便地插入和删除数据，可以使用双向链表存放数据。（　　）

3. 对不含相同元素的同一输入序列进行两组不同的合法的入栈和出栈组合操作，所得的输出序列也一定相同。（　　）

4. 二维以上的数组其实是一种特殊的广义表。（　　）

5. 完全二叉树一定存在度为 1 的结点。（　　）

6. 用二叉树的前序遍历序列和中序遍历序列可以导出树的后序遍历序列。（　　）

7. 一个有向图的邻接表和逆邻接表中结点的个数可能不等。（　　）

8. 散列表的平均查找长度与处理冲突的方法无关。（　　）

9. （101，88，46，70，34，39，45，58，66，10）是堆。（　　）

10. 文件系统采用索引结构是为了节省存储空间。（　　）

三、应用题

1. 对单链表中元素按插入方法排序的 C++ 语言描述算法如下，其中 L 为链表头结点指针。请填充算法中标出的空白处，完成其功能。

```
void Insertsort(LinkList &L)
{  ListNode *p,*q,*r,*u;
   p = L -> next;   (1)        ;
   while( (2)        {
       r = L;  q = L -> next;
       while (3)       && q -> data <= p -> data) {
           r = q; q = q -> next;
        }
       u = p -> next;  (4)       ;  (5)       ;  p = u;
     }
}
```

2. 设有三对角矩阵 $(a_{ij})_{n \times n}$，将其三条对角线上的元素逐行地存于数组 $B[3n-2]$ 中，使得 $B[k] = a_{ij} (1 \leq i, j \leq n, 0 \leq k < 3n-2)$，求：

（1）用 i, j 表示 k 的下标变换公式；

（2）用 k 表示 i, j 的下标变换公式。

3. 已知一个森林的前序序列和后序序列如下，请构造出该森林。

前序序列：*ABCDEFGHIJKLMNO*

后序序列：*CDEBFHIJGAMLONK*

4. 写出下列程序段的输出结果（栈结点数据域为字符型 char）。

```
SeqStack  S; StackInit(S); // 初始化栈
char  x,y;
x = 'c';  y = 'k';
push(S,x);  push(S,'a');
push(S,y);  x = pop(S);
push(S,'t');  push(S,x);
x = pop(S);   push(S,'s');
while (!StackEmpty(S)) {
    y = pop(S);
    putchar(y);
 }
putchar(x);
 … …
```

5. 已知某图的邻接表如下：

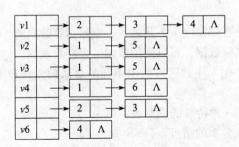

要求：

（1）写出由 v1 开始的深度优先遍历的序列；

（2）画出由 v1 开始的深度优先的生成树；

（3）写出由 v1 开始的广度优先遍历的序列；

（4）画出由 v1 开始的广度优先的生成树。

6. 有一组关键字（25，84，21，46，13，27，68，35，20)，现采用某种方法对它们进行排序，其第一趟排序结果如下，则该排序方法是什么？接着写出其第二趟和第三趟排序结果。

初始：25，84，21，46，13，27，68，35，20　　　第一趟：20，13，21，25，46，27，68，35，84

四、算法设计题

在二叉排序树的结构中，有些数据元素值可能是相同的，设计一个算法实现按递增有序打印结点的数据域，要求相同的数据元素仅输出一个，算法还应能报出最后被滤掉而未输出的数据元素个数。对如图所示的二叉排序树，输出为：10，12，13，15，18，21，27，35，42。滤掉 3 个元素。

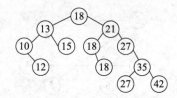

A.6　真题练习参考答案

A.6.1　真题 1 参考答案

一、单项选择题

1. A　　2. B　　3. C　　4. A　　5. B　　6. C　　7. D　　8. C　　9. D　　10. B

二、判断对错题

1. ×　　2. ×　　3. √　　4. ×　　5. √　　6. ×　　7. √　　8. ×　　9. √　　10. ×

三、应用题

1. （1）r = h　　　（2）r -> next = p　　　（3）r -> next = q　　　（4）r -> next = p

2. （1）栈 1 入栈操作：top1 ++；space[top1] = x；

　　　栈 2 入栈操作：top2 --；space[top2] = x；

　（2）判断栈 1 和栈 2 栈满的条件：top1 == top2

　　　判断栈 1 为空：top1 == - 1

　　　判断栈 2 为空：top2 == n

3. （1）构造哈夫曼树如下：

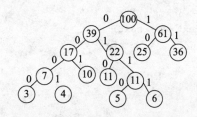

（2）哈夫曼编码如下：

C1（0110）　　　C2（10）　　　C3（0000）　　　C4（0111）

C5（001）　　　C6（010）　　　C7（11）　　　C8（0001）

4. 利用大根堆排序算法的每一趟排序结果如下：

（1）10, 47, 51, 29, 18, 12, 25, 58

（2）10, 47, 25, 29, 18, 12, 51, 58

（3）12, 29, 25, 10, 18, 47, 51, 58

（4）12, 18, 25, 10, 29, 47, 51, 58

（5）10, 18, 12, 25, 29, 47, 51, 58

（6）12, 10, 18, 25, 29, 47, 51, 58

（7）10, 12, 18, 25, 29, 47, 51, 58

5. Prim 算法求得的最小生成树如下：

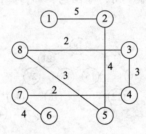

四、算法设计题

（1）入队算法

```
LinkList EnQueue(LinkList rear, DataType x)
{
    ListNode *p;
    p = (ListNode *)malloc(sizeof(ListNode));
    p->data = x;
    p->next = rear->next;
    rear = p;
    return rear;
}
```

（2）出队算法

```
Dataype DeQueue(LinkList rear)
{   ListNode *s;
    if(rear->next == NULL) {
        cout << "queue is empty!";
        exit(0);
    }
    else {
        s = rear->next->next;
        rear->next->next = s->next;
        x = s->data;
        free(s);
        retuen x;
    }
}
```

A.6.2 真题 2 参考答案

一、单项选择题

1. D　　2. C　　3. A　　4. C　　5. B　　6. D　　7. B　　8. A　　9. D　　10. B

二、判断对错题

1. √　　2. √　　3. ×　　4. √　　5. ×　　6. ×　　7. ×　　8. √　　9. ×　　10. √

三、填空题

1. 表示　　2. $(n-1)/2$　　3. 受限的，后进先出　　4. 模式匹配，模式　　5. 352

6. p->lchild==NULL && p->rchild==NULL　　7. $n(n+1)/2$　　8. 6, 9, 11, 12

四、应用题

1. 设

```
q=p->prior;
```

则

```
q->next=p->next;      p->nexr->prior=q;      p->prior=q-prior;
q->prior->next=p;     p->next=q;             q->prior=p;
```

2.
```
typedef struct {
{ datatype q[m];
   int front,count;                    // front 是队首指针,count 是队列中元素个数
}cqnode;                               // 定义类型标识符
```

（1）判队空
```
    int Empty(cqnode  cq)              // cq 是 cqnode 类型的变量
    {  if(cq.count ==0) return(1);
       else return(0);
    }
```

（2）入队
```
    int EnQueue(cqnode cq,elemtp x)
    {  if (count ==m)
          {  printf("队满\n");exit(0); }
       cq.q[ (cq.front +count) % m] = x; // x 入队
       count ++; return(1);            // 队列中元素个数增加1,入队成功
    }
```

（3）出队
```
    int DelQueue(cqnode cq)
    {  if (count ==0)
          { printf("队空\n");return(0);}
       printf("出队元素",cq.q[cq.front]);
       x =cq.q[cq.front];
       cq.front = (cq.front +1) % m;    // 计算新的队头指针
       return(x);
    }
```

3. 输出结果为：DBHEAIFJCKGL

4. 所求二叉树如下：

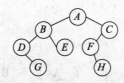

5. 邻接表所对应的图如下图①所示；DFS 生成树如下图②所示；BFS 生成树如下图③所示。

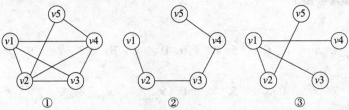

①   ②   ③

6. 拉链法解决冲突生成的散列表如下，在等概率情况下查找成功的 ASL = 16/9 。

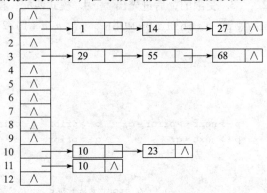

五、算法设计题

[题目分析] 循环单链表 L1 和 L2 的数据结点个数分别为 m 和 n ，将二者合成一个循环单链表时，只需要将一个长的（数据结点个数多的）循环链表的第一元素结点链接到数据结点少的循环链表的最后一个结点之后即可。

```
LinkedList Union(LinkedList L1, LinkList L2; int m,int n)
{ // L1 和 L2 分别是两个循环单链表的头结点的指针,m 和 n 分别是 L1 和 L2 的长度
    // 本算法用最快速度将 L1 和 L2 合并成一个循环单链表
    if(m<n) {                                    // 若m<n,则查 L1 循环链表的最后一个结点
        if(m==0) return(L2);// L1 为空表
        else{  p=L1;
            while(p->next!=L1) p=p->next;         // 查最后一个元素结点
            p->next=L2->next;                     // 将 L2 链接到 L1 的最后一个元素结点后
            L2->next=L1->next;
            free(L1);                             // 释放无用头结点
        }
    }// 处理完 m<n 的情况
    else {                                        // 下面处理 L2 长度小于等于 L1 的情况
        if(n==0)return(L1);                       // L2 为空表
        else{  p=L2;
            while(p->next!=L2) p=p->next;         // 查最后元素结点
            p->next=L1->next;                     // 将 L1 链接到 L2 的最后一元素结点后
            L1->next=L2->next;
            free(L2);                             // 释放无用头结点
        }
    }
} // 算法结束
```

A.6.3 真题 3 参考答案

一、单项选择题

1. A   2. D   3. B   4. C   5. D   6. A   7. B   8. D   9. A   10. C

二、判断对错题

1. ×   2. √   3. ×   4. √   5. √   6. ×   7. √   8. ×   9. √   10. √

三、应用题

1. （1）L = L -> next; // 暂存后继

　（2）q = L;　　　// 待逆置结点

　（3）L = p;　　　// 头指针仍为 L

2. 给定序列生成的二叉排序树如下：

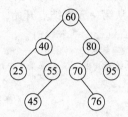

　查找成功的平均查找长度 ASL = (1 + 2×2 + 4×3 + 2×4) / 9 ≈ 2.8

3. 森林转换成的二叉树如下：

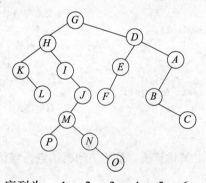

4. （1）从顶点 $v1$ 出发的 BFS 序列为：$v1$，$v2$，$v3$，$v4$，$v5$，$v6$，$v7$，$v8$

　（2）图的邻接表如下：

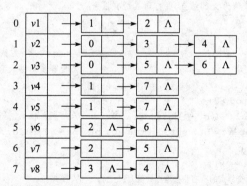

　（3）从顶点 $v1$ 出发的 DFS 生成树如下：

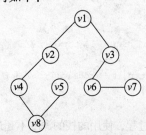

5.（1）是大根堆

（2）是大根堆

（3）不是堆，调成小根堆如下：（10，20，40，82，77，60，66，98，100，80，85）

（4）是小根堆

四、算法设计题

1. ［题目分析］求两个集合 A 和 B 的差集 A－B，即在 A 中删除 A 和 B 中共有的元素。由于集合用单链表存储，问题变成删除链表中的结点问题。因此，要记住被删除结点的前驱，以便顺利删除被删结点。两链表均从第一元素结点开始，直到其中一个链表到尾为止。

```
void  Difference(LinkList  A,LinkList B,int &n)
{  // A 和 B 均是带头结点的递增有序的单链表,分别存储了一个集合
   // 本算法求两集合的差集,存储于单链表 A 中,n 是结果集合中元素个数,调用时为 0
   p=A->next;                              // p 和 q 分别是链表 A 和 B 的工作指针
   q=B->next; pre=A;                       // pre 为 A 中 p 所指结点的前驱结点的指针
   while(p! =NULL && q! =NULL){
      if (p->data <q->data){
         pre =p;p=p->next;n ++;
      }                                    // A 链表中当前结点指针后移
      else if(p->data >q->data)
            q=q->next;                     // B 链表中当前结点指针后移
      else {
            pre ->next =p->next;           // 处理 A,B 中元素值相同的结点,应删除
            u=p; p=p->next; free(u);
      }                                    // 删除结点
   }
}
```

2. ［题目分析］使用后序遍历二叉树算法，最后访问根结点，当访问到值为 x 的结点时，栈中所有元素均为该结点的祖先。

```
void Search(BinTree bt, DataType x)
{  // 在二叉树 bt 中,查找值为 x 的结点,并打印其所有祖先
   typedef struct {
      BinTree t; int tag;
   }stack;                                 // tag =0 表示左孩子被访问,tag =1 表示右孩子被访问
   stack s[100];                           // 栈容量足够大
   top=0;
   while(bt! =null||top >0){
       while(bt! =null && bt ->data! =x){        // 结点入栈
          s[ ++top].t =bt; s[top].tag =0; bt =bt ->lchild;
       }// 沿左分支向下
       if( bt ->data ==x){
          printf("所查结点的所有祖先结点的值为:\n");    // 找到 x
          for(i=1;i <=top;i ++) printf(s[i].t ->data);
          return;
       }// 输出祖先值后结束
       while(top! =0 && s[top].tag ==1) top --; // 退栈(空遍历)
       if(top! =0) {
          s[top].tag =1;bt =s[top].t ->rchild;}  // 沿右分支向下遍历
   }// while(bt! =null||top >0)
}// 结束 search
```

因为查找的过程就是后序遍历的过程，使用的栈的深度不超过树的深度，算法复杂度为 $O(\log n)$。

A.6.4　真题 4 参考答案

一、单项选择题

1. C　2. A　3. D　4. B　5. C　6. D　7. B　8. A　9. C　10. B

二、判断对错题

1. √　2. ×　3. ×　4. √　5. ×　6. √　7. ×　8. ×　9. √　10. √

三、应用题

1. (1) if(pa == NULL) return 1;

   (2) pb! = NULL && pa -> data >= pb -> data

   (3) return (inclusion(pa,pb));

   (4) pb = pb -> next;

   (5) return 0;

2. 可以作为 C++ 语言变量名必须是以字母 P 或 R 开头，共有 5 种可能，分别是

   PR654，P6R54，P65R4，P654R，RP654

3. 对应的二叉树如下图①所示；后序线索树如下图②所示；二叉树对应的森林如下图③所示。

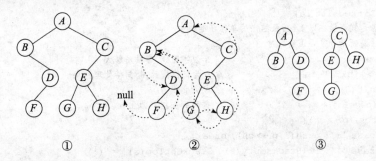

4. DFS 生成树和 BFS 生成树分别由下图①和图②所示。

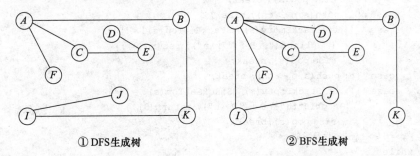

①DFS生成树　　　　　　　　　②BFS生成树

　DFS 和 BFS 搜索序列分别是：*A, B, K, I, J, C, E, D, F* 和 *A, B, C, D, F, I, K, E, J*

5. (1) 散列表如下：

散列地址	0	1	2	3	4	5	6	7	8	9	10
关键字	231	89	79	25	47	16	38	82	51	39	151
比较次数	1	1	1	1	2	1	2	3	2	4	3

　(2) 等概率情况下的平均查找长度：ASL = 21/11。

6.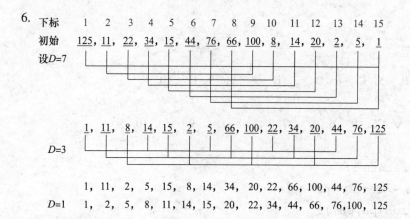

下标 1   2   3   4   5   6   7   8   9   10 11 12 13 14 15

初始 125, 11, 22, 34, 15, 44, 76, 66, 100, 8, 14, 20, 2, 5, 1

设D=7

1, 11, 8, 14, 15, 2, 5, 66, 100, 22, 34, 20, 44, 76, 125

D=3

1, 11, 2, 5, 15, 8, 14, 34, 20, 22, 66, 100, 44, 76, 125

D=1   1, 2, 8, 11, 14, 15, 20, 22, 34, 44, 66, 76,100, 125

四、算法设计题

1. ［题目分析］表达式中的括号有以下三对：'('、')'、'['、']'、'{'、'}'，使用栈，
当为左括号时入栈，当为右括号时，若栈顶是其对应的左括号，则退栈，若不是其对应的
左括号，则结论为括号不配对。当表达式结束，若栈为空，则结论为表达式括号配对，否
则，结论为表达式括号不配对。算法如下：

```
int Match(LinkedList la)
{   // 算术表达式存储在以 la 为头结点的单循环链表中
    // 本算法判断括号是否正确配对
    SeqStack S;                      // s 为字符栈,容量足够大
    p = la -> link;                  // p 为工作指针,指向待处理结点
    StackInit(S);                    // 初始化栈 s
    while (p! = la) {                // 循环到头结点为止
        switch (p -> ch){
        {   case '(': push(s,p -> ch); break;
            case ')': if(StackEmpty(s)||StackGetTop(s) != '(')
                    {  printf("括号不配对 \n"); return(0); }
                    else pop(s); break;
            case '[': push(s,p -> ch); break;
            case ']': if(StackEmpty(s)||StackGetTop(s) != '[')
                    {   printf("括号不配对 \n"); return(0);}
                    else pop(s);break;
            case '{': push(s,p -> ch); break;
            case '}': if(StackEmpty(s)||StackGetTop(s) != '{')
                    { printf("括号不配对 \n"); return(0);}
                    else pop(s);break;
        } p = p -> link; 后移指针
    }// while
    if (StackEmpty(s)) { printf("括号配对 \n"); return(1);}
    else{ printf("括号不配对 \n"); return(0);}
}// 算法 match 结束
```

　　算法讨论：算法中对非括号的字符未加讨论。遇到右括号时，若栈空或栈顶元素不是其对
应的左圆（方、花）括号，则结论为括号不配对，退出运行。最后，若栈不空，结论仍为
括号不配对。

2. ［题目分析］对二叉排序树来讲，其中序遍历序列为一递增序列。因此，对给定的二叉树进
行中序遍历，如果前一个值都比后一个值小，则说明该二叉树是二叉排序树。算法设计
如下：

```
int SortBSTree(BSTree T )
{    // T 是指向二叉树根的指针, pre 是全局量, 记录当前结点的前驱结点值, 初始为 - ∞
    if(T==NULL) return 1;
    else {
        b1 = SortBSTree(T -> lchild);
        if(!b1 || pre >= T -> data) return 0;
        pre = T -> data;
        b2 = SortBSTree(T -> rchild);
        return b2;
    }
}
```

A.6.5　真题 5 参考答案

一、单项选择题

1. C　　2. C　　3. B　　4. A　　5. B　　6. A　　7. B　　8. D　　9. A　　10. D

二、判断对错题

1. ×　　2. √　　3. ×　　4. √　　5. ×　　6. √　　7. √　　8. ×　　9. √　　10. ×

三、应用题

1. (1) L -> next = null　　　　// 置空链表, 然后将原链表结点逐个插入有序表中

   (2) p! = null　　　　　　　// 当链表尚未到尾, p 为工作指针

   (3) q! = null　　　　　　　// 查 p 结点在链表中的插入位置, 这时 q 是工作指针

   (4) p -> next = r -> next　　// 将 p 结点链入链表中

   (5) r -> next = p　　　　　// r 是 q 的前驱, u 是下个待插入结点的指针

2. (1) 要求用 i, j 表示 k 的下标变换公式, 就是要求在 k 之前已经存储了多少个非零元素, 这些非零元素的个数就是 k 的值。元素 a_{ij} 所在的行为 i, 列为 j, 则在其前面的非零元素的个数是: $2 + 3(i - 2) + (j - i + 2) = 2i + j - 2$。因为 k 作为一维数组的下标是从 0 开始, 所以有 $k = 2i + j - 3$。例如, 矩阵元素 a_{54} 存储在一维数组中对应的下标 $k = 2 * 5 + 4 - 3 = 11$。

   (2) 因为 k 和 i, j 之间是一一对应的关系, $k + 1$ 是当前非零元素的个数, 整除即为其所在行号, 取余表示当前行中第几个非零元素, 加上前面零元素所在列数就是当前列号, 即 $i = (k + 1) / 3 + 1$; $j = (k + 1) \% 3 + (k + 1) / 3$。

3. 森林的前序序列和后序序列对应其转换的二叉树的前序序列和中序序列, 应先构造二叉树, 再将二叉树转换成森林。

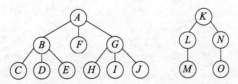

4. 输出结果: stack

5. (1) DFS 搜索序列为: $v1$, $v2$, $v5$, $v3$, $v4$, $v6$

   (2) DFS 生成树如下面图①所示;

   (3) BFS 搜索序列为: $v1$, $v2$, $v3$, $v4$, $v5$, $v6$

   (4) BFS 生成树如下面图②所示。

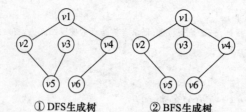

①DFS生成树   ②BFS生成树

6. 使用的排序方法是快速排序。

第二趟排序结果: 13, 20, 21, 25, 35, 27, 46, 68, 88

第三趟排序结果: 13, 20, 21, 25, 27, 35, 46, 68, 88

四、算法设计题

```
void BSTDel(BSTree T)
{   // pre 为一全局量保存前驱结点值,初值为∞,j 为计数器,初值为 0
    if(T! = NULL) {
        BSTDel(T -> lchild);      // 遍历左子树
        if(pre! = T -> data) {
            printf("% d ",T -> data);
            pre = T -> data;       // 保存当前值为下一次的前驱结点值
        }
        else  j++;
        BSTDel(T -> rchild);       // 遍历右子树
    }
}
```

附录 B 七位 ASCII 代码表

$d_3 d_2 d_1 d_0$	$d_6 d_5 d_4$							
	000	001	010	011	100	101	110	111
0000	NUL	DLE	SP	0	@	P	`	p
0001	SOH	DC1	!	1	A	Q	a	q
0010	STX	DC2	"	2	B	R	b	r
0011	ETX	DC3	#	3	C	S	c	s
0100	EOT	DC4	$	4	D	T	d	t
0101	ENQ	NAK	%	5	E	U	e	u
0110	ACK	SYN	&	6	F	V	f	v
0111	BEL	ETB	'	7	G	W	g	w
1000	BS	CAN	(	8	H	X	h	x
1001	HT	EM	)	9	I	Y	i	y
1010	LF	SUB	*	:	J	Z	j	z
1011	VT	ESC	+	;	K	[	k	{
1100	FF	PS	,	>	L	\	l		
1101	CR	GS	–	=	M	]	m	}
1110	SO	RS	.	<	N	^	n	~
1111	SI	US	/	?	O	_	o	DEL

参 考 文 献

[1] 苏仕华，等．数据结构与算法解析［M］．2 版．合肥：中国科学技术大学出版社，2007

[2] 刘振安，等．面向对象程序设计 C ++ 版［M］．北京：机械工业出版社，2006

[3] 苏仕华，等．数据结构课程设计［M］．2 版．北京：机械工业出版社，2010

[4] 苏仕华，等．数据结构自学辅导［M］．北京：清华大学出版社，2002

[5] 刘振安，等．C ++ 及 Windows 可视化程序设计［M］．北京：清华大学出版社，2003

[6] 刘燕君，等．C ++ 程序设计课程设计［M］．北京：机械工业出版社，2010

[7] 王红梅，胡明．数据结构考研辅导［M］．北京：清华大学出版社，2010

[8] 严蔚敏，陈文博．数据结构及应用算法教程［M］．北京：清华大学出版社，2001

[9] 严蔚敏，吴伟民．数据结构（C 语言版）［M］．北京：清华大学出版社，1997

[10] 唐策善，黄刘生．数据结构［M］．2 版．合肥：中国科学技术大学出版社，2002

[11] 刘振安．C ++ 程序设计教程［M］．北京：科学出版社，2005

[12] 殷新春，等．数据结构学习与解题指南［M］．武汉：华中科技大学出版社，2001

[13] 李春葆．数据结构习题与解析［M］．北京：清华大学出版社，1999

[14] 刘大有，等．数据结构［M］．北京：高等教育出版社，2001

[15] 齐德昱．数据结构与算法［M］．北京：清华大学出版社，2003

[16] 张乃孝，裘宗燕．数据结构——C ++ 与面向对象的途径［M］．北京：高等教育出版社，1998

[17] 陈本林，等．数据结构——使用 C ++ 标准模板库（STL）［M］．北京：机械工业出版社，2005

[18] 严蔚敏，等．数据结构题集（C 语言版）［M］．北京：清华大学出版社，1999

[19] Clifford A Shaffer. 数据结构与算法分析（Java 版）［M］．张铭，刘晓丹，译．北京：电子工业出版社，2001

[20] William J Collins. 数据结构与 STL［M］．周翔，译．北京：机械工业出版社，2004

[21] Sartaj Sahni. 数据结构算法与应用——C ++ 语言描述［M］．汪诗林，等译．北京：机械工业出版社，2010

[22] Maek Allen Weiss. 数据结构算法与应用——C 语言描述［M］．冯舜玺，译．北京：机械工业出版社，2009

[23] Eric Brechner. 完美代码［M］．徐旭铭，译．北京：机械工业出版社，2009

[24] Eric Brechner. 代码之道［M］．陆其明，译．北京：机械工业出版社，2010

[25] Andy Oram & Greg Wilson. 代码之美［M］．BC Group，译．北京：机械工业出版社，2010

[26] Scott Meyers. Effective C ++（原书第 2 版）［M］．侯捷，译．武汉：华中科技大学出版社，2001

[27] 柯奈汉，派克．程序设计实践［M］．裘宗燕，译．北京：机械工业出版社，2000

[28] 李春葆，等．数据结构联考辅导教程（2013 版）［M］．北京：清华大学出版社，2012

[29] 殷人昆．数据结构精讲与习题详解：考研辅导与答疑解惑［M］．北京：清华大学出版社，2012

[30] 陈守孔，等．算法与数据结构考研试题精析［M］．2 版．北京：机械工业出版社，2007

推荐阅读

数据结构与算法分析：Java语言描述（英文版·第3版）

作者：Mark Allen Weiss ISBN: 978-7-111-41236-6 定价: 79.00元

数据结构与算法分析：C语言描述（英文版·第2版）

作者：Mark Allen Weiss ISBN: 978-7-111-31280-2 定价: 45.00元

数据结构、算法与应用：C++语言描述

作者：Sartej Sahni ISBN: 7-111-07645-1 定价: 49.00元

数据结构与算法设计

作者：王晓东 ISBN: 978-7-111-37924-9 定价: 29.00元

推荐阅读

算法导论（原书第3版）

作者：Thomas H.Cormen 等 ISBN：978-7-111-40701-0 定价：128.00元

C程序设计导引

作者：尹宝林 ISBN：978-7-111-41891-7 定价：35.00元

**数据结构与算法分析
——Java语言描述**（英文版·第3版）

作者：Mark Allen Weiss ISBN：978-7-111-41236-6 定价：79.00元

**数据结构与算法分析
——C语言描述**（英文版·第2版）

作者：Mark Allen Weiss ISBN：978-7-111-31280-2 定价：45.00元